DECEM
EL ENEMIGO INVISIBLE

Mas Matas

DECEM
EL ENEMIGO INVISIBLE

Primera edición: abril 2024

ISBN: 978-84-10253-28-5
ISBN digital: 978-84-10253-29-2
Depósito legal: M-9192-2024

Editorial Adarve
C/ Luis Vives, 9
28002 Madrid
editorial@editorial-adarve.com
www.editorial-adarve.com

Impreso en España

A mi familia:
A los presentes.
A los ausentes.
Y a los que se eligen.

1

Con los años, el quirófano ha ido cobrándose horas y horas de su vida, hasta el punto de arrebatarle el sueño, las vacaciones, amistades y parejas. Su vida real se ha llegado a convertir en secundaria. «Tal vez sea mejor así», piensa habitualmente.

Con solo treinta y seis años, Andrés Arnaiz es uno de los neurocirujanos más eminentes del país. Opera mañanas y tardes, alternando la pública y la privada, siguiendo el legado de su mentor, que lleva casi tres años sin tocar un bisturí. El prestigio que otorga el quirófano es lo único que realmente lo llena.

Se sienta en el vestuario de quirófano, a la espera de la llegada de un nuevo paciente. En la misma sala solo hay otra persona: un cirujano residente de último año llamado Darko. No son amigos, pero la pareja del residente es una de las personas que más aprecia.

Darko es seis años menor que Andrés, y tiene la costumbre de llevar siempre gafas de sol. Sin embargo, no las lleva bajo la mortecina luz blanca de interior del vestuario. Se despoja de sus pantalones de calle y se queda desnudo, a excepción de unos calzoncillos excesivamente ceñidos. Está en buena forma, con los músculos bien perfilados y tonificados, aunque no tiene excesivo volumen.

Andrés no es tan musculoso, pero su estatura —casi un metro noventa— lo pone un palmo por encima de su compañero. Aparta sus ojos del cuerpo de Darko y niega con la cabeza. «No estaría de más hacer un poco más de deporte», piensa, rascándose el abundante cabello de su cabeza.

—Pues parece que ha vuelto a bajar Ethereum —dice Darko, de la nada, haciendo que Andrés frunza el ceño, viendo sus reflexiones cortadas. Lo mira extrañado—. ¿No tienes *cryptos*?

—¿Eso existe aún? —pregunta el neurocirujano, tratando de bromear.

La sonrisa imborrable de Darko se tuerce un poco, pero se encoge de hombros y sus labios vuelven a ensancharse. No parece dispuesto a entrar en la provocación.

—Yo tampoco tengo ya. Perdí, recuperé y volví a perder. Ya no meto más.

Andrés se siente desconcertado: «*¿Qué me está contando? ¿Desde cuándo somos amigos?*». No tiene muy claro cómo ha llegado hasta ese punto una conversación en la que tiene nulo interés.

Darko se encoge de hombros de nuevo ante la mueca facial de Andrés, sin perder la sonrisa, que comienza a irritarlo. «Nadie puede sonreír tanto tiempo sin justificación», piensa el neurocirujano.

—Lo miro por pura curiosidad —dice, haciendo que Andrés empiece a dudar si su expresión demuestra el mínimo interés—. Igual que cuando miro si el tiempo es bueno donde nací.

Andrés lo evalúa unos segundos. Darko tiene el cabello corto, completamente liso, la piel blanca y las facciones angulosas. Su postura es recta y firme, y destila confianza. Pone los brazos en jarra, con los puños cerrados sobre sus caderas. Andrés se siente obligado a seguir con la conversación a pesar de su indiferencia al respecto. Es el efecto que provoca Darko en los demás.

—¿De dónde eres?

—De Leskovac, al sur de Serbia.

—Ah, sí —musita Andrés, fingiendo reconocerlo. Nunca ha sido bueno en geografía.

Se hace un silencio reconfortante para Andrés, que se permite cerrar los párpados un instante. Está cansado, aunque lejos de su límite. Ha estado peor. Darko, que ya ha comenzado a vestirse con el atuendo reglamentario del quirófano, no pasa el detalle por alto.

—¿De posguardia?

—Doble guardia —responde Andrés, sin inmutarse.

—¿Sin librar?

—Sin librar.

Darko suelta un silbido de admiración. No es frecuente hacer dos guardias consecutivas, y mucho menos sin tomarse el día entre ambas libre, fundamentalmente porque está prohibido por ley.

—De verdad que no entiendo por qué haces tantas guardias extras si después ni te gastas el dinero.

«Y tú *qué* sabrás en qué me gasto yo el dinero», quiere gritarle Andrés, pues la sonrisa imborrable de Darko ha sobrepasado su lindar de simpatía. Pero termina usando un tono suave:

—No tiene nada que ver con el dinero, es cuestión de excelencia.

Darko asiente ocultando su incomodidad. Ya está completamente vestido. Adapta su sonrisa, sin perderla del todo. Se despide sin añadir nada más, percibiendo la hostilidad en el rostro de su compañero. Andrés lo ve irse hacia los quirófanos de reojo. Si hay alguien en el hospital que adore operar casi tanto como él, ese es Darko, aunque a una distancia abismal.

Cierra los ojos unos instantes, tentado a dormir. «*¿Tan terrible sería si me durmiera? ¿Si parara unas horas?*». Su cerebro trunca de inmediato sus ganas de dormir con una feroz oleada de adrenalina. Con un sofoco de culpabilidad por haberse planteado descansar, se levanta y da vueltas al vestuario. Cuando se le pasa el nerviosismo, se vuelve a sentar. Se sumerge en la pantalla de su móvil. Tras unos minutos leyendo mensajes, se pasa a la sección de noticias de actualidad. Un titular concreto capta su atención: «Obrero enloquece y empuja a dos compañeros del tejado antes de suicidarse». Decide no leer el artículo, harto de titulares tendenciosos. ¡Cómo odia esas noticias que el titular las hace suculentas y luego resultan ser todo lo contrario!

No presta atención a otros titulares, haciendo cábalas sobre lo que les había pasado a esos desdichados obreros. No tarda en encontrar otro titular similar: «El HHV-10: ¿el inicio de una nueva pandemia?». Una sonrisa se dibuja en sus labios. A pesar de que sabe que es sensacionalismo, entra en la noticia y la lee en diagonal. Habla de un virus nuevo, el Decem *human herpesviridae* —o HHV-10—, muy parecido, según el artículo, al herpes labial. La noticia no dice mucho más, aparte de que se identificó por primera vez cinco días atrás en París. Como profesional sanitario, debería conocer su existencia. «Si no pasara tanto tiempo en quirófano…». De nuevo, un latigazo de adrenalina le hace abandonar sus pensamientos de culpa: «Si no pasara tanto tiempo en quirófano, no sería tan bueno. Todo esto vale la pena».

Una vibración en su teléfono le hace desviar la mirada hacia la notificación de WhatsApp.

«Necesito tu ayuda», dice el mensaje, que hace que su corazón se acelere. Entra en la aplicación con media sonrisa.

«Hace tiempo que no hablamos», envía el cirujano, sin vacilar ni esperar un instante. *«No te recordaba tan directa»*, añade, acompañado de un emoticono de guiño sugerente.

«Ni yo a ti tan creído», recibe, quedando desconcertado por completo.

«Eres tú quien me necesita», escribe Andrés, con el ceño fruncido. *«Tú dirás»*.

«Me gustaría hablar en persona si puedes sacar un rato», lee Andrés, viendo que su interlocutora le cita su primer mensaje, con la clara intención de repetirle sus intenciones.

Se peina con la mano instintivamente el cabello rubio oscuro, liso y corto, en el que ya se comienzan a notar las entradas, aunque las disimule bastante bien. Se toma el pulso, excesivamente acelerado. Niega con la cabeza. «Tranquilo, Andrés. Tú tienes el control», se dice, recuperando la confianza en sí mismo que habitualmente exhibe ante los demás.

«Me vale con diez minutos. En la heladería de al lado del hospital», recibe Andrés, con la autoestima renovada y rebosante.

«¿Cuándo?», se limita a responder.

«Ahora. Te estoy esperando».

Andrés se sobresalta. Primero duda en si es broma, pero, conociendo a la mujer que le escribe, sabe que es infantil por su parte pensarlo.

Pero ella no vive en Barcelona como él, sino en Madrid. Al menos, la última vez que supo de ella…: dos años atrás. Cavila unos instantes sin contestar, deja el móvil sobre la madera del banco de vestuario en el que está sentado y se levanta. Se asoma al pasillo y llama a su enfermera instrumentista.

—¡Lucy! —Una mujer de mediana edad, alta y entrada en carnes, se vuelve hacia él—: ¿Cuándo sube el siguiente paciente?

—La paciente —corrige ella, sorprendida.

Y es que el doctor Andrés Arnaiz siempre lo sabe todo sobre sus cirugías. Él mismo se da cuenta de que está disperso: los mensajes lo han alterado. Niega con la cabeza y aleja ciertos pensamientos peligrosos.

—La paciente —gruñe él, apresurado, pero aparentando calma.

—En unos veinte minutos, pero...

—Genial —se adelanta él. Toma el móvil en su mano hábil, la izquierda, pasa como un torbellino por el costado de la enfermera y le susurra—: Eres la mejor.

La enfermera enrojece, embriagada por su encanto natural.

Andrés se peina el cabello, frente al espejo, el cabello lo mejor que puede, tratando de disimular las entradas. Alguna peca suelta desvía la atención de las bolsas negras bajo sus ojos, verdes y pequeños, ligeramente rasgados. Arruga la nariz, estrecha, rectilínea y de agujeros pequeños.

Su piel ha palidecido progresivamente con los años al dejar de exponerse al sol. Muchos días entra en el hospital antes de que salga, y se marcha después de que se ponga. Niega con la cabeza ante su propio reflejo. Levanta la manga de la camiseta hasta el hombro y dirige su atención al bíceps de su brazo derecho. Lo aprieta con fuerza. En sus labios se dibuja una ligera sonrisa; hacer pesas da sus frutos.

—Dos años… —se dice a sí mismo, en voz alta, acordándose del último encuentro con ella.

No habían mediado palabra desde entonces. Al aislarse en su mundo de cirugías, el tiempo transcurre más rápido.

Convencido con su aspecto, aunque consciente de que cualquier tiempo pasado fue mejor, sale de la clínica rebosante de confianza. El frío le golpea las mejillas y hace que lamente no haber cogido el abrigo.

Identifica a la joven sentada en una mesa de la bulliciosa terraza de la heladería. Está agitando un café con una varilla de madera, con la vista fija en el humo que emana de su taza. «Un cortado con hielo», se dice Andrés, sin evitar sonreír. Viste un sencillo plumón blanco, bajo el que oculta un jersey de lana, y vaqueros.

—¿Está ocupada? —pregunta él, agarrando la silla frente a ella. No ha reparado en él.

—La verd... —ella se dispone a negarle el asiento, distraída. Al reconocer su voz, suspira—. Hola, Andrés.

No es un tono frío, ni siquiera distante, es peor. Andrés siente como se le hiela la sangre al escuchar un saludo tan indiferente, a pesar de la fuerza que emiten de sus ojos, color avellana.

—Aquí me tienes, Elena —dice él, sentándose y abriendo los brazos en jarra, sin perder la expresión jovial y alegre por verla, aunque descolocado por su recibimiento—. Me alegro de verte.

—Ya, y yo —de nuevo el tono es seco y sobrio, sin la habitual musicalidad que solía caracterizarla. Se pellizca el puente nasal: está tensa—. Tengo algo muy importante que pedirte, completamente confidencial.

—Elena…

Ella lo corta agitando las manos y apretando los labios. No quiere escuchar nada de lo que él tenga que decirle. Y a él le asalta una certeza que lo hiere gravemente: «No está aquí para verme por iniciativa propia. Si hubiera podido evitarlo, lo hubiera hecho, ha venido porque la han obligado, porque necesita…».

—Mi ayuda —dice escuetamente Andrés, obviando el resto de sus cavilaciones.

Sus ganas de verla se han roto en mil pedazos, causando una incómoda inexpresividad en su rostro.

Elena asiente levemente mientras sopla su café, que ya apenas humea. Sus facciones son delicadas y gallardas. Él no puede apartar la mirada de sus grandes ojos. Su tez es tan blanca como la de él, aunque siempre tiene las mejillas levemente enrojecidas. Al mover la cabeza, unos cabellos rubios caen frente a sus ojos. Los mechones terminales son casi blancos, pero marrones oscuros en su nacimiento. Decide recoger todo el cabello por encima de los hombros, en una coleta alta, de forma que sus facciones se resaltan aún más.

—El Decem no es una broma —comienza la joven, a lo que Andrés asiente muy despacio, aprovechando su pausa, pero completamente desconcertado—. Me han contratado para que reclute un equipo.

—No entiendo qué tiene que ver esto conmigo —espeta Andrés, decepcionado por cómo avanza la conversación, aunque albergando alguna esperanza de que a la larga se imponga lo personal.

De todas formas, Elena no parece contenta de verlo, más bien todo lo contrario.

—Los primeros estudios dicen que se mete en tu cerebro cuando te infectas, y a los diez días baja a los pulmones. No podemos pararlo, pero pensamos que el doctor Rius podría hacerlo, y como el doctor Rius no está del todo... —Elena busca la palabra correcta para no ofender a Andrés, consciente de lo importante que es su mentor para él— ...en condiciones de ayudar, tú eres lo más parecido a él.

Ella espera, pues sabe que la mención al doctor Rius puede afectar a Andrés. La situación del ya jubilado cirujano es muy mala, puesto que padece párkinson y, desde hace unos meses, su enfermedad le ha afectado en su forma de hablar y actuar.

Andrés siente una creciente inquietud en el pecho, acuciada por el tono severo y preocupado de Elena. Comienza a entender que Elena habla seriamente. Que el problema del Decem quizá no sea solo una nota de prensa médica, no solo una enfermedad de interés por ser nueva. Elena se lo queda mirando, buscando las palabras, mientras él siente que absolutamente todo se retuerce en su interior.

—Quiero que vengas a Madrid —revela ella—. Sabes que yo no entiendo de todo esto. Me han enviado a buscarte específicamente a ti.

Su mirada, aunque con el vitalismo usual, es distante y mecánica. Andrés sabe que algo se le escapa, y en este momento le preocupa bastante más que el Decem. Pero confirma sus sospechas: no ha sido idea suya recurrir a él.

Se traga el orgullo e intenta manejar su creciente frustración para centrarse en lo que está sucediendo. Es importante. Alguien, en Madrid, lo ha mandado llamar, porque creen que es el mejor neurocirujano del país. Su ego, malherido por la actitud de Elena, emerge de nuevo, devolviendo el color a sus mejillas. «Tengo que centrarme en lo que puedo controlar», se reprende.

—¿Quién es la jefa de la investigación?

—Por ahora, Goa Guix, desde París.

Andrés asiente despacio, asimilando poco a poco la magnitud de lo que Elena le está presentando. Conoce a Goa, aunque no personalmente. Ha escuchado numerosas ponencias suyas, sobre todo, referentes a parásitos neuronales. Es una científica brillante especializada en microbiología y genética.

—Quiero hablar con ella —responde Andrés, con la boca seca, pues, una vez desechada la idea de llevar la conversación con Elena al plano personal, sabe que cualquier conversación científica está fuera de lugar—. La conozco.

—Sí, ya lo sé. —El tono frío y seco se clava en su pecho de nuevo—. Será lo mejor. ¿Tienes su número? —Andrés niega con la cabeza y ella rebusca en un pequeño bolso mientras sigue hablando—: Esta noche vuelvo en el avión del trabajo a Madrid. Llámame si necesitas algo más. El café corre de tu cuenta.

Como si de otro siglo se tratara, Elena deja sobre la mesa una tarjeta impresa con el nombre de la microbióloga y dos números de teléfono, con diferente prefijo. Se despide con un gesto de cabeza y se marcha sin añadir nada más. Andrés la sigue con la mirada, paralizado, esperando que vuelva la mirada atrás. No lo hace.

Cuando ha doblado la esquina, el cirujano se pone en pie y no puede evitar fijarse que el hielo no se ha fundido en la taza de café. Desde que se conocen, jamás se terminó Elena un café antes de que se fundiera el hielo por completo. Nunca. «Algo ha cambiado en ella —piensa, contrariado—. Y eso ha cambiado también la relación entre nosotros».

Deja unas monedas sobre la mesa para pagar, atragantado con el nudo que se le ha formado en la garganta. Recoge las tarjetas con el corazón maltrecho, pero decidido a revertir la situación. El Decem no ocupa más que una esquina de su cerebro, pero la inquietud con la que Elena le ha hablado de él hará que crezca en las próximas horas.

Con muy mal cuerpo, vuelve a entrar en el hospital en dirección a su amado quirófano, pero ni siquiera la perspectiva de una cirugía lo reconforta.

2

El martillo se estrella sonoramente contra la tira de acero candente. Repite el movimiento una y otra vez, hasta que el metal cede y se tuerce a su voluntad. Se pasa el dorso de la mano por la frente, satisfecho, apartando unos rizos rebeldes. El lugar, aunque gigantesco, es cerrado, y el calor del metal al rojo vivo hace que la temperatura sea elevada. Las condiciones de trabajo son duras, pero Mikel necesita el dinero.

A sus veintitrés años, le retiraron toda ayuda económica en el peor momento posible, justo cuando su obra maestra estaba casi terminada. Y precisamente hasta que supere el casi, debe pagar las facturas.

Viste una camiseta de tirantes que antaño fue blanca, pero el tiempo la ha ido decolorando a gris amarillento. Las manchas de grasa salpican tanto la camiseta como sus facciones anchas y sus finos brazos, aunque sobre su piel mulata destacan menos que en la camiseta. Ante sus ojos castaños se extiende el esqueleto del coloso de metal que están construyendo a casi medio kilómetro de profundidad. El proyecto es nuevo. Hasta la semana pasada, estuvieron fabricando unas torres de radio poco convencionales para el Ejército. Nunca sabrá para qué eran ni cómo funcionan por el alto nivel de confidencialidad con el que se desarrolló el proyecto, pero le pareció interesante saber que era para el Ejército.

Los andamios alrededor de la masa de acero a medio construir han hecho que más de un obrero deje el trabajo por vértigo. No es el caso de Mikel. Siempre ha disfrutado de las alturas, por la sensación de flotar. En otra vida, se ha prometido ser astronauta. Su lugar favorito en el mundo son los acantilados del norte de la cornisa cantábrica, donde nació. Frente al metal candente, se sofoca cada pocos minutos, lo que lo obliga a asomarse al vacío para descender su temperatura.

Con los ojos cerrados, inspira el aire cargado y viciado que le cierra los pulmones. Apenas puede recordar ya el aire puro y salado de su lugar de nacimiento. Pensar en los precipicios de su infancia le trae buenos recuerdos, pero también melancolía. El mar ya no es el mismo que cuando era niño. Tampoco la tierra.

Una estridente bocina indica que la jornada ha terminado. Gritos de júbilo inundan el ambiente. Mikel apoya la espalda en una de las barandillas de los andamios para sacar el torso al precipicio, mirando hacia arriba, para que su grito haga más eco y resuene con más fuerza. Con una sonrisa en los labios, marcha escaleras arriba junto a sus compañeros. Vuelca oficialmente sus pensamientos en su obra maestra. En su cómic. En realidad, no ha dejado de pensar en él en ningún momento. Solo le queda por dibujar el final. El toque de gracia. La diferencia entre el éxito y el fracaso.

A la salida de los escalones de metal, se forma un angosto pasillo de piedra que se retuerce cuesta arriba tras el guardarropa. El atasco formado le roba unos minutos cada día. Una vez recuperado el anorak, Mikel pasa a una cinta mecánica que arrastra a los trabajadores a alta velocidad. El héroe de sus historias jamás trabajaría en un lugar así. «Pero eso es ficción, y yo tengo que conseguir el dinero para que él exista más allá de mi cabeza», se recuerda, como cada vez que piensa en lo mucho que odia su trabajo.

No se relaciona con los compañeros, por lo que no tiene amigos entre los cientos de obreros que trabajan allí. Solo le robarían tiempo. Al llegar al final del interminable pasillo, una puerta de garaje escupe a todos los trabajadores a una callejuela de la periferia de Madrid, desde la que cada uno toma el camino a casa, que es casi íntegramente hacia la estación de tren o la parada de autobús. Mikel prefiere caminar a pesar de la considerable distancia que lo separa del lugar en el que duerme. En los seis meses que lleva ahí todavía no la ha sentido como «su casa», y mucho menos como su hogar. Aprovecha el paseo bajo la luz de las farolas (pues las estrellas sobre la capital son imposibles de ver) para darle vueltas al final de su obra. Como cada día.

En algunos puntos del trayecto silba; en otros, se limita a escuchar los ruidos de los coches que lo adelantan o las conversaciones de las personas con las que se cruza. El final sigue sin convencerlo. Y ninguna alternativa le parece suficientemente válida. Poco a poco, una nube negra de pensamientos negativos conquista su cerebro, hundiéndolo en un ya conocido pozo de desesperación y malestar. Los pensamientos autodestructivos no tardan en aparecer.

Pero su móvil suena y lo interrumpe. No suele llevarse nada al trabajo más allá del anorak, a pesar de la cantidad de horas que pasa allí. Lo ayuda a pensar solo en el cómic, tanto en los descansos como mientras realiza la repetitiva tarea de doblegar el metal.

Se plantea no coger el teléfono al leer el nombre de quien lo llama. Lo deja sonar con la esperanza de que se detenga. Pero no lo hace. Y se siente obligado a descolgar a pesar de su desgana. Mantiene un ojo en la calle para no chocar con nada y otro en el tapete gris turbio que cubre el cielo.

—¿Mikel? —pregunta una voz grave al otro lado de la línea, tras unos segundos de silencio.

—Ahora mismo no está, deje su mensaje tras oír la señal —dice, en tono completamente plano.

—Basta —gruñe la voz, masculina, seria, marcadamente autoritaria—. Deberíamos vernos lo antes posible.

—No sé si me apetece. Estoy muy liado con el final del cómic y el trabajo de mierda que he tenido que aceptar —escupe Mikel, remarcando sus palabras, deseando que sean como lanzas contra su interlocutor.

Solo le falta añadir «por tu culpa», pero lo guarda para más adelante. Aunque no es necesario, porque se sobreentiende.

—Escúchame —insiste la voz, aumentando si cabe la seriedad, consciente de que Mikel no quiere saber nada de él—. Lo del Decem es muy serio.

—¿El qué? —resopla Mikel, alcanzando el inicio de su calle, verdaderamente sorprendido. No tiene ni la menor idea de lo que le están hablando. Y no quiere saberlo.

Es una avenida ancha y muy transitada, con tres carriles para coches en ambos sentidos y aceras muy amplias. Está colapsada por luces, peatones y vehículos. Un patinete eléctrico pasa fugazmente junto a él, y Mikel lo mira con un desprecio superlativo. El aire está cargado de conversaciones indistintas y ruido de motores.

—¿Sabes qué? —termina resolviendo el joven, furioso—. No me importa.

Cuelga el teléfono antes de que puedan explicarle nada. Sin dar tiempo a que lo vuelva a llamar, apaga el móvil. Tiene la cabeza llena de ideas y las manos ardiendo de ganas de ponerse con su tableta a probar cómo quedan tras pasarlas de su mente al papel, o, en este caso, al formato digital. Sin embargo, le ha quedado mal cuerpo. Será difícil que pueda abstraerse de esta conversación esta noche. Al abrir la puerta, topa de frente con una de sus compañeras de piso, Macarena.

—¡*Dió* mío, qué mal hueles! —exclama, con su marcado acento andaluz.

—¡Los hay que tenemos que ganarnos la vida con trabajos de mierda!

Plantada en mitad del recibidor, Macarena carraspea. Lleva puesto un pijama azul marino que liga a la perfección con su piel blanca y sus ojos castaño claro.

—Lo dices como si nosotras no nos pasáramos media vida en el hospital.

Él rueda los ojos, mientras ella ata su cabello, liso, largo y de un color alterno entre amarillo y pelirrojo, con una coleta sobre su cabeza. Tiene las puntas rubias, por lo que el moño resultante es completamente amarillo. El flequillo, cortado horizontalmente, no le favorece en absoluto. Al apartar el cabello, deja ver las delicadas facciones de su rostro redondo con claridad.

—Bueno, pero no tenéis que meter martillazos a acero todo el día y sudar como cerdos.

Macarena sonríe sin añadir nada, asintiendo, pero otra voz femenina con un profundo acento canario emerge del salón:

—¡Sudar no, pero llevo todo el día vomitando! ¡Las náuseas del embarazo son lo peor!

Mikel sonríe al ver aparecer a su otra compañera de piso, Paula, que tiene cara de pocos amigos. Su cabello largo y castaño oscuro flanquea su rostro redondeado.

Nada más verlo, Paula arruga su estrecha nariz, mientras lo fulmina con la mirada:

—Uf. Haz el favor de ducharte, que estás haciendo que me vuelvan las náuseas.

Mikel rueda los ojos, sin ganas de excusarse de nuevo mientras ella se tapa la nariz y la boca con los dedos. Mikel es más alto que ellas, que tienen una estatura similar, aunque Macarena es más estrecha de cadera y delgada.

Macarena y Mikel viven juntos desde hace seis meses, cuando ella se mudó a Madrid para trabajar como enfermera. Mikel, aunque cinco años más joven que ella, fue de los pocos que accedió a alquilar la minúscula habitación junto a la cocina. Paula se unió a ellos tres meses atrás.

Mikel se encoge de hombros mientras Paula trata de ocultar otra arcada. Todo su cuerpo se contornea violentamente.

—Yo no sé cómo voy a soportar una hora y media de vuelo hasta Barcelona.

—¿Te vas el finde? —pregunta él, sorprendido.

—No, me voy esta noche a última hora y vuelvo el jueves por la noche. A ver un rato al padre de este desastre —responde, señalándose el vientre, todavía plano.

Mikel intenta orientarse en el tiempo, con dificultad. «Hoy es miércoles, así que mañana es jueves. ¿Solo va una noche? Cuántas molestias para tan poco tiempo…».

—Es poco una noche solo, ¿no?

—El tiempo que podemos sacar los dos —responde ella, cortante, y Mikel sabe que ha apretado una tecla equivocada.

Macarena suspira con ferocidad. Evita activamente devolverle la mirada. No le apetecen reprimendas.

Paula tiene otra arcada, esta vez acompañada de una tos nada agradable.

—Este embarazo me va a matar.

—Seguramente el olor de este se te ha metido dentro —bromea Macarena, y dirige su cuerpo hacia Mikel, para empujarlo con sutileza.

Paula capta el gesto.

—Sí, ya voy a la ducha —Mikel se aparta de ellas, en dirección a su habitación, con las mejillas enrojecidas—. No adivinaréis quién me ha llamado hoy.

—¿Jaime? —dicen las dos a la vez, con evidente curiosidad.

—Vale, pues sí que lo adivináis —resopla, decepcionado, pues contaba con poder hacer más énfasis. «Si creo tan poca sorpresa en el cómic...». Se obliga a apartar de su mente los pensamientos intrusivos que lo arrastran al pozo—. A veces se me olvida lo listas que sois.

—¡Pero cuenta! —le dice Macarena, impaciente, desde el recibidor, al ver que se aleja sin explicar nada más, con la cabeza gacha.

—Primero me tengo que duchar, ¿no? ¿O ya no os importa tanto cómo huelo?

Mikel cuida mucho el tono adecuado, pues quiere que suene como un ataque, pero amistoso. Consigue su objetivo. Las dos chicas aceptan aplazar la conversación —no sin insistir un poco— hasta que termine su ducha.

Antes de limpiarse, se mira al espejo, y decide afeitar la escasa y salvaje barba que le crece: en algunas zonas densa y negra; en otras, clapas completamente alopécicas. Se quita todos los pelos irregulares y se deja la zona que le crece bien: el bigote, frondoso, y la perilla, en la que permite pelos largos en la barbilla y un triángulo rodeado de piel justo bajo el labio. Se toma su tiempo en la ducha, dejando correr el agua caliente hasta que le quema la piel. La sensación que le produce es tan dolorosa como placentera.

Sigue sin dar con el final adecuado para el cómic. Se seca y viste con absoluta parsimonia. Cuando sale del baño, las luces del piso están apagadas. No tiene dudas de que Paula se ha ido a dormir, mientras que se acerca al salón-comedor para corroborar sus sospechas: Macarena se ha quedado dormida en el sofá.

Aunque siente una pequeña decepción por no contarle su historia con Jaime, en cierta manera lo prefiere. Le escuece demasiado. Le sigue dando vueltas. «Por si fuera poco, no me ha llamado para disculparse, sino para hablarme del ¿Detem? ¿Demem? ¿Qué se supone que es eso? ¿Se supone que tengo que saberlo? "Es muy serio". ¡Como si no tuviera yo cosas serias de las que ocuparme! ¿Se refería a mi cómic? ¿Se ha atrevido a insinuar que mi cómic no es serio? ¡Cómo se atreve! Siempre tratándome como si mis cosas no importaran... ¡No ha aprendido nada en estos seis meses!».

Con la cabeza hirviendo y los puños apretados de auténtica furia, Mikel se sienta sobre la cama. Se siente ofendido y despreciado por una de las personas más importantes de su vida. Pero sus emociones lo traicionan de nuevo y su corazón se reblandece. «Sonaba preocupado, estaba muy serio. Quizá...». Entre lágrimas, siente la tentación de encender de nuevo su teléfono y llamarlo, preguntarle cómo está, saber qué es eso que es serio y volver a confiar el uno en el otro. Una súbita oleada de rabia lo hace sollozar desconsolado y desechar cualquier opción de reconciliación. Ese barco zarpó hace meses.

Ya pasada la medianoche y más sereno tras vaciarse de lágrimas, se sienta de nuevo frente a la tableta. Lleva todo el día esperando este momento, pero sus ideas parecen haberse desvanecido con el llanto, y su mano se siente extraña alrededor del lápiz táctil. El aparato parece reírse de él.

«Ojalá el mundo se fuera a la mierda. Así no tendría que preocuparme por el dinero —reflexiona, con los pensamientos embotados—. Así solo me tendría que preocupar por ser feliz».

Se queda unos minutos en silencio, mirando a la nada. Cuando consigue centrarse, la pantalla en blanco augura una larga e improductiva noche en vela.

Otra más.

3

Un llanto infantil interrumpe la conversación entre las dos adultas. En el exterior del pequeño piso de Barcelona, el sol ya se ha puesto. Se miran con cansancio, y es la más alta de la dos la que asiente.

Se pone en pie y cambia la cara conforme se acerca a la cuna plantada en mitad del salón, junto a la televisión apagada. Sonríe al asomarse, y toma al bebé en sus brazos. Las quejas se extinguen al instante.

—Tenemos que acostumbrarlo a que esté solo en la cuna —dice la mujer que sigue en el sofá.

—Pero qué dices, mira esta cosita. ¿Cómo lo vas a dejar allí llorando? Pobrecito.

La madre de la criatura lo mece de un lado a otro, haciendo que sonría. A su otra madre, Giulia, todavía sentada, no le hace tanta gracia. Resoplando, se hunde en el sofá y pone en marcha unos altavoces. El *Bella ciao* de Talco comienza a sonar de fondo.

—Sabíamos dónde nos metíamos —dice Adriana, con el niño en brazos, sentándose a su lado delicadamente y tarareando a continuación la letra.

Giulia es licenciada en Biología Molecular y doctorada en Virología Humana y Animal, mientras que su pareja, Adriana, es profesora de primaria.

—Lo sabrías tú —recoge el testigo Giulia—. Yo de verdad que no puedo estar más tiempo de baja. Se me cae el techo encima. Y solo llevamos la mitad.

—Pues yo estoy encantada —responde Adriana, sin dejar de hacerle carantoñas al bebé, en su regazo.

La piel de Giulia es cetrina, mientras que Adriana y el bebé tienen un tono mucho más pálido.

—Ya te veo.

Giulia se pasa las manos por la cara primero, y luego por el cabello, negro y rizado. Muy a su pesar, termina cediendo y le hace también carantoñas al crío, que babea y sonríe sin cesar. Siempre consigue reblandecerla cuando se le cruzan pensamientos en su contra. A sus cuarenta años, sigue pensando que es demasiado pronto para haberse comprometido a tener un hijo. Pero era el siguiente paso en su relación.

Giulia y Adriana se conocieron en Madrid, mientras la primera trabajaba en su doctorado y la segunda preparaba las oposiciones, más de diez años atrás. Decidieron mudarse a Barcelona debido a una oportunidad de trabajo de Giulia, veronesa de nacimiento.

En cuanto la científica se pone a jugar con su bebé, el portátil la avisa de que alguien trata de establecer una videollamada con ella.

—Cógelo, aquí lo tenemos controlado —dice Adriana, soplándole la cara al niño.

Giulia sonríe y se desplaza curiosa a la mesa en la que el ordenador está abierto, junto al otro sofá. La sorpresa al descubrir quién requiere su atención es máxima.

—¡Hola! —exclama una mujer con flequillo negro, unos años mayor que ella. Tiene los ojos levemente rasgados, en la parte exterior de los cuales aparecen ya las patas de gallo.

—¿Qué tal? ¡Cuánto tiempo!

—Bueno, ahora te cuento. ¿Qué tal tú con el bebé?

Giulia percibe inmediatamente problemas. Es extraño que su buena amiga Goa Guix no vaya directa a grano. La conoce perfectamente y sabe su orden de prioridades: primero dice el motivo de la llamada, y después, si hay tiempo, se da a lo personal. «A no ser…».

Giulia frunce el ceño. Goa y ella se doctoraron juntas en una investigación sobre las mutaciones de los virus al saltar de animales a humanos y viceversa, basándose fundamentalmente en el coronavirus SARS-CoV-2. Después de aquello, Goa se marchó a París y Giulia a Barcelona. Aunque han mantenido el contacto, una llamada no programada es inusual.

—El bebé está muy bien, con Adri ahora.

Detrás de ella, la profesora levanta al bebé para que aparezca en la cámara. Goa sonríe incómoda. Nunca le han gustado especialmente las crías, y todavía menos las humanas. Igual que a Giulia, aunque en su caso Adriana la convenció para dar el paso.

—Sería buena idea cambiar de habitación.

—¿Qué? —pregunta Giulia, desconcertada.

Siente un vacío en el estómago que se le transmite a todo el cuerpo con un escalofrío. Pero el rostro tenso y serio de Goa le produce también un cosquilleo más positivo que negativo.

—Lo que te voy a contar es estrictamente confidencial.

Giulia se gira hacia su pareja, que la mira con extrañeza.

—Tengo que...

No llega a terminar la frase. Sale precipitadamente de la habitación sin esperar respuesta. Adriana se centra en el bebé, que balbucea en su regazo mientras trata de tirar de sus cabellos castaños.

—Confidencialidad, pf. Aquí estamos mazo bien y tranquilas. ¿A que sí? Sí, sí, sí.

Giulia se sienta en la mesa de la habitación-despacho que Adriana utiliza como sala de videojuegos. Coloca el portátil sobre la mesa tras apartar el teclado multicolor y resopla, concentrada ya únicamente en Goa.

—¿Qué ha pasado?

—¿Recuerdas el modelo REV-12?

Giulia siente un retortijón al oír el nombre del proyecto, a lo que le sigue una sensación de emoción desconcertante. Goa está muy seria, y espera respuesta. Giulia percibe el cansancio en sus ojos. «Extremadamente cansada, como si apenas hubiera dormido en los últimos días», piensa. No se equivoca.

—Sí, claro que lo recuerdo.

—Estoy investigando un nuevo virus de la familia *herpesviridae*, y por ahora... Se comporta igual que el REV-12.

Giulia nota sus propios latidos en el cuello. «*¡No puede ser! Es imposible…*». se grita a sí misma, debatiéndose entre el más puro terror y la excitación de un crío al que le acaban de dar un caramelo. Sus respiraciones se hacen más pesadas y nota que le aparecen destellos en la periferia de los ojos. «Ahora no. Contrólate, Giulia. Esto es importante».

—No puede ser. El REV-12 era el modelo fluido que hicimos por pura especulación.

El rostro de Goa se mantiene invariable. Giulia siente sudores fríos por todo el cuerpo a la vez que su entusiasmo sigue creciendo. El modelo de contagio REV-12 implica un virus con genes que se integran en el huésped y desintegran cuando se ve en riesgo, alterándose en el proceso, con tantas copias que se refuerza y cambia sin cesar. Inmortal, impredecible y con capacidad de infectar a la totalidad de los seres vivos. Por tanto, imparable.

—Es imposible —repite Giulia.

—En ciencia nada es imposible. Tú me lo enseñaste.

Sabe que Goa tiene razón, pero las probabilidades de que exista un organismo con modelo fluido son tan remotas que podrían traducirse como imposible. Aunque si Goa lo dice…, implica una situación muy delicada.

—¿De dónde ha salido? —pregunta Giulia, intentando centrarse, con el corazón latiendo desbocado a pesar de que sigue sentada sin realizar esfuerzos de ningún tipo.

—No lo sé. Pero tenemos ya varios casos confirmados en por lo menos siete especies de nuestro laboratorio, incluida… la humana.

—¿Quién? —pregunta Giulia, deseando que no diga cierto nombre.

—Varios de mi equipo… Entre ellos Lejeune.

Giulia nota la lengua entumecida y la visión periférica oscureciéndose al cumplir sus sospechas. Niega con la cabeza, intentando reponerse. Lejeune es un reputado zoólogo que ayudó a las dos investigadoras durante todo su doctorado. No es ni mucho menos tan eminente como ellas, pero es un científico sobresaliente. Y un buen amigo.

Se frota la frente con ambas manos y resopla. Niega con la cabeza, alejando ciertos pensamientos que no ayudan. Trata de apagar la parte emocional de su cerebro para encender la parte científico-analítica que tantos éxitos le ha reportado. La parte que necesita:

—¿Qué provoca este REV-12?

Desde París, Goa sonríe. Acaba de activar a Giulia.

—Lo están llamando Decem —puntualiza Goa, creyendo que ese nombre le sonará a su compañera, pero, por su expresión, parece que no—. Se mete en el cerebro primero, tiene tropismo por las células nerviosas. Es asintomático una semana. Luego es variable... Pero principalmente pápulas siguiendo las raíces nerviosas, como si fuera un herpes..., y luego cambios de humor y ataques de ira... Violentos. —hace una pausa, suspirando—. Después, la muerte. En unos quince días.

Giulia piensa, pero se le hace muy difícil. Los sentidos no le responden y nota una importante opresión en el pecho. Lejeune es importante para ella, y le preocupa que esté infectado por un virus de esas características.

«¡Basta! ¡Concéntrate, Giulia! Eres la que mejor conoce este modelo y la mejor opción para detenerlo», se dice, reaccionando a tiempo. Llegar a poder pensar cosas así y llenar su tanque de autoestima por sí misma es una de las cosas que más orgullosa está de haber conseguido en toda su vida.

—¿Qué especies ha infectado?

—Hasta ahora, que sepamos, ha infectado una cobaya, un loro, siete canguros, dos ratones, seis ratas, ocho chimpancés y doce humanos. Siete especies. Todos los animales que tenemos en el laboratorio y doce de quince trabajadores.

—Y el loro de Lejeune —se adelanta Giulia, con el cerebro funcionando a pleno rendimiento y recordando el parlanchín animal de compañía del investigador. Lo nota como una puñalada en el corazón.

—Exacto.

Giulia resopla y cae en la cuenta de que Goa no la llama solo para avisarla. Sus ojos se encuentran en un momento de conexión a la altura de muy pocas personas.

—¿Qué quieres que haga?

—Hay que actuar según el REV-12. Es el peor escenario posible, pero hasta que podamos tener datos clínicos reales...

—Será demasiado tarde para Lejeune.

—Desde Barcelona podrías empezar a hacer alguna cosilla, pero se está formando un equipo interdisciplinar. Tendrás que ir a Madrid.

Giulia asiente despacio.

—¿Cuándo?

—Cuanto antes. Parece que se contagia con muchísima facilidad.

Goa se queda callada, Giulia también. Parece que hasta contengan la respiración. Goa está en el laboratorio, vestida con la bata blanca con el logo del instituto de investigación que la financia bordado en el pecho. Su aspecto cansado empaña la imagen de elegancia y profesionalidad que siempre desprende. Ambas son conscientes de que la situación es grave, pero hay una chispa de emoción en ellas, la que otorga un reto de tal envergadura, la que otorga una futura aventura en bata de laboratorio. Giulia comienza a exaltarse positivamente hasta que un pensamiento la golpea con violencia y aplaca toda su ilusión:

—Mi bebé...

Goa niega con la cabeza.

—¿Me pides que lo deje aquí y me marche? —Giulia está al borde del llanto. Estaba muy decidida a hacer todo lo posible, pero porque no había reflexionado nada ni pensado más allá de sus capacidades.

—Sé que será difícil. Pero te necesitamos.

Giulia se queda callada. Solo reflexionando un instante se ha dado cuenta de los peligros que conlleva meterse en lo que Goa le está pidiendo. Al fin y al cabo, por muy cabra loca que fuera en su juventud, la maternidad ha traído consigo muchas cosas. Entre ellas, responsabilidad y mucha deprivación de sueño. Ya no está ella sola como antes. En sus decisiones debe tener en cuenta a su hijo y a Adriana. Pero hay algo que no ha cambiado, y es su curiosidad científica. El cosquilleo que siente por investigar un virus así es superior a cualquier obstáculo. Ella ya sabe que aceptará, su única duda es cuándo.

—Te necesitamos para pararlo —insiste Goa, despacio, midiendo sus palabras, pensando que será más difícil sumar a Giulia a su equipo de lo que pensaba—. Porque, si no lo paramos, perderemos el futuro. Tu hijo y todos. Esta es la amenaza de extinción de la humanidad más inmediata a la que nos enfrentamos.

Giulia niega con la cabeza, conmocionada por la dureza de su compañera.

—Pero de qué hablas, Goa. Es un herpes.

—¿No me has escuchado nada? ¡Con genoma fluido! ¡Espabila, Giulia! —espeta, con toda la frustración acumulada en la última semana—. Eres la persona que creó el modelo de contagio REV-12. Ahora tienes que pararlo. He intentado hacerlo yo con mi equipo, pero no lo entiendo como tú. No soy tú. Te necesitamos.

Giulia suspira, tan apabullada por el desquite de Goa como por el reconocimiento espontáneo. Aunque también por la difícil papeleta que le toca asumir. Y por su hijo.

Giulia resopla y se queda mirando a la pantalla, con los ojos fijos en los de Goa, que se encoge de hombros.

—Es tu decisión, pero no hay mucho tiempo. Y sabes tan bien como yo que te necesitamos.

Asiente enérgicamente, superada. Goa esboza media sonrisa, consciente de que ese gesto es sinónimo de que ha conseguido su objetivo.

—Antes de medianoche, te recogerán. Te envío los detalles y el contacto del enlace por WhatsApp. Se llama Elena Torres. Cuídate mucho, amiga.

La pantalla salta al escritorio de golpe. Giulia apoya los codos sobre la mesa y traga saliva con dificultad. La ansiedad comienza a hacerse con el control. Piensa en solitario, fríamente: «Esto no puede estar pasando. ¡Otra pandemia! No puedo pasar otra cuarentena como la del coronavirus, fue horrible. Prefiero millones de veces hacer cosas que puedan terminar siendo útiles. Puedo ayudar, puedo pararlo. El REV-12 es mío. Yo lo inventé. Yo lo puedo derrotar».

Tiene que forzarse para no comenzar a buscar líneas de ataque contra el nuevo virus y poner antes al corriente a su pareja. Sale de la habitación, con el corazón encogido. Ya no suena Talco en los altavoces, sino una mujer que narra una historia.

—Mira, unas ardillas han atacado un puesto de gofres en París —dice Adriana, sin mirarla, señalando el televisor, que enseña el vídeo—. ¡Cómo odio a esos bichos!

Pero no obtiene la respuesta que espera. Giulia no dice nada, horrorizada y con sudores fríos por toda la espalda, pues las ardillas no atacan los gofres como se esperaría, a intentar comérselos, sino que atacan de forma indiscriminada a las personas, al tendido eléctrico, a otros animales. Las palabras de Goa resuenan en su cabeza sin cesar: «Primero, alteraciones de comportamiento. Siete especies. Ocho. Ocho especies, contando las ardillas», le susurra en silencio su cerebro.

—¿Qué te pasa? ¿Está bien Goa?

Adriana reconoce la postura envarada de Giulia: está al borde de un ataque de ansiedad. Deja al bebé en la cuna, que inmediatamente gruñe, sin éxito.

Giulia niega con la cabeza y Adriana la abraza con afecto.

—¿Qué ha pasado?

—El REV-12.

—¿Qué?

—Goa ha descubierto un herpes virus que sigue el patrón del REV-12. —Adriana se aparta un poco, dudando sobre si entiende del todo lo que le está contando—. Me necesita en Madrid.

—¿Y qué harás?

—Ir.

Adriana asiente, pero se queda unos segundos en absoluto silencio. Giulia la aparta y se sienta lentamente en el sofá. Su pareja la sigue y toma sus manos en las suyas.

—Sí, tienes que ir. ¿Se está expandiendo ya? ¿Qué hace? ¿Afecta a los bebés? —hace una pausa, conteniendo su horror, consciente de que está divagando y hablando sola. Logra centrarse, y asiente de nuevo, para sí misma—. ¿Cuándo te vas?

Giulia mueve sus manos intentando calmarla, con los ojos llenos de lágrimas.

—Esta misma noche. Tengo que hacer la maleta.

—Vale, vale —Adriana asiente y se pone en pie—. Vamos a hacer la maleta y me lo cuentas todo bien contado.

Giulia coge a su hijo en brazos y lo abraza con fuerza, pero no es eso lo que la reconforta, sino la calidez que le aporta la proximidad de Adriana. El pecho le oprime y las lágrimas se amontonan en sus ojos, pero no las deja escapar. Ya no.

Sin embargo, no puede evitar pensar que, si realmente el Decem se comporta igual que el REV-12, el futuro que les espera es desolador. Por muy determinante y diferencial que llegue a ser ella, la batalla está perdida de antemano.

Y aun aguantando las lágrimas con todas sus fuerzas, la redonda cabeza del bebé contra su esternón la termina derrotando y se permite derrumbarse una última vez antes de encabezar la carga contra el Decem.

4

Andrés se mantiene pegado al teléfono cuarenta y cinco minutos. Ha visto salir el sol, que ya está comenzando a calentar las calles. En cuanto cuelga, su rostro refleja preocupación. Sin perder tiempo, imprime los archivos que le ha enviado Goa Guix, y va directo a entregárselo al director médico de su hospital. El jefe no está nada contento con su marcha, pero, en cuanto lee la introducción de lo que le acaba de entregar su neurocirujano estrella, se limita a desearle mucha suerte. Porque su suerte va a ser, según las impresiones de la doctora Guix, la del mundo.

Al salir del despacho, mira el reloj y se sorprende. Solo llega media hora tarde al desayuno con su mejor amiga, Claudia Isabel. Su media hora de rigor. Sube la planta que lo separa de la cafetería a pie, y, para su sorpresa, está acompañada.

Además de Claudia Isabel, hay dos personas más: el cirujano residente del día anterior, Darko, y uno de los mejores internistas del hospital, Marc Martí. Los dos médicos llevan la bata blanca, mientras que Claudia Isabel lleva el uniforme amarillo y negro de la seguridad del hospital. Le queda especialmente bien.

—¡No me puedo creer que *solo* llegues media hora tarde! —exclama la joven, de piel oscura y cabello negro ondulado. Tiene una peca de lo más característica entre el labio superior izquierdo y la nariz.

—Venga, venga, no seas tan dura conmigo, que últimamente llego siempre a la hora.

Claudia Isabel deja ir un bufido burlón con cara escéptica a la vez que se retira unos mechones de la frente. Darko y Marc no comentan nada, pero mantienen una radiante sonrisa. Andrés es buen amigo de Marc, y adivina que tienen motivos que él desconoce.

—¿Por qué sonreís tanto vosotros dos?

Darko (que lleva las gafas de sol en el bolsillo de la bata) lo observa mientras se sienta con ellos. Mantiene la misma sonrisa que en el quirófano del día anterior.

—¿Ya no puede uno ser feliz?

—Por supuesto que sí —se molesta Andrés, a la defensiva. *«¡Qué nervioso me pone!»*.

Por suerte, está Marc al lado para apaciguar las aguas. Como siempre:

—Darko nos acaba de decir que Paula está aquí y vendrá a vernos en un rato.

Andrés intercambia una mirada furtiva con Claudia Isabel. Ambos son muy amigos de Paula, la pareja de Darko. Vive actualmente en Madrid, realizando una rotación externa en el último año de residencia.

—¡Qué bien! —exclama Andrés, dando el tema por cerrado.

Se nota raro. Quiere alertar a sus amigos de la existencia del Decem, pero no sabe cómo hacerlo sin violar el acuerdo de confidencialidad que ha firmado hace unos minutos.

Darko sigue radiante. A Claudia Isabel le parece hasta divertida la postura de emisor que ha adoptado, con el cuerpo orientado hacia delante y las manos recostadas sobre la mesa. Se conocen, han compartido algunos espacios, pero no son ni mucho menos amigos.

—Es que tengo algo que anunciaros —dice Darko, exultante, marcando su sonrisa en su imberbe barbilla.

—¡Te casas! —exclama Andrés, ridiculizando la teatralidad de un hombre al que no considera ni su amigo y le quiere dar noticias vitales como si fueran íntimos.

—Pero qué dices —espeta Marc, molesto, probablemente porque ha cazado al vuelo sus intenciones de hacer sangre—. Déjalo hablar.

La mirada de Marc es casi una advertencia. Es una persona reservada que habla relativamente poco, pero tiene una vitalidad envidiable. Es delgado pero musculoso, y rubio. Tiene los labios carnosos, realzados por una barba completa bien recortada. Lleva unas gafas de montura gris muy disimulada, exageradamente ancha y circular. Parecen falsas de lejos, pero el cristal ancho deja pocas dudas sobre su necesidad. Andrés le hace una carantoña nada agradable al detectar su tono de reproche.

—Paula está embarazada —anuncia Darko, obviando la disputa, con una sonrisa imborrable.

Andrés se queda frío. Traga saliva, incapaz de escapar de sus cavilaciones. Darko tiene seis años menos que él y va a ser padre. Paula, ocho menos. Dispuesto a autocompadecerse por su soledad, una vocecita en su cabeza le recuerda la existencia —y gravedad— del Decem. «Eso sí que es mala suerte —reflexiona Andrés, recordando que ya llevaban unos meses buscando el bebé—. Aunque tal vez sería peor tener un bebé pequeño a su cargo».

Palidece sin remedio, redirigiendo su pena hacia su propio desamparo. Ni siquiera intenta ocultarlo. «Quizá no tenga tiempo de tener hijos y que sea lo mejor para mí. Puede que el Decem me prive de ello. De todas formas, sería un padre terrible», se dice, en un arrebato irracional. Nunca ha querido tener hijos, o como mínimo, nunca se lo ha planteado seriamente. Pero una cosa es no querer y otra muy diferente, no poder.

Los gritos de júbilo de Claudia Isabel y Marc son exagerados, casi fingidos. Andrés, por su parte, se siente desrealizado, como si todo a su alrededor diera vueltas.

—¿Ya os lo había dicho Paula? —pregunta Darko, decepcionado. Claudia Isabel y Marc asienten—. ¡Vaya, y yo pensando que os daba una primicia!

Claudia Isabel se encoge de hombros. Andrés consigue volver a conectar con la situación, pensando en lo artificial de la sonrisa que mantiene Darko. «Es perturbadora», se repite, con la boca pastosa y notando cómo su respiración pesada está atrayendo atención.

Sabe que debe hablar, pero tiene la cabeza tan enredada que no sabe qué decir.

—¿Qué te pasa? ¿Tanto miedo te dan los bebés? —se burla Darko, que percibe su aura de tensión y preocupación y decide convertirla en blanco de burlas. Es su mecanismo de defensa habitual cuando alguien va a expresar sus sentimientos.

—No, no es eso.

«O no solo eso», le recuerda una voz en su interior.

El neurocirujano mira a ambos lados, asegurándose de que las mesas vecinas están lo suficientemente lejos. Asiente, consciente de que está a punto de romper un acuerdo de confidencialidad. «Y qué más da —se dice—. Si las informaciones que maneja Goa son correctas, estaremos todos muertos antes de que puedan reprocharme nada».

—Habrá una pandemia —dice, despacio, consciente de que tiene la atención absoluta de todos los sentados en la mesa—. Quizá habéis leído algo, es un herpes virus nuevo.

—¿El HHV-10? ¿El Decem? —pregunta Marc, dando un brinco que casi parece de emoción, sin levantarse de su asiento. Al sentir que se ha extralimitado, se recompone. Su expresión es tan extraña como exagerada ha sido su reacción.

Andrés asiente con la cabeza, muy serio. Claudia Isabel y Darko parecen desconcertados.

—Infecta con facilidad a todas las especies y mata mucho. No se sabe todavía cuánto, pero de los casos que han detectado, por ahora no se ha recuperado ninguno.

—Dime que no es otro coronavirus —suplica Claudia Isabel, tan inocente como inquieta. Aunque trabaje en el hospital, es guardia de seguridad, y su formación sanitaria es escasa.

—Es muchísimo peor —sentencia Andrés, con gravedad—. Según los datos que tenemos, es mucho más contagioso y mortal.

El silencio se apodera de la situación. Sopesan las implicaciones de lo que les está contando su amigo, con la tensión aumentando.

—Me cago en todo. A la mierda el torneo de pesca del finde que viene —salta Darko, negando con la cabeza.

A pesar de la situación, Andrés no puede reprimir una carcajada. Claudia Isabel termina cediendo y ríe también. Marc, no; su expresión mantiene un rictus de tensión.

—Os estoy contando algo que va a cambiar nuestras vidas y a ti te preocupa el torneo de pesca —dice Andrés, negando con la cabeza—. Increíble.

Darko se limita a encogerse de hombros, con una mueca de incomprensión.

—¿Cómo sabes todo esto? —pregunta Marc, concentrado, desquitándose de la incomodidad que siente por saber más que el resto.

Andrés traga saliva. Conoce a Marc como si fuera su hermano, pero no le ha prestado suficiente atención como para adivinar que está mejor informado de lo que debería.

—Me ha venido a buscar Elena para que vaya a Madrid y me una al equipo que se encargará de eliminarlo.

—¿A ti? —pregunta Darko, sorprendido, mientras Marc parece sobresaltarse—. ¿Qué tienes que ver tú con un virus? Que venga a buscar a Marc, lo entiendo, ¿pero a ti?

El comentario hiere a Andrés. No le gusta sentirse menos que nadie en nada. Nunca. Aunque sea cierto y completamente lógico, le duele. A la vez, Marc se siente incómodo, aunque no está dispuesto a revelar el motivo.

—Para eliminarlo cuando está en el cerebro —dice Andrés, en un tono pasivo agresivo que le obliga a hinchar el pecho—. Soy de lo mejorcito metiéndome en la cabeza de la gente.

—Literal y figuradamente —se burla Claudia Isabel, levantando una ceja y, a continuación, el dedo índice, pero consciente de que sus palabras son ciertas. Decide dar un vuelco a la conversación—: No pasemos por alto que ha mencionado a Elena.

Darko y ella misma sonríen, Marc mantiene cara de póker y Andrés enrojece levemente, negando con la cabeza.

—No quiero hablar de eso ahora.

«O, *más bien*, no puedo. ¿Cómo explicar que ya no es lo mismo? ¿Cómo explicar el dolor que siento?».

—¿Entonces cuándo? —inquiere Claudia Isabel, pero él niega y ella acepta cambiar de tema—: ¿Te vas a Madrid?

—Sí. Me han enviado el contacto de una tal Goa Guix, que será la líder.

Andrés termina de explicar a sus compañeros todo lo que sabe del Decem, que lo escuchan atentamente. Claudia Isabel es la primera en reaccionar una vez que ha terminado de hablar:

—He leído que en China han matado a cinco estadounidenses porque iban por Pekín destrozando coches con bates de béisbol de día. ¿Puede que sea por esas alteraciones comportamentales que da?

—Si fuera así significaría que está ya muy extendido y estamos muy jodidos —sentencia Marc, en tono sombrío.

—Matar a un estadounidense es una liada —apunta Darko—. Están como putas cabras... Y más con las tensiones que hay entre China y ellos...

—No, si al final todo serán desgracias —gruñe Claudia Isabel—. ¡Qué desastre!

—Darko nos ha dado una buena noticia como mínimo —apunta Marc, sonriendo.

—¿Qué buena noticia? —interrumpe una voz que no está sentada a la mesa.

Se vuelven hacia el foco de sonido y ven a una joven de ojos marrones y melena castaña, vestida con ropa de calle.

—¡Paula! —exclama Claudia Isabel—. ¡Cómo me alegro de verte! ¡Enhorabuena! Darko nos lo ha contado también, así que ¡¡¡ya lo podemos dar como oficial!!!

La guardia de seguridad se levanta y abraza con una fuerza probablemente exagerada a su amiga, que cruza una mirada cómplice con Darko. Él le lanza un beso al aire. Andrés busca la mirada de Marc para afear el gesto, pero su amigo está a otras cosas. Cuando un tema capta su atención, se abstrae completamente. «*¿Qué le pasará? Está* *ausente* —reflexiona Andrés, sin dejar de buscar contacto visual sin éxito—. No me ha contado nada. Hemos hablado poco últimamente... Quizá estoy demasiado en mis cosas. Tampoco le he contado yo nada de Elena. Para ser justos, le acabo de contar lo del Decem. Conociéndolo, lo raro sería que no se comiera la cabeza...».

Paula se acerca a Andrés y le da un beso en la mejilla, sin que se le escape que no está con los cinco sentidos allí. Le susurra al oído:

—Después me lo cuentas.

Él sonríe y asiente levemente. Marc se levanta antes de que Paula lo alcance.

—¿Te vas sin decirme nada?

—¡Ah! —gruñe Marc, claramente violentado—. Yo... Tengo mucho trabajo.

—Eres terrible —le dice Darko a Marc—. Viene de Madrid a verte y no tienes ni un minuto.

—Bueno, si fuera de verdad a verme solo a mí, ahora me sentiría mal, pero no es el caso —se agarra el collar bajo la bata, moviéndose incómodo—. Me alegro mucho de verte, Paula, pero me esperan ya las dos R1 para la guardia.

Marc señala a dos doctoras jovencísimas que están plantadas en el umbral de la cafetería, con evidente gesto de impaciencia.

—¿Ni un beso me vas a dar?

Marc busca una excusa para escaquearse, pero no la encuentra. Derrotado y rojo como un tomate, se acerca a ella y la besa en la mejilla.

—Buen viaje... —le susurra él.

—Te llamo antes de salir y me cuentas —lo abraza ella, para que solo él escuche.

Marc asiente enérgicamente y se marcha con las dos residentes gesticulando en exceso.

—Menuda pieza —niega Darko—. Necesita una pareja con urgencia.

Claudia Isabel le da una débil colleja a modo de reprimenda, y él decide ignorarla activamente.

—¿Cuándo te vuelves a ir a Madrid? —pregunta Andrés, mientras Paula se sienta a su lado.

—Esta noche.

—¡Yo también! ¡Podemos ir juntos!

—¿A Madrid? ¿Tú?

Andrés siente una súbita punzada en el estómago, y a continuación mira a su alrededor, igual que unos minutos atrás, para asegurarse que nadie está lo suficientemente cerca como para escucharlos. Pero vacila. Los ojos brillantes de Paula lo hacen detenerse.

—Si no se lo cuentas tú, lo haré yo —salta Darko, con una dureza de la que no lo creía capaz.

El neurocirujano asiente, consciente de que, al contárselo a sus amigos, ha iniciado una reacción en cadena que ya no puede detener. «Digo yo que es cuestión de tiempo que emitan un comunicado interno para advertirnos a todos», piensa, mientras Paula lo mira con expresión interrogante.

Y explica de nuevo todo lo que sabe, consciente de que era mucho más feliz antes de conocer al Decem.

5

Marc se pasa la mano por el cabello. Enseguida nota la gomina y retira la mano para evitar un estropicio. Está totalmente quieto, en mitad del pasillo del hospital, entre sus dos compañeras. Los sonidos se distorsionan y la vista se le nubla.

Acaban de ponerlo al corriente de un paciente violento en la sala de urgencias, pero son incapaces de entender por qué su persona de referencia en el hospital está paralizada ante una información aparentemente tan banal. Como adjunto de tercer año, es el primer curso que tiene residentes completamente a su cargo. Marc reacciona, a pesar del sabor amargo en su boca y que sus pensamientos revolotean sin un rumbo claro.

Se pone a caminar de nuevo, pero con la piel pálida y los ojos muy abiertos.

—¿Qué te ocurre? —vuelve a preguntar una de las residentes, siguiéndolo, con preocupación genuina.

«Me ocurre que hay un crío al que tenemos que atender que básicamente podría tener un virus mortal que no tenemos forma de detener ni prevenir, y en el que el contagio es equivalente a la muerte. Sí, eso me ocurre», piensa, tragando saliva. Se aclara la garganta, pero no añade nada más.

—¿Marc? —persevera la residente, incansable.

«*¿Cómo les digo yo ahora todo esto?* —piensa Marc, incapaz de decir nada—. Y, sobre todo, *¿cómo evito atenderlo?*».

—Tenemos mucho trabajo —dice Marc, asintiendo despacio—. Venga, vamos.

Aparta con suavidad pero firmeza a la residente que le bloquea el paso y sigue adelante. La otra residente se encoge de hombros y lo sigue. Marc se debate en su mente entre el problema que le supone disponer de una información confidencial de tal envergadura y la evidente ventaja que conlleva: «Es positivo porque puedo actuar con más cautela y puede que eso me salve la vida —se dice a sí mismo, con severidad—. Pero también me va a aislar del resto del mundo. Si lo voy contando y el rumor se expande, podría salvar alguna vida, pero también podría causar el caos en el hospital y que se perdieran más de las que salvaran... Qué situación tan compleja. Ojalá hubiera solo una respuesta correcta».

Precisamente por eso le gustan tanto los protocolos reglados en los que se basa la medicina moderna: aunque el juicio del médico sea fundamental para adaptarlos, en su mayoría guían el camino, y solo son necesarias hacer pequeñas modificaciones para que todo vaya siguiendo su curso. En la vida, en cambio, las cosas no son tan fáciles. No existen protocolos para tomar decisiones —los ha buscado, sin lograrlo—, y en muchas ocasiones no hay acciones correctas o incorrectas.

Marc sigue completamente absorto, ignorando a las dos residentes que lo siguen, cuando una figura dobla la esquina y choca frontalmente con él. El impacto es fortísimo y pierde el equilibrio. Cae al suelo con un peso encima, conmocionado.

Sobre él tiene un cuerpo humano moviéndose, frenético. Tarda unos instantes en entender que alguien lo ha derribado. Se ha dado un buen golpe en la nuca, pero parece que la espalda es la peor parada. Sin embargo, no siente que vaya a causarle más problemas que los derivados del dolor.

Para cuando quiere reaccionar, un guardia de seguridad ya ha levantado al chico que ha chocado con él. Las residentes lo ayudan a ponerse en pie. El guardia de seguridad musita disculpas mientras inmoviliza al chico, que sigue retorciéndose de forma casi antinatural. Poco después llegan los refuerzos, entre los que está Claudia Isabel y otro guardia, así como una enfermera veterana.

—Este es el chico psicótico del que te hablaba —le dice la residente a Marc, con una mano sobre su hombro.

Inmediatamente siente sudores fríos. «Es el chico que han catalogado de psicótico, que está agresivo. El mismo que puede tener Decem», piensa, atenazado. Busca a Claudia Isabel, que está a dos pasos de distancia del chico, evitando activamente acercarse. Cruzan una mirada llena de significado. «*¡Odio tener esta información! ¡Ojalá no me hubieran dicho nada!*».

Su desesperación va en aumento y comienza a hiperventilar, ante la atónita mirada de las residentes. El joven paciente, inmovilizado en el suelo, impide que la enfermera le ponga medicación contorneándose de forma salvaje.

Otra enfermera llega junto a otros tres guardias. Mientras los recién llegados sujetan al chico, la enfermera conecta una jeringa a la vía que lleva puesta y le administra un potente sedante. A los diez segundos, ya no patalea más. Claudia Isabel sigue sin intervenir, a una distancia prudencial.

—Lo siento, doctor Martí. Es muy agresivo y nos ha atacado —dice la enfermera veterana, ofreciéndole a Marc una sonrisa conciliadora.

Pero él no logra reaccionar. Que Claudia Isabel no haya intervenido no hace sino aumentar su sensación de desasosiego: ella también cree que el chico puede estar infectado de Decem. Su gesto sigue siendo de puro pánico. Sus mejillas, pálidas, y la boca entreabierta evidencian que está en *shock*.

—¿Estás bien? —le pregunta uno de los guardias de seguridad al fijarse en que está prácticamente catatónico—. Parece que hayas visto un fantasma.

—Sí... —responde él, con un nudo en la garganta y mil agujas en el corazón, ante la incomprensión de los guardias, enfermeras y residentes—. Estoy un poco mareado.

—Vamos, te echaremos un poco de agua —le dice una de las residentes, que le deja la mano sobre la espalda, de forma muy ligera, para no hacerle daño en los golpes de la caída—. Te has dado un buen golpe en la cabeza.

—Estoy bien. Hay muchos pacientes que visitar.

—Yo me quedo con él —dice Claudia Isabel.

Las residentes asienten y se van junto al resto del personal.

Claudia Isabel le hace un gesto con la cabeza, manteniendo las distancias. Marc avanza con los sentidos hipersensibles hasta el baño más cercano, a pocos metros de donde ha chocado con el joven. Entra en el baño solo. Claudia Isabel lo fulmina con la mirada y le dice:

—Primero de todo, límpiate bien las manos y la cara. Con mucho jabón. Y quítate la bata.

Su voz es dura y autoritaria, y aunque Marc vacila un poco, obedece rápidamente. Se siente casi obligado.

—¿Qué se supone que tengo que hacer ahora? ¿Aislarme para morir?

Claudia Isabel se pone roja de rabia. Marc ve como el rostro de la joven va evidenciando la furia que acumula. Lejos de conmoverse, su voz penosa y desesperada termina de agotar la paciencia de Claudia Isabel.

—¡SE ACABÓ EL LLORIQUEAR! —explota, con un tono de voz que hace que Marc se sienta expuesto y vulnerable—. Has chocado con un chico agitado. No tiene por qué estar infectado, ni nada de eso. Así que deja de lloriquear y ponte en pie. ¿Quieres aislarte por precaución? Me parece perfecto, yo misma estoy tomando precauciones. Pero no seas dramas. Si te hubieran confirmado que tienes una enfermedad que es prácticamente una sentencia a muerte, no querrías desperdiciar tu tiempo lloriqueando, quejándote, porque eso no sirve para nada y no te hará sentir mejor. Créeme. Yo lo sé bien.

Claudia Isabel se queda callada, consciente de que se ha dejado llevar, quizá en exceso. Le gustaría retirar las últimas palabras, pero el problema es que, una vez dichas, no puede hacerlas desaparecer. Marc sabe que le falta contexto, y se plantea preguntar, pero Claudia Isabel es hermética salvo en contadas ocasiones. Preguntar no servirá para nada si ella no quiere abrirse.

—No quiero morirme. Soy demasiado joven —termina por decir, aunque esta vez sin lloriquear, intimidado. Se sorbe la nariz con fuerza.

Claudia Isabel traga saliva. «Yo tampoco quiero morir. Pero, por desgracia, es una de las cosas que no están bajo nuestro control», quiere decir, pero termina mordiéndose la lengua y volviendo a un tono amable:

—No vas a morir, idiota. Ese chico está psicótico. Es imposible que esté enfermo de Decem. Además, ¿cómo sabes que te puede haber contagiado? Si no sabemos ni cómo se contagia.

Marc calla. Puede que Andrés no les haya dicho cómo se contagia, pero a él sí que se lo han dicho. Como mínimo, las formas más probables.

—Además —continúa ella, que se mantiene a más de dos metros de Marc, distancia suficiente para sentirse segura—, no tenemos que creernos todo lo que nos dicen. Es un virus muy nuevo, ¿y no hay apenas noticias sobre él en la prensa? Eso quiere decir que es muy marginal. ¿Qué posibilidades reales hay de que esté aquí, en este chico en concreto?

Claudia Isabel suena convincente, pero la que menos convencida está es ella misma. A pesar de que no tiene formación sanitaria, sabe que la preocupación de sus compañeros y amigos (que sí la tienen) indica que la amenaza posiblemente sea de proporciones inmensas. Siente un pinchazo en la espalda. De miedo, tanto por la vida de él como por la suya propia. No piensa en absoluto nada de lo que acaba de decir. Pero si sirve para que Marc se relaje un poco, ya habrá valido completamente la pena.

—Tienes razón —reconoce él, sin calmarse completamente, pero mucho más cómodo al creer que las probabilidades están de su lado—. ¿Crees que exagero?

Claudia Isabel asiente muy despacio, intentando esbozar media sonrisa, sin excesivo éxito. Duda mucho si es necesario ofrecer algún otro consuelo. Se conocen desde hace muchos años, y a pesar de que saben mucho el uno del otro, solo se cuentan detalles de su vida personal cuando lo necesitan, pues ambos son introvertidos.

Ella se muerde la lengua para evitar contar lo que hace meses que sabe y no quiere que nadie más sepa, aunque siente una llama en el pecho que la abrasa.

—Sí, Marc. Un poco sí exageras.

—Estoy conociendo a alguien —susurra él, con voz llorosa, atrayendo para sí todo el peso emocional y aliviando la carga de Claudia Isabel—. No quiero contagiarla. Ni a ti ni a nadie. No debería estar aquí. Tengo que aislarme.

—No digas tonterías. Tú no estás infectado de nada. De dramatismo quizá, pero de eso no se muere nadie.

—No lo sabes. Puede que en una semana esté muerto.

A pesar del tono serio, Marc no logra ocultar que le ha hecho gracia su comentario.

—En una semana estarás acostándote con la chica esa.

—Ojalá.

El silencio que se crea entre los dos es casi incómodo. Especialmente para Marc, que no lo sabe tolerar. Cuando está a punto de colapsar y contar cualquier cosa para romper el silencio, el *walkie* de ella suena:

—Aquí Ferrer, busco a Audero, cambio.

—Esa soy yo —dice Claudia Isabel, y acciona un botón del aparato—: Aquí estoy, cambio.

El intercomunicador vuelve a sonar:

—Hay un altercado en la 6. Solicitamos refuerzos, cambio.

—¿Estarás bien? —pregunta Claudia Isabel, con prisa.

Marc asiente con la cabeza y le agradece el gesto.

—Ya subo, cambio —dice ella, hablando por el comunicador.

Se marcha sin correr, pero apresurada. Marc se vuelve a enjabonar manos y cara y se seca con papeles que terminan en la basura, empapados. Escasamente más tranquilo, pero todavía tenso y preocupado, se sienta de nuevo sobre la taza del retrete.

Decide buscar el nombre de la persona con la que se está viendo en su lista de contactos y pulsa sobre el nombre para llamarla.

Mientras espera, en su cabeza hierven las precauciones y la sensación inconsolable de que el Decem está a punto de tomar el control de sus vidas.

Si es que no lo ha hecho ya.

6

—Señor vicepresidente —dice la teniente Miranda Alaoui, sacando a Jaime de su ensimismamiento.

El vicepresidente del Estado español gruñe de forma que casi cualquier persona hubiera decidido dar media vuelta. No la teniente, muy condecorada a sus cincuenta y dos años, y completamente acostumbrada a tratar con él. La confianza que tienen es máxima.

—¿Qué quieres? —termina cediendo Jaime, sentado en la butaca giratoria de su despacho.

Es un hombre moreno, de cabello gris, con los lados más cortos y el tupé engominado hacia atrás. Está en buena forma física y es considerablemente alto. Arruga la nariz, de raíz ancha, con evidente fastidio. Estaba pensando en cómo contactar con Mikel, que tiene el teléfono desconectado desde que hablaran el día anterior.

El despacho es sobrio y amplio. Jaime nunca ha sido de tener objetos ostentosos, y desde que quitó la foto con Mikel, tampoco tiene detalles personales. El suelo es de parqué y la pared que da a la calle es un cristal tintado que no permite que lo vean desde fuera. Está ubicado en el séptimo piso del edificio de presidencia.

—Ven conmigo —dice la teniente, firme, sin traspasar el umbral de la puerta. Jaime la mira con cansancio, y busca rápidamente una excusa, a lo que ella se anticipa—: Es del Decem.

Jaime cambia la expresión como reflejo de su estremecimiento. Se levanta pesadamente, resoplando. Al ponerse en pie, la diferencia de altura entre los dos es reseñable, de más de un palmo. Miranda tiene el cabello corto, que flanquea una cara con mofletes más hinchados de lo esperado dada su excelente condición física. A pesar de que él es moreno, ella lo es más. Su color de piel revela su origen marroquí.

«A veces se me olvida lo alto y atractivo que es —piensa Miranda, contemplando la mandíbula angulosa y bien afeitada de su vicepresidente—. Es una pena que sea tan poco ambicioso. Sería un gran presidente».

Hace que la siga a través de un pasillo enmoquetado con una alfombra de lana y lámparas que sobresalen de las paredes. Jaime siempre es cercano y cálido, y la hace sentir bien su presencia. «Si no me hubiera ido a Libia y después a Sudán…». Se obliga a apartar esas ideas de su línea de pensamiento para volver a centrarse en lo que de verdad importa: el virus. Pero no puede evitar el cosquilleo en el estómago.

Por su parte, a Jaime le está afectando demasiado su situación con Mikel. Se siente nervioso y distraído de forma constante, incapaz de centrarse. Necesita arreglarlo con presteza, y la presencia del nuevo virus aumenta la sensación de urgencia.

Al final del pasillo hay una puerta de metal cerrada, con una cámara de identificación. Miranda se planta frente a ella y la puerta se abre con un clic sordo. Las pantallas cubren prácticamente la totalidad de la sala. «El centro de mando del Ejército en el edificio de presidencia —acierta Jaime, convirtiéndose en uno de los primeros civiles en entrar—. Qué cantidad de recursos invertidos en protegernos».

Solo hay una persona esperándolos: una mujer morena de cabellos rizados y ojos marrones, alta y delgada, con las mejillas salpicadas de pecas. Sus facciones son rectilíneas, y su piel ligeramente más clara que la de Jaime. Está concentrada mirando una pantalla, con semblante serio y la nariz arrugada bajo unas gafas redondas.

En cuanto llegan a su posición, la teniente le pone la mano sobre el brazo a Jaime, con ternura, y le dice:

—Esta es la doctora Giulia Scamacca. Es una de las mejores microbiólogas del mundo.

En su tono de voz se desprende admiración. ¡Cómo le gustaría que las personas de las que recibe órdenes fueran tan inteligentes como Giulia! Por desgracia, no suele ser así.

—Un placer —musita Jaime, aturdido por el despliegue de la sala.

La científica se gira y sonríe de forma extraña, evidenciando que él no necesita presentación, pues es habitual en las ruedas de prensa del Gobierno. Le parece incluso más atractivo en persona. Miranda ya se lo había advertido.

—No perdamos más tiempo —se apresura la teniente—. Giulia está aquí para explicarnos todo lo que sabe del Decem. Ha dejado su familia en Barcelona para ayudarnos.

Con un gesto, la teniente insta a Giulia a sentarse y teclear en su portátil. De inmediato, las pantallas se iluminan y los vídeos del Decem comienzan a reproducirse. Giulia explica todo lo que le han contado a ella desde París. Es muy consciente de que la mayoría de los detalles que ofrece no son comprendidos, pero los repite igualmente, utilizándolo como práctica. Insiste en la parte catastrofista del genoma fluido y sus implicaciones a corto plazo, pues es su mejor baza para lograr un confinamiento completo del país.

Giulia deja de hablar y los tres terminan de observar un cuerpo humano con las células nerviosas resaltadas en las pantallas. Los chispazos de actividad cerebral se van sucediendo, y el cuerpo humano se mueve de forma muy violenta y anárquica. Tras una potente descarga en la que se sacude todo el cuerpo, las luces en las células nerviosas se apagan. Giulia se vuelve y las pantallas muestran el cuerpo totalmente inerte y oscuro.

—Mierda —susurra el vicepresidente, mordiéndose las uñas de forma incómoda—. Bueno, de todas formas, esto es todo simulado..., ¿no?

—No. Esta es la evolución en un humano.

Giulia es tajante, quizá demasiado. Hace mucho tiempo que no tiene una reunión tan importante, y las formas no son su fuerte. Un escalofrío recorre la espalda de Miranda. Traga saliva, tratando de calmarse, sin éxito. «Preferiría estar en primera línea contra un ejército en cualquier lugar del mundo que aquí —se dice, consciente de su impotencia—, ahí por lo menos el resultado final de la lucha dependería de mí... En esta batalla soy más inútil que un submarino descapotable. Tal vez no debería haber vuelto a Madrid».

Jaime parece haber visto un fantasma. En cierta manera, así es.

—¿Ha muerto? —pregunta, aflojándose la corbata, que ahora mismo para él es la representación literal de la soga que se está cerrando alrededor de su cuello. La bióloga asiente y dispara todas las alarmas—. ¡Pero hace dos horas no había fallecidos!

—Ha muerto hace media hora, y estaba completamente sana. La evolución es muy similar a la de los animales, aunque más pausada.

Jaime resopla. En sus primeras predicciones, temía lidiar con una crisis de la magnitud del coronavirus. Se han quedado cortas. Será mucho peor. Cuando todavía no ha encajado el golpe, se da cuenta de que unas luces vuelven a iluminar el cuerpo, pero a nivel de la piel y de forma difusa. Su corazón da un vuelco y amenaza con salirse del pecho: un cuerpo que se reactiva después de muerto se parece mucho a algunas de sus peores pesadillas.

—¿Qué está pasando?

—La hospedadora ha muerto, pero el virus, no —la forma de hablar de Giulia, calmada y pulcra, lo pone de los nervios. Se da cuenta de que está jadeando y se obliga a controlar su respiración. Miranda le asiente convencida, aprobando sus esfuerzos por mantener la calma. Ella se lo enseñó muchos años atrás—. Migra a la piel y forma ampollas, muy frágiles... y contagiosas.

Giulia teclea y cambia el vídeo por una imagen que Jaime no logra identificar. Es un rectángulo rojo-blanquecino, de superficie irregular con dos zonas alargadas a los lados, otras dos más largas en la parte inferior y un óvalo en el extremo contrario. Está sobre una plancha metálica que le recuerda el lugar sobre el que se ponen los cadáveres en las morgues. Cuando se percata de que el óvalo está coronado por cabello, le entran arcadas.

—¿Eso es...? —susurra Miranda, con voz menos potente de lo que acostumbra, pero con los ojos fijos en el cadáver convertido a una masa de carne pustulosa por el Decem. Ha visto cadáveres mutilados menos grotescos.

Giulia asiente, mientras Jaime alcanza la pequeña papelera de la sala y vomita ruidosamente lo poco que le queda del desayuno. Se da cuenta de que lleva demasiadas horas sin comer. Se ha saltado la merienda y la comida.

Trata de serenarse, con el pecho oprimido, consciente de que solo ha escuchado la mitad de lo que le han dicho. El sabor a vómito de su boca no ayuda a mantenerse firme.

—La doctora Goa Guix —dice Giulia, tras cerciorarse de que Jaime está escuchando— trabajará desde París con nosotras, pero seré yo quien lidere el proyecto de investigación debido a que soy experta en la forma que este virus se reproduce. Quiero solicitar formalmente plenos poderes y fondos ilimitados para comenzar con la investigación.

—Tendréis todo lo que necesitéis. Solo tenemos que convencer a la presidenta. Pero te puedo adelantar que ella aceptará lo que digáis las expertas.

—Lo más urgente ahora es cerrar el país y poner en marcha las investigaciones. Que todo el mundo se quede en casa y cerrarlo todo. Hoy mismo mejor que mañana.

—No podemos hacer eso —se sorprende Jaime, encogiéndose de hombros sin comprender las caras de sorpresa de Giulia y Miranda. No se da cuenta de que se acaba de oponer a la primera petición de la científica tras decirle que harán todo lo que soliciten—. Nos enteramos de la existencia del virus ayer. Tenemos que hacer muchas cosas antes de autorizar un bloqueo completo, y hay que votarlo.

—Cada minuto que pasa es más probable que lleguen casos a nuestro país.

«Si es que no tenemos ya», se guarda para sí Giulia, intentando ocultar su negativismo.

Jaime vacila. El rostro de la científica indica que lo único que importa es detener el Decem. Solo con mantener la mirada firme y preocupada, se convence. Miranda asiente al ver que el vicepresidente ha cedido. Se sorprende a sí misma sentada sobre una de las mesas de ordenador e inclinada hacia delante. Se ha dejado llevar por la energía de Giulia. Se pone en pie y bien recta, haciendo honor a su amplia formación militar.

—Está bien. Hablemos con la presidenta. Y cuanto antes mejor, ¿no? Pues vamos ya.

Giulia sonríe con gravedad y asiente mientras se pone en pie, gratamente sorprendida. Escoltados por Miranda, que siente una excitación solo comparable a cuando va a entrar en combate, en solo unos minutos se plantan en el despacho de la presidenta.

Jaime mira su reloj, que marca las tres de la tarde. Mikel sale de trabajar a las nueve. Desea con todas sus fuerzas poder estar allí cuando termine y advertirle de nuevo. A la presidenta le gusta mucho debatir, y convencerla de cerrar el país no será tarea fácil. Aunque tiene a Giulia de su parte.

—¿Cómo estás? —pregunta Miranda, con ternura.

Él la abraza, con el gesto ensombrecido, pero no responde. Ni siquiera él sabe cómo está.

La presidenta recibe al dispar grupo y discuten durante casi una hora. Giulia toma las riendas, y Jaime es tan espectador como Miranda, que cuánto más tiempo tiene cerca a la científica, más la admira. A continuación, y sin descanso, comienza una reunión extraordinaria con los ministros, en presencia de Miranda y Giulia. Con los políticos, el nivel del debate se desploma. La presidenta, Giulia y algún que otro ministro mantienen el nivel, pero la gran mayoría de los presentes tienen dificultades para mantenerse concentrados y se tratan los temas en bucle. Jaime tiene que quitarse definitivamente la corbata e incluso desabrocharse la camisa. Miranda se siente muy decepcionada. «Cómo vamos a ir bien como país si los que nos dirigen ni siquiera son capaces de escuchar los argumentos de una de las mejores científicas del mundo sobre el peligro más inmediato que nos acecha —se indigna ante el bostezo de uno de los políticos. No la están tomando en serio y eso es peligrosísimo—. Tengo que ayudar a que entiendan el mensaje…, pero ¿cómo?».

A las ocho y media, se ha acordado dar plenos poderes a Giulia y Goa en cuanto a su equipo de investigación, y la presidenta decide aplazar la decisión sobre clausurar el país a la mañana siguiente. Giulia se desespera viendo como opiniones sin formar cuentan casi lo mismo que la suya. Miranda intenta hacer un alegato final, inspirado en el que Giulia le ha hecho a Jaime hace unas horas:

—Cada minuto que pasa son vidas que se perderán. Vidas que caerán sobre vuestras manos.

La sala enmudece. Giulia le hace un gesto de agradecimiento a la teniente, que contiene la respiración, esperando que sus palabras tengan el efecto deseado. Ve en los ojos de la presidenta que a ella la ha convencido. A Jaime también.

—Es un gran esfuerzo —dice Giulia, conciliadora—, pero aquí están haciendo historia. La decisión que tomen hoy irá directa a los anales de la historia. Ustedes deciden si quieren ser héroes o villanos.

Es el golpe definitivo. Los políticos se remueven incómodos. No están acostumbrados.

—Vamos a volver a votar —dice la presidenta, con sobriedad—. Propongo un receso de una hora para que cada cual haga lo que quiera: comer, dormir o lo que considere oportuno. Después tomaremos una decisión —hace una pausa, en la que parece que todos estén conteniendo la respiración—. Además, doy libertad para que quien no se vea capacitado o capacitada para tomar una decisión de este calibre no deba estar presente. ¿A favor?

Todos levantan una mano. Giulia y Miranda se miran con evidente alegría. No han conseguido nada todavía, pero como mínimo han ganado una noche, que puede equivaler a muchas vidas.

Jaime está cansado, tiene hambre y prisa, por lo que el descanso le viene como anillo al dedo. No ha decidido si volverá o no a la reunión posterior. En realidad, ya ha cumplido su cometido llevando a Giulia. Su cerebro no da para más. Se despide rápidamente de Miranda y se marcha.

Cuando llega al callejón en el que ya están saliendo los compañeros de Mikel, aparca el monovolumen y trata de encontrarlo, pero no lo logra. Son las nueve y siete minutos. Decide avanzar por la calle poco a poco, cerca de la acera, buscándolo con la mirada. Su coche, prácticamente nuevo, llama la atención de algún que otro transeúnte. No es habitual ver coches caros por el vecindario. Jaime reconoce una silueta encapuchada.

Se pone a su lado y baja la ventanilla.

—¡Mikel! ¡Sube!

El joven lo mira y se detiene. Se da cuenta de que el aspecto de Jaime no es el mejor, y que su tono es desesperado, por lo que hay unos segundos de confusión. Sin embargo, de inmediato recuerda su enfado. Lo señala con el dedo y le grita, furioso:

—Pero cómo tienes los huevazos de venir hasta aquí. Esto ya es acoso.

—¡Es importante y confidencial! ¡Sube!

—Te puedes meter tu confidencial por el culo. No quiero saber nada de ti.

Mikel le regala una desagradable mueca y retoma la marcha, negando con la cabeza. Jaime le mantiene el paso sin mirar la carretera. Dos veces golpea con los neumáticos en el bordillo, sin consecuencias.

—¡Lo siento! ¡De verdad! Haz el favor de subir.

—¡He dicho que no! —se revuelve contra el coche, fuera de sí—. ¿Tanto te cuesta entenderlo? ¡No quiero saber nada de ti!

Jaime se da cuenta de que, por muy cabezón que pueda ser, Mikel lo es más. Sabe que no tiene posibilidad de que se suba al coche con él, por lo que cambia radicalmente de estrategia.

—Vete de Madrid. Antes de mañana. Cuanto más lejos, mejor.

—¿Pero qué dices? ¿Quién te crees que eres para echarme de mi ciudad? Ya no eres nada para mí.

Jaime asiente, consciente de que ha captado su atención, aunque claramente no ha elegido las palabras correctas. La fatiga le está pasando factura.

—Es solo un consejo. Vete lo más lejos que puedas. Si puedes antes de mañana, mejor.

—¿Pero a qué viene esto? —resopla Mikel, con una sonrisa burlona, pero entendiendo que Jaime realmente tiene motivos para estar tenso—. Madrid es mi casa. No me voy a ir.

—Puede que, si no te vas antes de mañana, no te puedas ir —la cara de Jaime refleja todo lo que sabe. Pero es consciente de que no tiene nada que hacer. Mikel es demasiado cabezón—. Ve con cuidado. Y cuídate, por favor.

Sin decir nada más, Jaime sube la ventanilla, derrotado al ver que la expresión de Mikel no varía ni un ápice. Desaparece calle arriba, con las mejillas empapadas y sin tener ni idea de si va a volver al edificio de presidencia o se irá a dormir. O a comer.

Mikel se queda unos minutos quieto en mitad de la calle. Se siente roto por dentro. Duda qué hacer. Siente el frío en sus brazos, sudados y cubiertos por el anorak. Una lágrima rueda por su mejilla. Comienza a correr hacia su casa, intentando que le ardan las piernas lo suficiente para olvidarse del dolor emocional que sufre.

«No puede ser que me siga viniendo a ver, no puede ser que sea tan insistente —piensa Mikel, mientras avanza a toda velocidad—. Pero en realidad me ha dejado en paz unos meses. ¿Por qué ahora? Es posible que sí ocurra algo grave. O sencillamente es una excusa. Para él era importante. ¿He sido demasiado duro? ¿Debería llamarlo?».

Se sacude esas ideas de la cabeza y se sorprende al verse frente a su bloque. Sube las escaleras, aunque normalmente toma el ascensor. El dolor en los cuádriceps se convertirá en agujetas casi seguro. En el interior del piso suena una de esas canciones de moda que nunca le gustarán. Sin comprender qué ocurre, cruza el recibidor y entra en el salón, que está casi en la penumbra.

—¿Macarena?

—¡Maik! —exclama ella, que se pone rápidamente en pie.

Va maquillada, igual que otra chica que reconoce, Marina, pero es incapaz de ubicar su relación con su compañera de piso. Ambas están vestidas para irse de fiesta, Macarena con un top plateado y escotado que brilla en la oscuridad. Tiene un vaso de tubo en la mano, lleno. Sobre la mesa, una botella de ginebra, otra de tequila y unas bolsitas con unas pastillas rosas esperan su turno.

—¿Salís de fiesta?

—¡Salimos! Tú también —exclama Marina, que se mantiene sentada, claramente ebria.

Mikel se fija en que Marina viste parecido, con un top blanco ajustado y una falda negra. No han coincidido apenas, y a Mikel siempre le ha dado vergüenza conocer a amigas de Macarena, pues son bastante mayores que él.

—No sé yo…

—¿Qué te pasa? —le pregunta Macarena, acercándose mucho a él, pues a pesar de que su aliento huele a alcohol, su embriaguez no es tan clara como la de Marina y se ha percatado de que algo no va bien.

—¿Dónde está Paula? —pregunta Mikel, pues, aunque lleve viviendo más tiempo con Macarena, se siente mucho más cómodo hablando con Paula.

—Se marchó a Barcelona ayer por la noche. Llegará de madrugada.

Asiente silenciosamente. «Seré idiota —piensa, con los sentidos embotados—, dijo ayer que se iba a ver a Darko a Barcelona. Quizá si la llamo…». Pero la mirada inquisidora de Macarena hace desechar la opción.

—Jaime ha venido a verme al trabajo —dice, por fin.

Macarena endurece el rostro. Marina se acerca al altavoz y baja el volumen de la música, morbosa.

—Esto ya es acoso.

—Eso mismo le he dicho —gruñe Mikel, más decaído que beligerante.

—¿Qué te ha dicho?

Mikel se muerde la lengua y resopla. Hace una mueca, dudando, pero la postura indignada de Macarena lo convence a seguir hablando:

—Me ha dicho que me vaya de Madrid cuanto antes. Hoy mismo. No sé por qué, porque me he puesto orgulloso y me he negado a subir a su coche, pero lo decía en serio.

—No me lo puedo creer. ¿Se cree con autoridad todavía? ¡Menudas chorradas! Irte tú de Madrid. ¡Que se vaya él! —grita Macarena, furiosa.

Mikel está temblando, al borde del colapso.

—Maca... Creo que está a punto de pasar algo muy serio. Y él quiere ayudar. Será muchas cosas, pero siempre se ha preocupado mucho por mí, siempre ha estado ahí... Siempre…

Macarena niega con la cabeza, furiosa, y lo interrumpe:

—¡Pero a ti qué te pasa! ¿Ya te has olvidado de lo que pasó? ¡Te traicionó!

Mikel resopla de nuevo, y agacha la cabeza. Aunque Marina desconozca la historia de Jaime y Mikel, se siente intimidada por la violencia de su amiga. Sea lo que sea, le parece una reacción excesiva.

—No sé…, siempre ha pensado en mí… A lo mejor podemos ir unos días a Aranjuez, ver de qué va todo esto con tranquilidad y, si no pasa nada, volver el lunes.

—Esta noche, no. Hoy salimos. Dúchate y ponte guapo. Vas a venir, y no hay nada que puedas hacer para evitarlo. El tequila y el M te están esperando.

Mikel resopla, consciente de que no va a poder oponerse. Pero no deja de darle vueltas a la mirada aterrorizada de Jaime. «Va a pasar algo muy gordo en Madrid —se dice, contrariado—. Pero hoy toca fiesta. Si realmente va a pasar algo tan grave, seguramente sea la última fiesta en un tiempo. Mejor aprovechar. Además, me vendrá bien ahogar los pensamientos de Jaime en alcohol. Pienso en él más de lo que debería, más de lo que me gustaría».

Macarena le guiña el ojo y le golpea suavemente con la palma el pecho. A continuación, le susurra de forma exageradamente sensual:

—Ese es mi chico.

7

Desde que Andrés le contara esta misma mañana la existencia del Decem, Paula ha intentado tener el mínimo contacto posible con otros seres humanos y superficies que puedan haber tocado otras personas. Ha llevado una mascarilla FFP2 todo el trayecto al aeropuerto. El Decem no tiene nada que ver con el coronavirus, pero las medidas de protección que ella toma son similares. Es lo máximo que puede hacer.

El trayecto en taxi ha sido complicado, pero el control de seguridad ha sido peor. Después de haber superado la pandemia del coronavirus, se ha vuelto a sentir como en aquel lejano 2020. La ansiedad por estar rodeada de personas sin mascarilla ha vuelto para quedarse. Superarlo la primera vez fue complicado. Por si fuera poco, el control aleatorio le ha sonado y el guardia encargado de cachearla ha hecho burla sobre su mascarilla.

Sentada junto a la puerta de embarque, se pone enferma solo de mirar a su alrededor, por lo que trata de ahuyentar los fantasmas jugando a un juego en su móvil. Pasan los minutos sin que Andrés, que va en el mismo vuelo que ella, aparezca. Con el resto de pasajeros ya embarcados, Paula decide que es el momento de hacerlo ella también. Ya es casi medianoche.

En el túnel para subir al avión, se queda atrás, evitando acercarse al resto de los viajeros, amontonados junto a la puerta del avión. Permite que otros pasajeros rezagados la adelanten. Con el oído inutilizado por música que suena en sus cascos inalámbricos, por poco no le da un infarto al sentir una pesada mano sobre su hombro.

Se da la vuelta, llena de una mezcla de ira, miedo e incomprensión. Al ver a Andrés, respira mucho más tranquila:

—¡Qué susto me has dado, cabrón!

—¿No me vas a dar un abrazo, o dos besos? —ríe Andrés, con su sarcasmo típico. La cara de Paula, incluso con la mascarilla, es reveladora—. ¡Es broma! ¡Como si no supieras que iba a llegar justo!

Andrés le sonríe a medias. Lleva puesta una mascarilla quirúrgica, pero a Paula no se le escapa el detalle.

—¿Estás bien?

—Tenso. Muy tenso. Llevo todo el camino esquivando a la gente y sin tocar nada.

—¡Yo igual! —exclama Paula.

—El control de seguridad ha sido dramático.

—¡A mí me ha pitado! —Paula ríe sincera, como no lo ha hecho en todo el día.

Andrés suelta una carcajada y niega con la cabeza.

—Menuda suerte la tuya.

—Y que lo digas —hace una breve pausa, suficiente para cambiar de tema—. Tienes que contarme lo de Elena.

Él se encoge de hombros, dispuesto a hablar. Paula es su confidente desde hace años.

—Hay algo diferente en ella. No sé el qué, pero es importante. De todas formas, voy a descubrirlo. Estando en Madrid, es mucho más fácil que nos veamos y pueda averiguarlo.

«Ay, querido… Si tú supieras lo que le pasa a Elena… —piensa Paula, mordiéndose la lengua para no revelar información de más—. Como si no hubiera venido ella a Barcelona decenas de veces en el último año».

Entran juntos en el avión, y caminan hasta sus asientos. En la ventanilla, hay una pequeña mujer de rasgos indios y sobrepeso que duerme a pierna suelta, con la boca exageradamente abierta. Andrés suelta una burla silenciosa, y Paula no tiene que decir nada para regañarlo, le basta con la expresión. La joven ocupa el asiento del pasillo, mientras que él se sienta junto a la mujer.

—Yo también quiero echar una cabezadita, si no te importa. Llevo un día muy intenso.

«Tú y todos», se dice Paula, con sentimientos ambiguos sobre si contarle a Andrés lo que sabe sobre Elena. Termina decidiéndose por el silencio. Nadie más en todo el avión lleva mascarilla.

Saca de su bolso un libro muy fino titulado *La maga escarlata*, un cuento que leyó muchos años atrás y siempre ha deseado volver a leer. Pero nunca ha tenido tiempo. Su vida está muy cargada, pues los hospitales en los que está haciendo la residencia son muy exigentes. Además, desde que se mudó a Madrid, prefiere dar paseos y descubrir la ciudad que leer. Antes de marcharse, cargaba con la mayoría de las tareas domésticas, a pesar de que, en los últimos meses, Darko había comenzado a ayudar en casa. Fue su condición fundamental para plantearse el embarazo. Él aceptó sin dudarlo, y aunque ella tenía poca fe, lo está cumpliendo, al menos parcialmente. De hecho, para su sorpresa, encontró el piso que comparten en Barcelona muy limpio. Lo que no sabe es que Darko pagó para que se lo limpiaran el día anterior.

A medio vuelo se vuelve para identificar el sonido de unos golpeteos rítmicos que provienen de un hombre, sentado varias filas más atrás. Inicialmente lo mira con el desprecio de una persona a la que están molestando. Sin embargo, enseguida se da cuenta de que algo no va bien. El señor está con los ojos completamente en blanco, aunque enrojecidos. Y no solo golpetea con la mano, sino también con el pie. Incrédula ante el hecho de que nadie haga nada, activa el botón de asistencia mientras toca suavemente el pecho de Andrés.

El neurocirujano la mira abriendo solo un ojo.

—¿Ya te has aburrido del libro?

—Mira a ese hombre —indica, con la cabeza, obviando el comentario.

—¿Qué...? —Andrés no termina la frase. Se da cuenta de que está convulsionando en silencio. Y de que tiene los ojos rojos.

Una azafata alta de facciones angulosas y robustas se acerca a ellos y les sonríe amablemente.

—¿Qué ocurre?

—Ese señor está convulsionando —señala con el índice Paula.

La azafata pone una cara extraña, una expresión intermedia entre sorpresa y fastidio. Resopla, mirando a Paula con cierta suspicacia. Andrés teme la siguiente pregunta:

—¿Cómo sabe que son convulsiones?

—Porque soy...

—Epiléptica —la interrumpe Andrés, de forma grosera—. Es epiléptica.

Paula decide que la falta de respeto de Andrés debe tener un sentido oculto, por lo que se limita a asentir con su mejor sonrisa. La asistenta de vuelo niega con la cabeza.

—No sé qué clase de relación tenéis, pero eso que te acaba de hacer es muy tóxico.

Andrés va a protestar, pero Paula se adelanta:

—Lo sé, y por eso entre otras muchas cosas solo somos amigos.

El cirujano abre las manos en señal de ofensa, sintiendo rabia en su pecho, aunque su amiga solo está continuando con el guion que él ha iniciado. Arruga la nariz y quiere quejarse, pero no dice nada más, controlando su enfado apretando los puños. La azafata hace un gesto muy complejo y elaborado a un compañero suyo, que coge el teléfono de los altavoces mientras ella señala el asiento del afectado.

—¿Hay algún sanitario presente en el avión? —suena por megafonía.

Paula mira a Andrés, que niega muy despacio con la cabeza. Una doctora se levanta unas filas más atrás, y, junto a un hombre que afirma ser enfermero, asisten al hombre. Paula siente la presión crecer en su pecho, y tiene que clavar los ojos en la parte trasera del asiento de delante para calmarse. El murmullo de la muchedumbre sobre el ruido de los motores la altera. Su cerebro va a mil. Se siente desrealizada, sintiendo que a cada latido de su corazón la visión se le nubla un poco más. Andrés le pone una bolsa de vómito para que respire dentro y disminuya el mareo.

La bolsa cumple su objetivo. Unas filas más atrás, las convulsiones del pasajero ceden, y abre los ojos de golpe. Mira a los sanitarios sorprendido, sin entender nada, tumbado de lado en el suelo.

Entonces se levanta un estruendo de aplausos que muchos pasajeros siguen, tapando por completo la crisis de ansiedad de Paula. A decir verdad, casi todo el avión da palmas. No así Andrés, que mira al frente con semblante serio. Paula capta el detalle. Nunca se le escapan.

Con el pasajero ya sentado de nuevo en su asiento y relatando sus sensaciones visiblemente emocionado, Paula se vuelve hacia Andrés, no sin antes confirmar que la mujer de su lado sigue roncando al otro lado.

—¿Por qué?

Andrés sigue con la mirada fija en el plano de evacuación, aunque da la sensación de no estar procesando lo que ve.

—Porque si ese hombre tiene Decem —susurra Andrés, lo más flojo que puede, con los ojos cerrados y evidente ansiedad—, es mejor que no lo toquemos.

La joven siente sudores fríos. Se lleva ambas manos al vientre y se da cuenta de que, a pesar de toda la energía que ha gastado en protegerse, Andrés está yendo un paso más allá.

—¿Tú crees...?

—Sí. Espero que no se ponga violento antes de aterrizar, porque nos comprometería.

—Pero eso significa que está muy extendido. Y las personas que lo han atendido…

Andrés asiente. Paula respira pesadamente, como si llevara un corsé que no le permite llenar correctamente los pulmones. Los sudores fríos se le expanden por todo el cuerpo. «Si el Decem ha llegado a este avión…».

—No sabemos cómo se contagia, por lo que debemos extremar las precauciones. Toca lo mínimo. Esto es muy serio. Y tú vales por dos.

Nota cómo el color sube a sus mejillas. Su respiración se acelera.

—Me estoy agobiando mucho. Mucho.

—Toma —se apresura a ofrecer de nuevo la bolsa de papel Andrés—. Respira dentro.

Ella respira en la bolsa, otra vez, sintiendo de nuevo la sensación de desrealización. El avión inicia el descenso. No puede evitar mirar atrás. El hombre de las convulsiones sigue charlando de forma bastante animada, alegre. No parece violento.

—¿Miedo a aterrizar? —pregunta la chica india, sobresaltando a Paula.

Es mucho más joven de lo que podría haber parecido en un principio, con la boca abierta y la papada colgando. Tiene un perfecto acento castellano, pero una voz muy aguda. Paula asiente, y la mujer comienza con una cantinela que no parece tener fin. Primero sobre por qué los aviones son muy seguros, y después comienza a hablar de su padre, que al parecer es un ingeniero afincado en Bombay. Paula escucha trozos, pero la voz chillona se le mete en la cabeza y la martillea desde dentro. Andrés sí la escucha. A pesar de lo irritante de la conversación, como mínimo les permite olvidarse unos minutos del Decem.

El avión aterriza y la gente se levanta con presteza. Paula salta como un resorte, pero Andrés tira de ella para mantenerla sentada. Se miran a los ojos, y él hace un levísimo movimiento de negación. Resopla y se vuelve a sentar, agonizando por tener que seguir escuchando la voz de la mujer. Las primeras filas se vacían y, ahora sí, Paula huye. Andrés la sigue. Pero enganchado a él va la insufrible voz.

El peligro parece haber pasado. El hombre de las convulsiones sigue hablando de forma afable, junto al pasillo. «Tal vez no tenga nada que ver con el Decem —se dice Paula, poniendo un pie fuera del avión—. Tal vez sea solo un epiléptico que no se había diagnosticado nunca o tenga un tumor en la cabeza, tal vez...».

Y entonces escucha un desgarrador grito de dolor. Se vuelve para ver qué ocurre, pero ya está fuera del avión y Andrés la empuja con más fuerza de la necesaria. Los alaridos se extienden como la pólvora, y se escucha a un azafato pedir paz por megafonía. Jadeando, ya en la terminal, celebra mentalmente perder de vista la voz de pito.

—¿Por qué tanta prisa?

—Porque el Decem está en ese avión. Y a saber dónde más.

—No puedes saberlo...

—Era el mismo hombre.

—¿Qué?

La conversación se interrumpe un instante cuando pasan por diferentes puertas de no retorno. Son de cristal, por lo que, aunque no se escuchan, pueden ver las expresiones faciales del otro. El rictus de Andrés destila preocupación, la incomprensión se refleja en el rostro de ella.

—El señor de las convulsiones le ha mordido la oreja a otro de repente. Estaba hablando con una mujer y se ha lanzado contra otro a media frase. Había mucha sangre.

—Dios mío.

—Y me parece que morder la oreja a alguien no es un efecto secundario de las convulsiones epilépticas. Ni los ojos rojos. Ese hombre está infectado. Tiene Decem.

Paula siente un cosquilleo recorrer su espalda, con la piel completamente de gallina y consciente de la cantidad de personas que se han expuesto al virus en ese avión.

—¿Qué se supone que vamos a hacer?

—Ahora llegar, avisar a Elena e irnos a dormir un rato. Mañana será otro día.

—¿Cómo puedes decirlo tan tranquilo, sabiendo que va a morir gente por cada momento que no lo detenemos?

Andrés se frena un instante para no coincidir con un grupo de turistas del norte de Europa. Aprovecha el momento para medir sus palabras. Respira profundo. Siente un pinchazo en el pecho.

—Porque no soy Dios. Soy solo un cirujano que no tiene ni idea de cómo parar esto. Ni siquiera sé por qué estoy yo aquí. Marc encajaría mucho más.

Andrés siente un agujero negro en su interior. Quizás por el Decem, quizá por Elena, quizá por otro motivo. Lo único que sabe es que su vida está patas arriba y no tiene ni idea de cómo encauzarla. No es como una operación que se complica en el quirófano, que sabe perfectamente cómo proceder y solucionar. No, no es omnipotente, aunque en ocasiones sienta que sí.

Paula decide no hurgar más y le regala una sonrisa conciliadora. El Andrés Arnaiz que ella conoce es creído y arrogante, y jamás hubiera reconocido abiertamente que no es un Dios. Al parecer, la gente cambia, y Andrés no está exento de ello.

—Creo que deberías acompañarme al hotel de plaza España en el que me quedo. Allí estarás más segura.

Paula niega con los ojos llorosos mientras cruzan las puertas fuera de la zona de recogida de maletas.

—Necesito ir al piso.

Andrés no insiste, porque frente a las puertas los espera una mujer rubia muy atractiva que a Paula no le cuesta identificar: Elena Torres. Andrés mira el reloj antes de saludar. La una menos cinco de la noche.

—¡Paula! ¡Cuánto tiempo! —exclama Elena, cordial.

Paula asiente, consciente de que la simpatía durará poco, pues nunca se han llevado especialmente bien. Andrés parece nervioso. «*¿Por Elena?* —sospecha Paula, suspicaz—. Espero que no…, aunque es lo más probable».

—Un hombre del avión tenía Decem —dice Andrés, desquitándose de la presión—. Puede tenerlo cualquiera.

«Pues a lo mejor me equivocaba con sus motivos», se reprende Paula, muy poco acostumbrada a equivocarse. Elena lo mira con gravedad, pero no se sorprende; al contrario, su mirada es de resignación: son malas noticias que tendrá que reportar directamente a su superior, que la ha citado por la mañana. Se pellizca el puente de la nariz, tensa. Y entonces mira a Paula con alarma. Acaba de entender que Andrés le ha revelado información confidencial.

—No te molestes —se anticipa él—. Ya lo sabe todo.

Elena niega con la cabeza, con las mejillas enrojecidas.

—¡Es confidencial!

—Se lo he tenido que contar para mantenerme alejado del infectado —se defiende Andrés, en un tono mucho más calmado que ella.

Elena se da por vencida. Es cuestión de tiempo que lo sepa todo el mundo. Su mirada se ensombrece y lo pasa por alto. Le cuesta horrores regañar a otras personas. No nació para mandar.

—Si esto se confirma, la situación es gravísima y seguramente tengamos que confinar el avión entero. ¿Estás seguro?

—Sí —sentencia Andrés—. Estoy todo lo seguro que puedo estar.

Elena asiente de nuevo con seriedad, mientras saca de su bolsillo un móvil tan fino como un papel y marca unos códigos. Al instante, se lo pone en la oreja y se retira. El aeropuerto mantiene su habitual bullicio, como si nada ocurriera. «*¡Qué poco tiempo de normalidad nos queda!*», piensa Paula, con el corazón encogido y un deseo súbito de coger un avión de vuelta a Barcelona, aunque sabe que eso no es posible.

Elena no tarda más de medio minuto en informar y recibir órdenes. Se vuelve hacia ellos con el ceño fruncido, y Andrés sabe perfectamente lo que significa: problemas.

—Marchaos con mi limusina. Yo me tengo que quedar aquí un rato. ¡Vamos! —exclama Elena, nerviosa, al ver que no se mueven del sitio—. Es la limusina negra.

Andrés asiente y tira de Paula. Salen del aeropuerto casi a la vez que llegan los primeros furgones de policía.

Elena sabe que acaba de tirar la primera ficha del dominó que terminará con la normalidad actual, pero si es suficiente para salvar algunas vidas, está dispuesta a hacerlo sin ninguna duda. «Siempre puedo encubrirlo diciendo que buscábamos a un terrorista», se dice a sí misma, plenamente consciente de que es cuestión de tiempo que le asignen desde el Gobierno la misión que lleva unos días realizando.

8

Las teorías sobre cómo detener el genoma fluido no paran de sucederse en su cabeza, y por eso tiene junto a ella una libreta y un bolígrafo. Las imágenes de la simulación que Goa le envió desde París la atormentan regularmente y la espolean a seguir pensando, a pesar de que apenas ha dormido desde que se despidió de su pareja y su hijo. Giulia se levanta de la silla en la que está desayunando, con una súbita sensación de culpabilidad. Es cierto que se han mandado algunos mensajes, pero es la segunda mañana que se levanta sola. Marca el número de su pareja y llama, pero no obtiene respuesta.

«Que no se diga que no lo he intentado», se dice, encogiéndose de hombros y volviendo al trabajo. De momento, ha llenado dos páginas enteras con siete ideas completamente distintas, de las cuales ha descartado cinco revisando los datos de Goa. Para cuando llega el coche que la tiene que llevar a la reunión definitiva con la presidenta y su gabinete, ha escrito y descartado otras tres teorías.

Está molesta, pues, a pesar de que los políticos hicieron horas extra por la noche, no se llegó a ninguna decisión, y se volvió a posponer la votación sobre si cerrar el país. Sale de la colosal habitación en la que la han alojado, en un impresionante hotel en el centro de Madrid. El edificio, altísimo, destaca por encima del resto que lo rodean. Baja por las escaleras, aunque pronto se arrepiente. Los pisos parecen no terminar nunca. No está acostumbrada a tener que bajar veinte plantas. Un botones le abre la puerta con una reverencia. El recibidor del hotel está lleno de gente entrando y saliendo a pesar de que todavía no son ni las diez de la mañana. Siente escalofríos. «Si solo una de esas personas tuviera Decem…».

Sale a la plaza de España de Madrid, reformada por completo unos años antes. El tráfico es bullicioso, y también hay gente paseando por su centro, rodeado por árboles. Se fija en la estatua de piedra, a su parecer, demasiado lisa… y vacía. Tiene que mirar dos veces para confirmar que no hay palomas posadas en el monumento, a pesar de que está llena de excrementos secos. «Qué extraño», piensa, sin esconder una sonrisa en sus labios. Nunca le han gustado las palomas. No es exclusivo del monumento, sino que no hay palomas en toda la plaza. «¿Dónde habrán ido?».

A diferencia del día anterior, esta vez es una limusina negra el vehículo que la espera. Nunca ha subido a un coche parecido. Duda un instante, pero el chófer, un hombre alto y calvo, trajeado, se baja para abrirle la puerta. Sorprendida, se sube.

En el asiento trasero, espera Elena, vestida con una americana negra apretada sobre una blusa blanca. Lleva unas gafas de sol que le tapan los ojos.

—¿Servicio secreto? —bromea Giulia al entrar en el vehículo, intentando desquitarse del torrente de sentimientos que la avasalla.

—¿Qué? —pregunta Elena, completamente desconcertada y alarmada, pues su intención era tomar la iniciativa con la prestigiosa científica.

—Las gafas.

—Ay, no, perdona, es que cuando duermo poco siempre tengo los ojos hinchados y unas ojeras terribles.

El coche de vidrios tintados comienza a avanzar, mientras Elena se quita las gafas y deja ver sus ojos, efectivamente, hinchados y con ojeras.

—Un placer conocerla, doctora Scamacca, soy Elena Torres, enlace oficial con los impulsores de este proyecto.

Le tiende la mano, pero Giulia se queda mirando, sin encajarla.

—Llámame Giulia —dice ella, tragando saliva e intentando concentrarse.

«*¡Qué atractiva!* —piensa Giulia, sintiendo un cosquilleo que hace años que no ha sentido—. ¡Basta! ¡Tienes una relación cerrada y un hijo...! Y quizá el mundo está por acabar».

Siente escalofríos e intenta sonreír, pero no le sale. Elena asiente, consciente de lo duro que es dejarlo todo atrás e irse a una ciudad nueva. Su semblante cambia rápidamente a serio y formal. Mira por la ventana. Giulia decide no decir nada y sacar su libreta para apuntar una nueva teoría que se le acaba de ocurrir. Nada mejor que el trabajo para aplacar las emociones.

—¿Crees que saldremos de esta? —pregunta Elena, al cabo de unos minutos de marcha, con un nudo en la garganta y los ojos intentando leer furtivamente las anotaciones de la libreta.

—Goa está haciendo un trabajo brutal. Y el equipo que has reunido es el mejor.

—No me has contestado.

—Sí. Lo pararemos.

«O moriremos en el intento», se corrige en su cabeza. No sabe si hace bien en mentir tan atrozmente, pues todo depende de lo extendido que esté. El posible caso en el vuelo Barcelona-Madrid que Elena terminó confinando parcialmente la noche anterior no la ayuda a ser optimista. Por lo menos, su pareja está en casa, fuera de peligro. Siente otro pinchazo de culpabilidad irremediable.

—Me alegra que pienses eso.

Por el tono que usa, Giulia tiene la impresión de que Elena no la cree del todo, o, como mínimo, duda de su palabra. No la culpa. Ruedan unos minutos más con el ambiente cargado de tensión. El vehículo se detiene y Giulia mira con incomprensión a Elena, que se toca la nariz sutilmente.

—Tengo que hacer unas gestiones antes de ir a la reunión con presidencia. Dame unos minutos.

Giulia asiente. No pregunta, pero se sorprende. El conductor abre la puerta para que salga Elena. Es un lugar peculiar para hacer una gestión: una nave industrial junto a una de las carreteras principales de la ciudad, a las afueras.

Giulia se queda sola en la limusina, pues el chófer se marcha con Elena, que ha dejado el móvil en el coche. Aunque intenta mantenerse concentrada en formas de detener al virus, no puede evitar revivir la despedida de Adriana. La echa de menos. Revisa el móvil, y tiene dos llamadas perdidas. Quiere devolverle la llamada y hablar con ella… Pero se detiene. No es capaz de saber por qué. Quiere pensar que tiene que ver con lo absorbente que es el trabajo que tiene entre manos, pero sabe que no es eso. «O no solo eso».

El teléfono se ilumina con una foto de Adriana en la pantalla: la está llamando. Duda si responder. «*¿Qué me está pasando? ¿Acaso no quiero hablar con ella? La echo muchísimo de menos y tengo claro que quiero saber cómo está, qué hacen ella y el bebé…* Pero me dolerá. No estoy ahí. No sé cuándo podré volver. Me dolerá demasiado», concluye en su cabeza, con los ojos inyectados en sangre y las lágrimas amenazando.

En contra de sus propias resoluciones, responde la llamada impulsivamente antes de que Adriana se dé por vencida:

—Hola —susurra, y comienza a llorar desconsolada. Siente que se le parte el corazón. No se había sentido tan rota desde que dejó su Verona natal con dieciséis años.

Elena deja que los dos hombres uniformados de camuflaje la cacheen a ella y a su chófer/guardaespaldas antes de entrar en la nave industrial. No les requisan sus armas, no es lo que buscan. Elena, como parte del servicio secreto, lleva una de pequeño calibre en una pistolera adosada a su sujetador, mientras que su guardaespaldas lleva hasta tres armas: dos revólveres y una pistola similar a la de Elena. Los soldados se dan por satisfechos y les permiten el acceso.

La nave industrial es en realidad una especie de laberinto de paredes de metal futuristas con múltiples aperturas, pues, antes de pasar a ser parte del servicio secreto, era un *laserdromo*, un lugar en el que se jugaba a *laser tag*. Sin embargo, con las luces completamente encendidas y sin los acabados fluorescentes de las paredes, es mucho menos impresionante.

Elena cruza el laberinto, nerviosa, pero completamente concentrada en que no se le note ni un ápice. Una soldado los guía hasta una sala al otro lado, donde antiguamente se pasaba a pagar las partidas. Ahora es un despacho sobrio y sin decoración. Allí los espera el principal financiador de la operación en la que Elena está enfocando todos sus esfuerzos.

El hombre, musculoso y rapado a pesar de que podría tener una buena melena, está sentado en la única silla del despacho, frente a una mesa en la que está el monitor del ordenador de la sala. Elena siempre se impresiona en su presencia.

—Quería verme, excelentísimo general —dice Elena, pulcra y protocolaria.

—Agente Torres —dice el hombre, abriendo sus brazos de forma ceremoniosa y sonriendo levemente. Viste un traje pardo oficial del Ejército, con abundantes insignias y medallas. Siempre lo hace en sus reuniones—. He mandado llamarla para darle personalmente la enhorabuena por su trabajo. Mis asesores me han indicado que el equipo que ha confeccionado es claramente superior a nuestras expectativas, y la información que nos ha proporcionado es esclarecedora. Además, que la hayan recomendado para hacer de enlace con el Gobierno es una noticia excelente. Le agradezco que haya aceptado esta… —busca la palabra correcta, pero Elena sabe que solo quiere dar énfasis— comprometida misión.

Elena asiente, haciendo una ligera reverencia.

—Es un honor. Gracias por su reconocimiento.

«Como si me hubiera podido negar —se dice, tratando de permanecer calmada—. Si el equipo supiera que, en lugar de por orden de la presidenta lo estoy haciendo por orden suya…, no sé yo si hubiera podido reunir a los mejores».

—Sigue así, agente Torres. No hay más órdenes por ahora.

Elena sabe que ninguna de las palabras que pronuncia son casuales. La felicita por el trabajo, sí, pero le recuerda que él está al mando y puede cambiar su dirección cuando le plazca. No le gusta sentirse tan subordinada y vulnerable. Pero es su trabajo, y le pagan muy bien por ello. Se traga el poco orgullo que le queda y repite otra leve reverencia. El hombre asiente y la soldado que los ha llevado ante él los acompaña hasta la salida.

«Espero que ocultarle estas reuniones a la presidenta y su gabinete sea lo correcto», piensa, mientras abandonan la nave industrial, con malas sensaciones a pesar de que la hayan felicitado por su trabajo.

9

—¿Te ha creído? —pregunta Claudia Isabel, con sorpresa, mientras da un paso para apartarse de Darko, que acaba de colgar el teléfono.

Nunca están de más las precauciones. Nunca se han considerado amigos mutuamente, pero, al no estar Andrés ni Paula, y Marc de baja, paranoico por su improbable contagio, se han encontrado en la cafetería y son la única persona con la que el otro puede hablar sobre el Decem.

—Es mi padre, por supuesto que me ha creído.

—¿Aunque seas pescador?

Darko se vuelve hacia ella con incomprensión.

—¿Qué tendrá eso que ver?

Claudia Isabel chasquea la lengua.

—Que te encanta hacerlo todo más grande de lo que es. Si yo fuera él, a lo mejor hubiera pensado que hay unos casos por Francia, porque evidentemente no te vas a inventar algo así, pero nada más. Sinceramente, ¿que esté aquí sin que hayamos leído nada en la prensa, sin que nadie nos haya avisado? No sé. Por darte un ejemplo, cuando el coronavirus empezó a ser tomado en cuenta, ya llevábamos semanas oyendo sobre el tema. Si hubiera un supervirus, algo hubiéramos oído.

Darko hace un silencio que Claudia Isabel busca romper levantando una ceja para que le responda.

—¿En serio piensas que exagero cuando voy a pescar?

—¿Eso es lo que entiendes de lo que te he dicho? ¿De verdad?

—Él se encoge de hombros, sin añadir nada más, sonriente, desesperando a Claudia Isabel—. Bueno, era tu padre, es lógico que te haya creído. ¿Qué hará?

—Va a ir al supermercado con mi madre. Es un drama que les haya pillado en Serbia en vez de aquí, pero bueno, como mínimo en Leskovac tienen la granja de mis abuelos y es más sencillo aislarse y autoabastecerse.

Claudia Isabel decide cambiar de tema, porque no se puede estar todo el tiempo hablando del virus.

—¿Qué hay interesante en Leskovac?

La pregunta claramente descoloca a Darko, pero sonríe, como siempre.

—¡*Leskovačka pljeskavica*! —exclama, con emoción. La cara de incomprensión de su interlocutora lo hace traducir—: ¡La hamburguesa!

Claudia Isabel rompe a reír. Quizá demasiado, pero a Darko siempre le gusta que los demás rían a su alrededor. «Es cuestión de crear el ambiente propicio», se dice siempre, y esa es una de las razones por las que él mismo siempre sonríe.

Una persona acercándose a ellos les llama la atención y corta las risas.

—¡Marc! —exclama Darko—. ¿Fin de cuarentena?

El joven doctor se abre de brazos. Se detiene a unos metros de ellos. No les pasa por alto que lleva una mascarilla FFP3 tan ajustada que le impide llevar las gafas con normalidad.

—El chico tiene diagnosticado un trastorno psicótico. Sigue pudiendo ser Decem, pero es poco probable, porque con el haloperidol se le ha pasado.

—Y si escuchas ruido de galope, probablemente serán caballos y no cebras —comenta Darko.

—A no ser que estés en África —añade Marc.

—O en este caso, París —completa Claudia Isabel—. Me alegro de verte de vuelta.

Marc asiente, agradecido. Otro compañero le da una palmada en la espalda, haciendo que dé un respingo. Intenta apartarse sin saber todavía quién es, pero el otro médico no lo deja.

Es David Valls, un veterano médico de urgencias, de facciones y formas gruesas. Marc trata de librarse de su abrazo, visiblemente agobiado, pero no lo consigue. El veterano lo señala, mirando a Claudia Isabel y Darko.

—¡Este tío es el mejor internista que conoceréis en vuestras vidas! ¡Y eso que todavía es un crío! —Él sonríe, pero sigue intentando librarse, sin ser especialmente exagerado—. ¿Cuántos años tienes, chaval?

Marc consigue zafarse, con lo que se aparta dos pasos.

—Treinta y dos.

—¡Qué barbaridad! —exclama David, con excesiva teatralidad.

Claudia Isabel decide que ya ha tenido suficiente, y se propone a rescatarlo:

—Bueno, a trabajar.

Marc asiente y Darko se pone en pie. David resopla.

—Os tiene dominados —dice, riendo hasta que capta una mortífera mirada de Claudia Isabel, habitual en ella—. ¡Pero bueno! ¡Es una broma!

—Creo que estamos todos un poco con los nervios a flor de piel —interviene Marc, muy consciente de que nada tiene que ver la reacción de Claudia Isabel con los nervios que puedan ocasionar la situación—. Lo del comunicado de extremar medidas de precaución sin saber por qué es complicado.

«Excepto que nosotros sabemos el motivo», se dice Marc, consciente de que se está manteniendo un secretismo muy peligroso sobre el nuevo virus. El comunicado fundamentalmente decía que había un nuevo virus sin especificar y añadía las medidas de protección personal que debían adquirir frente a los pacientes: guantes de un solo uso y mascarilla FFP2 o 3.

—Será eso —susurra el veterano doctor, que se pone el primero de la comitiva—. ¿Bajáis a urgencias?

—Ellos sí —responde Claudia Isabel—. Yo tengo turno en psiquiatría.

Se despiden y David sigue hablando de lo especial que es Marc, que no lo escucha. Está por otras cosas. Concretamente, en lo aliviado que se sintió cuando le confirmaron que los comportamientos del chico que le había caído encima tenían otra explicación que no era Decem. «Puede que al final sea menos de lo que pensábamos», se dice, optimista.

Darko también desconecta. «*¿Cómo estará Paula? Solo hace unas horas que se fue y ya la echo de menos*». Ya están entrando a urgencias y David sigue parloteando sin que nadie lo interrumpa, porque nadie le presta atención. «No debería haberse ido a Madrid, tendría que haberse quedado aquí con nosotros, a salvo. Con lo peligroso que es viajar con un virus así… Estaría mucho más a salvo aquí, conmigo».

Una llamarada frente a él lo devuelve a la realidad y le deja claro que está completamente equivocado. La temperatura sube varios grados y Darko apenas se protege tapándose la cara con los brazos. A pesar del calor, el fuego no lo alcanza. Tampoco a Marc, que justo se ha agachado a por un bolígrafo caído. Tres pasos suficientes para evitar las llamas directas. David no tiene tanta suerte. El fuego le abrasa el torso y la cara, provocando un alarido de dolor. En un segundo ataque, las llamas alcanzan también a Marc, aunque solo en un brazo, pues David hace involuntariamente de escudo humano. Las cortinas del *box* prenden. El caos es completo.

David se desploma envuelto en llamas y lamentos desesperados. Darko se oculta en otro *box*, en el que hay dos pacientes aterrorizados. Él les regala su mejor sonrisa, como si tuviera la situación bajo control. Marc, por su parte, con el antebrazo derecho considerablemente quemado e inmóvil, salta por encima del mostrador y se oculta tras el panel de enfermería.

Una mujer de unos cincuenta años sale del *box* del que han sido escupidas las lenguas de fuego, con las cortinas consumiéndose a ambos lados. Las llamas a su espalda le dan un aire hollywoodense terrorífico. Va armada con un mechero de llama potente y un aerosol que Marc no logra identificar. Tiene los ojos completamente rojos. Se vuelve hacia Marc, ignorando a David, en el suelo, a pocos centímetros de sus pies y todavía aullando de dolor. La mirada de la mujer, dispersa y enloquecida, lo advierte de lo que está a punto de suceder.

Marc rueda por el suelo, esquivando la nueva llamarada. Choca con la pared, y afortunadamente para él, la mujer pierde interés y descarga su ataque contra los ordenadores de la sala de urgencias. «*¡Pero cómo es posible que ese bote no se haya terminado ya!* —se lamenta interiormente Marc, tratando de identificar el aerosol—. ¿Es un repelente de insectos?».

La mujer agita el bote, de dos palmos de altura, y vuelve a atacar los ordenadores que ya había calcinado. «Tengo que salir de aquí cuanto antes —piensa Marc, aterrado—, antes de que se fije en mí otra vez…». Se pone en pie y tose al respirar el humo. Por primera vez repara en que las llamas han tomado por completo el primer *box* y el adyacente. El humo negro y espeso se acumula en el techo, pero los aspersores, que deberían contrarrestar el fuego, no parecen funcionar. Ve a Darko guiar a pacientes lejos del alcance de las llamas.

La mujer enloquecida lo mira fijamente y se dirige hacia el cirujano residente. Darko corre lo más rápido que puede para alejarse de ella, y salta instintivamente al interior del *box* del otro lado del control de enfermería. Percibe el calor abrasador calcinando las cortinas que lo separan de ella. Teme que se concentre en él y lo persiga, pero oye gritos desesperados en otra dirección casi de inmediato. Decidido a ayudar, sale del *box* sin apenas mirar a los dos ancianos que luchan por respirar en él. Ninguno de los dos dice nada, pero se miran con incomprensión, achacando lo que están viviendo a la potente medicación que corre por sus venas.

El humo y el caos han tomado urgencias, con múltiples focos de llamas activos amenazando con desbocarse. Es difícil ver a mucho más de un puñado de metros con la espesa nube negra que lo cubre todo. Una enfermera trata de accionar un extintor, pero no lo consigue. Marc trata de ayudarla, pero el aparato está caducado y muy duro. Pacientes y profesionales corren sin dirección fija en una visión de pesadilla, mientras la mujer sigue prendiendo fuego a todo lo inflamable a su paso. Los gritos de terror hacen que Marc sienta escalofríos.

Ayuda a cargar a David sobre una camilla, y a continuación saca a una paciente de su *box*. Una doctora le toma el relevo y se lleva la camilla. La confusión es máxima, pero parece que poco a poco empieza a haber una especie de cadena de evacuación. No ve a la pirómana, pero identifica muchos rostros conocidos a su alrededor. Tiene una extraña mezcla de sentimientos que lo distraen mientras las llamas comienzan a ocupar espacios, la temperatura se dispara y la visibilidad sigue bajando.

—¡Llama a los bomberos! —exclama Marc, dirigiéndose a una enfermera, que asiente.

Tras hablar, la densidad del aire cargado de cenizas lo obliga a toser. Si no lo ha hecho antes es debido a la mascarilla, que lo protege de las partículas. Los ojos le lloran. El calor comienza a ser sofocante y el humo cubre el techo completamente. Darko está cerca, con el cabello apelmazado por el humo y accionando un extintor, que se vacía por completo.

—¡Hay que evacuar a todos los pacientes! —le grita Darko a Marc, que asiente convencido—. ¡No quedan extintores que funcionen!

Enseguida comienza a toser, a pesar de la mascarilla.

—¡¿La mujer del aerosol?! —grita él, para que lo oiga por encima del bullicio y el crepitar de las llamas.

—¡Controlada!

Marc asiente, con cierto alivio, pero el incendio está completamente desbocado. «Convendría que nos diéramos prisa», se dice, mientras todo su cuerpo le pide huir.

Juntos comienzan a sacar camillas móviles de urgencias. Las dejan en el pasillo, donde hay decenas de personas dispuestas a ayudar, pero que creen (con buen criterio) que es excesivamente peligroso entrar a la zona de urgencias, donde el humo es demasiado denso para respirar. Entre ellos, Claudia Isabel. Alguno que otro se aventura a entrar con Marc y Darko, pero muy pocos, especialmente personal de seguridad. Uno de ellos tira de una camilla que golpea una toma de un cable de oxígeno. La pieza que hace de válvula de seguridad se rompe de tal manera que el oxígeno se libera con un siseo perturbador.

El gas comienza a salir a alto flujo dentro del *box*, en el que hay algunas ascuas dispersas. Las brasas se reavivan en lenguas de fuego que van del suelo al techo, avivadas por el oxígeno. Carbonizan sin dificultad el panel de enfermería y se comienzan a expandir por todas partes. Lo engullen todo en cuestión de segundos. El fuego lame la espalda de Marc, que rueda por el suelo hasta el exterior de la sala.

—¿Darko? —pregunta Claudia Isabel a Marc, una vez se cerciora de que la camiseta del internista no ha prendido pese a la caricia del fuego.

Marc, con la cara cubierta de ceniza negra y la mascarilla previamente blanca teñida de gris, no responde, sino que toma el extintor en sus manos y lo abre. No piensa abandonar a uno de sus mejores amigos entre las llamas. Puede que sea tarde, pero lo tiene que intentar por Darko. Si no lo hace, no podrá con la culpa.

—¿Qué haces?

—Lo mismo que haría él por mí.

Sin dejar que lo detengan, acciona el extintor y se abre paso entre las llamas, gritando el nombre de su amigo. La garganta y los pulmones le arden como si estuviera respirando brasas. No obtiene respuesta, por lo que sigue avanzando, con la esperanza menguando. Un trozo del techo cae junto a él. La falta de visión hace que grite una última vez, aun sabiendo el devastador efecto que tendrá en su garganta.

10

Un zumbido lejano hace que Mikel abra un ojo, que se vuelve a cerrar de inmediato, acompañado de un giro completo en la cama. Su brazo choca con la pared. En primera instancia se sobresalta, pero, en cuanto los sentidos vuelven a su cuerpo, se da cuenta de que está solo y desnudo. Se pone en pie rápidamente, y se tiene que sentar en el suelo, mareado. Las arcadas toman el control, pero logra serenarse y no vomitar. Sin duda, el tequila del día anterior le está pasando la factura.

La noche anterior está completamente en blanco. Mira el reloj de la mesita de noche y la cabeza le late todavía más fuerte. La una del mediodía, trabaja a las tres. Tambaleándose, alcanza la puerta. Un golpe en forma de luz hace que necesite cerrar los ojos. Cuando recupera su sentido más preciado, identifica el origen del zumbido: Paula haciéndose un batido.

—¡Pero bueno! ¿Qué haces así?

Macarena aparece junto a su otra compañera de piso. Las dos van en pijama. Y es entonces cuando Mikel asimila realmente que está completamente desnudo. En un ataque de pudor, se tapa los genitales con las manos.

—No es nada que no hayamos visto ya —ríe Paula, dejando la batidora y apartando un poco sus problemas.

La ventana está abierta y el aire que entra es frío incluso para ser enero. Lleva el anorak puesto.

—Que no sea la primera vez no significa que esté bien que pasee en bolas por la casa —gruñe Macarena, que también tiene una resaca terrible y está acomodada en el sofá, tapada con las tres mantas que tienen en el salón. Su tono de voz evidencia que tiene motivos más allá de su desnudez para molestarse.

Mikel decide no responder y correr a su habitación a ponerse unos calzoncillos. De fondo, escucha con claridad las risas de Paula:

—¡Qué feliz soy de no beber! Una de las mejores decisiones de mi vida.

—Cállate —espeta Macarena, casi gritando. A continuación, emite un gemido de dolor y se hunde en el sofá, engullida por la resaca.

Al encontrar sus calzoncillos —dentro de los pantalones de fiesta— encuentra también un condón usado. Un escalofrío le recorre la espalda. Duda por un instante y estruja sus vagos recuerdos, sin éxito. Recuerda que salió con Macarena y Marina, y volvieron solo él y Macarena. «¿Con Macarena? Es imposible —resuelve, inseguro. Un cosquilleo recorre su estómago—. A no ser que se me ocurriera usarlo solo».

Vuelve a salir de su habitación rojo de vergüenza por haber considerado la posibilidad. Mantiene mejor el equilibrio, aunque parece que tenga un concierto de percusión dentro del cráneo.

—¿Qué tal la noche? —pregunta Paula, guiñándole el ojo, pero una expresión de gravedad impropia para la situación.

—La verdad es que no me acuerdo de nada.

—No me lo puedo creer —se queja Macarena, tumbada en el sofá con una toalla sobre la frente que le tapa los ojos—. ¡NO ME LO PUEDO CREER! ¡Eres un crío!

Mikel se encoge de hombros, viendo que las botellas de tequila y ginebra están vacías sobre la mesa baja. «Dos botellas de destilado entre tres, no me extraña este blancazo —se dice, sintiendo súbitamente más dolor de cabeza—. *Más las pastillas*», se recuerda.

Paula desconecta la batidora del enchufe de la pared y recoge su zumo de la encimera.

—¿En serio no te acuerdas de nada? —pregunta Macarena, incrédula, un poco más calmada. Parece casi suplicar.

—De nada.

—Nada... ¿nada? —pregunta Paula.

—Bueno, recuerdo llegar aquí de la discoteca… —Mikel parece estar esforzándose por recordar, aunque con nulos resultados.

La mirada de Macarena es agresiva y nada amistosa, lo que alerta a Mikel. Enseguida, la enfermera se destapa, se arremanga la pernera y enseña un moratón que le ocupa todo el lateral del muslo.

—¿Y eso?

—Tu culpa.

Mikel se queda quieto, y abre mucho los ojos, sin entender nada. «*¿Mi culpa? ¿Cómo voy yo a haber hecho tal moratón?*».

La no respuesta de Mikel, que se queda quieto sin reacción, enfurece a Macarena. Pensando que se burla de ella, y sin decir nada más, se levanta y se marcha a su habitación. Él se queda con expresión interrogante. Paula lo mira suspirando.

—¿Qué sabes? —pregunta, ocupando el lugar de Macarena bajo las mantas del sofá—. ¿Y por qué están las ventanas abiertas?

Cada vez que se esfuerza en pensar, la cabeza le duele más. «Es como si tuviera un cuchillo clavado en el cerebro —piensa, amargamente—. Si al menos recordara alguna cosa más…».

La expresión de Paula está entre divertida y aterrada, pasando por azorada. «Creo que es mejor decirle primero lo que pasó anoche y luego le cuento lo del virus —decide Paula, mordiéndose el labio—, porque, si no, no le dará al virus la importancia que merece».

—Te liaste con Macarena —revela Paula, esperando una reacción que no llega, por lo que decide seguir—: Y luego os acostasteis.

«Eso sí que no me lo esperaba —se dice Mikel, que vuelve su cabeza rápidamente hacia ella, sintiendo un pinchazo en la cabeza—. Demasiado rápido. Tengo que moverme más despacio. Macarena. Uau. Me lie con Macarena».

De nuevo, el cosquilleo lo invade. Es una sensación de realización personal que hacía muchos meses que no sentía. Macarena es una persona extremadamente atractiva.

—Vaya. Así que es más habitual de lo que pensaba que os lieis Macarena y tú —dice Paula, al ver que Mikel no responde.

—Más me gustaría. Es la primera vez —sonríe Mikel, enterrado bajo las mantas—. Qué vergüenza. No me acuerdo de nada. Normal que esté enfadada.

—Espérate. Hay más.

Mikel siente cómo se le baja el color de las mejillas en varios tonos. «*¿Más? ¿Qué más he hecho?*». Y entonces le vienen imágenes de cuando se liaron al llegar a casa… y de lo que sucedió después. Recuerda levantar a Macarena del suelo y estrellarla contra el marco de la puerta de su habitación. Y de ahí el moratón. En los siguientes minutos, Paula no hace más que verificar que sus borrosos recuerdos son reales y no un sueño como inicialmente le había parecido.

Paula hace una pausa dramática, disfrutando del cotilleo. Se da cuenta de que Mikel se acuerda, pues su rostro va tomando un color rojizo delator.

—Todo iba muy bien… —dice Mikel, sin poder recordar lo que ocurrió a continuación.

—Te quedaste dormido.

A Mikel se le cae el alma al suelo. Le cuadra a la perfección, por eso no se acuerda de nada más. Cierra los ojos y le cuesta respirar. «Cómo puedo ser tan idiota —se reprende, furioso—. ¡Estaba teniendo sexo con Macarena y voy y me quedo dormido! ¡Esto ya es el colmo!». Niega con la cabeza, despacio para evitar aumentar el dolor.

Pero en su disperso cerebro hay un rayo de luz en forma de imaginación. Sus pensamientos vuelan pensando en Macarena. Quiere frenar y no ilusionarse, pues en realidad no debería, pero ya es tarde. Lo poco que puede pensar su cerebro gira alrededor de ella. Paula le acerca un paracetamol y un vaso de zumo.

—Tómatelo, anda.

Mikel obedece, todavía sin ser capaz de justificar cómo pudo quedarse dormido. «Pues porque estabas más borracho de lo que has estado en tu vida, inútil», se responde a sí mismo.

—¿Debería hablar con ella?

Paula se encoge de hombros.

—Sin duda. Creo que es fundamental, por el bien de vuestra salud mental… y la convivencia en este piso.

Mikel asiente despacio, convencido.

—¿Qué tal el viaje a Barcelona? ¿Lo pasaste bien?

—Bueno, tengo cosas que contaros.

En ese momento, Macarena sale de su habitación. Mikel se pone en pie de un salto. Se arrepiente al instante, pues su cuerpo lo obliga a sentarse de nuevo. Macarena se ha vestido y lleva un jersey de lana rojo y unos vaqueros. Se ha puesto un turbante en el pelo que Mikel reconoce: es una cinta con agua dentro para el dolor de cabeza.

—¿Te vas? —pregunta Paula, desconcertada.

La idea del Decem vuelve a asaltarla. Se decide a contarlo todo cuanto antes, pero está atenazada. Mantiene una aparente calma y silencio. Siente la brisa helada en el cogote.

—Necesito comprar leche de vaca. La de avena está asquerosa.

—¿Te acompaño? —se ofrece Mikel, aturdido y haciendo la situación incómoda.

Su rostro invita a pensar cualquier cosa antes de que se quiera mover. Aunque hay en él un reflejo de responsabilidad que atrae a Macarena.

—Nah, no te preocupes.

Sin dar tiempo a nada más, Macarena agarra su chaqueta y sale a la calle, sin prestar atención a su aspecto. Mikel sigue sentado en la misma posición, con la cabeza doliéndole como nunca en su vida. Emite un sonoro suspiro que no despista a Paula.

—Tengo que contaros algo —insiste Paula, que ya no sabe cómo ponerse.

Mikel se vuelve hacia ella, decidido a ponerse en marcha.

—¿Puede esperar a que me duche?

Paula traga saliva.

—Supongo que sí.

«Ya no viene de unos minutos, y así, si espero a que vuelva Macarena, solo tengo que contarlo una vez —reflexiona Paula—, aunque no sé si podré tenerlos en la misma sala mucho tiempo antes de que hablen entre ellos».

—¡Ni de coña te vas a ir a trabajar! —le grita Macarena, furiosa, a Mikel. Puede que esté muy enfadada con él, pero es una de las personas que más aprecia del mundo, y quiere mantenerlo a salvo.

—¿Pero a ti qué te pasa? —gruñe Mikel, plantado en el umbral del piso, con los brazos abiertos con expresión interrogante.

Solo ha pasado media hora desde que estaban los dos terriblemente mal por la resaca, pero el zumo de Paula y las noticias sobre el Decem que les ha dado han hecho que sus cuerpos reaccionen y tengan energías renovadas.

—Maca, tía. A ti te sobrará la pasta y te podrás permitir no ir a trabajar. Pero yo no. Necesito hasta el último céntimo para poder publicar el cómic.

Conforme pronuncia las palabras, nota que se le encoge el corazón. Paula lo mira con cierta lástima:

—No vayas. Por favor.

—¿Acaso no has escuchado lo mismo que yo? —insiste Macarena—. ¡Que es un virus mortal! ¡Es peligrosísimo! ¡No habrá dinero ni cómic que valga si estás muerto!

Mikel la fulmina con la mirada.

—El Gobierno no nos ha dicho nada —contraataca Mikel—. Si de verdad fuera tan grave, el Gobierno habría hecho un comunicado, ¿no?

Paula y Macarena se miran con cierta desesperación. Mikel es muy difícil de convencer.

—Volveré para desayunar —resuelve él al no obtener respuesta.

—No vayas —repite Paula, pero él niega con la cabeza.

Mikel lanza una mirada furtiva a Macarena. Sabe que tienen una conversación pendiente. Ella también. La mirada llena de sentido de la enfermera por poco lo ablanda lo suficiente, pero niega con la cabeza. Se está ilusionando en exceso.

—Lo siento. Necesito irme.

Abre la puerta del piso y la cierra tras él. Sintiendo el corazón latir con fuerza, baja por las escaleras, con los rizos saltando contra su frente. El reloj de su muñeca marca las tres menos veinticinco, tarde para ir a pie; tendrá que coger el bus. Una vez en la calle, todo parece normal. «No será para tanto», se dice, observando el ajetreo habitual, con gente por todas partes. Prestar atención no es su fuerte, y casi toda la explicación de Paula ha pasado fugazmente por su mente. Solo ha retenido que ella está muy preocupada y tal vez los confinen. «Puede que Paula esté sobrerreaccionando. La gente de medicina siempre se pone en lo peor». Pero entonces, su cerebro liga la explicación de Paula con las palabras de Jaime.

Un escalofrío que nada tiene que ver con los tequilas de la noche anterior hace que se le pongan los pelos de los brazos como escarpias. Se plantea volver sobre sus pasos y dejarlo estar, pero su enfado con Jaime se reaviva y lo espolea a seguir. Al subirse a un autobús de línea abarrotado, solo su cabezonería le permite seguir adelante.

11

Giulia entra junto a Elena en la sala de conferencias, donde las espera el gabinete de crisis convocado por la presidenta la noche anterior. Tras el segundo receso, todos vuelven a sus puestos. Goa está virtualmente, en una enorme pantalla que cuelga del techo. Miranda está en pie entre dos soldados más altos que ella, ataviada con su traje militar y la insignia que la acredita como teniente sobre el pecho. Jaime está sentado a la derecha de la pantalla. Elena toma asiento, a la izquierda, y Giulia se sienta en la única silla libre. La presidenta, Mar Rodríguez, se pone en pie, ceremoniosa.

Es una mujer alta de cabello largo y liso. Su piel es rosada, con las mejillas enrojecidas, que destacan en su cara redonda y de rasgos finos, con el cabello rubio teñido, retirado a ambos lados. Su rostro evidencia el cansancio acumulado desde la noche anterior.

—¿Empezamos? —pregunta Goa, que parece tener prisa.

«Como siempre», se dice Giulia, incapaz de contener una media sonrisa.

—Qué remedio —dice Jaime, con cierta desgana.

—Me consta que ya habéis conocido a mi compañera Giulia Scamacca —señala desde la distancia Goa; la mencionada asiente con la cabeza—. Bien, consideradla una extensión de mí. Todo lo que ella diga se hará, exactamente como ella diga.

—Entendido —acepta la presidenta.

—Presidenta Rodríguez —interviene Jaime, atrayendo toda la atención de la sala—. ¿Está segura de que es una buena idea concentrar tanto poder en solo una persona?

Hay un silencio incómodo. Nadie osa decir nada, a la espera de la presidenta, pero parece evidente que hay varias personas de acuerdo con Jaime.

—Quizá sería una buena idea escuchar primero lo que la doctora Guix tenga que explicarnos, para que comprendamos correctamente a qué nos enfrentamos —puntualiza la presidenta, con mucho tacto.

«Es buenísima —piensa Giulia—. Lo ha toreado sin inmutarse y les ha hecho creer que tienen poder para elegir sobre una decisión que ya está tomada desde hace horas. Por si fuera poco, hace que sea Goa quien les explique otra vez todo lo que yo les dije, para así reforzar mi figura con la exclusividad e importancia que se da Goa interviniendo a distancia. No me extraña que haya conseguido mayoría absoluta dos veces».

De nuevo, silencio. Las palabras de la presidenta aplacan a todos los presentes.

—Adelante, doctora Guix —dice la presidenta.

Miranda saca su bloc de notas y se dispone a apuntar lo necesario. Quiere tenerlo todo claro y resumirlo a sus superiores de forma que lo entiendan para que emitan un comunicado a todo el Ejército. Goa desaparece y en su lugar se proyectan unas diapositivas. Giulia sonríe: «Siempre tan comprometida con no dejarse detalles, ser fiel a la información y hacer que los demás tengan soporte visual para seguirla bien en todo momento. Desde luego, sería una gran profesora».

—El Decem es un virus de la familia *herpesviridae* —comienza Goa—. Es el décimo. Mi equipo consiguió aislar el virus en una rata con alteraciones del comportamiento. Y vosotras me diréis que el nombre de HHV es en realidad *human herpesviridae*, y si afectaba a una rata, no debería llamarse *human*, pero es que el genoma es un ADN lineal de doble cadena que, al principio, tenía una coincidencia genética altísima con otros virus humanos.

»La compañera que lo identificó se dio cuenta enseguida de lo extremadamente contagioso que era al analizar los demás animales.

En ese instante nos avisó y se aisló, con muy buen criterio —Goa parece a punto de concederse un respiro, pero su profesionalidad se lo impide. Se aclara la voz y pasa otra diapositiva—. Por ahora hemos visto que se transmite por contacto directo, por microgotas cuando hace afectación faríngea o pulmonar y aérea tras el fallecimiento, porque el virus crea ampollas cutáneas que se rompen, dispersando el virus en forma de aerosol. Esto último dispara la contagiosidad.

»El virus cruza al interior del cerebro y entra en las neuronas. Algunas especies mueren en esta fase, pero en las más complejas, como mamíferos y pájaros, comienzan las alteraciones comportamentales, sutiles inicialmente. En siete de los quince casos humanos de los que tenemos datos había inyección conjuntival —Goa pasa la diapositiva y aparece una mujer con los ojos de un rojo sangre muy intenso. Giulia reconoce a la mujer de la foto, es parte del equipo de Goa, aunque no sabe su nombre—. En todos, tres días después de las alteraciones de comportamiento, aparecen espasmos, más o menos graves. Y unas horas después, comienza la ira y pérdida de control total. Cuando vuelven en sí, no recuerdan el episodio, y ya hay un claro deterioro cognitivo y funcional. A continuación, pierden el control de forma definitiva. Estimamos que esto ocurre entre el cuarto y el décimo día —Goa coge aire y resopla. Se le llenan los ojos de lágrimas, pero por suerte sigue proyectada la presentación. En la sala hay varios políticos abrumados, incluido Jaime, que necesita un descanso. Pero Goa continúa, consciente de que tiene que mantener a la audiencia atenta:

»En cuanto el cerebro comienza a estar dañado, el Decem muta y migra a los pulmones, que destruye masivamente en cuestión de horas. Al morir la persona, el virus se vuelve a replicar en las raíces nerviosas, creando billones de copias por célula, que se acumulan en ampollas muy frágiles. Estas se hinchan en los cadáveres y explotan, siendo extremadamente contagiosas.

»Y creo que eso es todo. Espero no haberme pasado con los tecnicismos —la última diapositiva desaparece y la pantalla se queda en negro. De inmediato vuelve a aparecer Goa—. ¿Alguna pregunta?

Jaime se da cuenta de que algunas personas de su alrededor estaban tomando apuntes mientras él escuchaba palabras que no terminaba de entender del todo. Siente una profunda vergüenza, pero, a decir verdad, la mayoría de políticos están igual de perdidos que él. No la presidenta, que toma la palabra:

—Gracias por su tiempo, doctora Guix. Creo que ha quedado bastante claro, pero si alguien tiene alguna pregunta, es el momento.

«Clarísimo les ha quedado —se burla Giulia en su cabeza, observando a los políticos intercambiar miradas de incomprensión y duda—. No tienen preguntas, pero porque no se han enterado de nada y están demasiado avergonzados de que los demás se den cuenta».

Ante la vacilación de los diplomáticos, Miranda levanta la mano, y la presidenta le da la palabra. A nadie le pasa por alto que lee de su libreta, antes de formular la pregunta:

—¿Hay alguna posibilidad de bloquear la entrada al cerebro?

—Llevamos décadas intentándolo con el herpes virus uno y dos —responde Goa—. No podemos evitar que entre en los nervios, pero tratándolo con aciclovir, por ejemplo, impedimos que se disemine, y podemos tratar recurrencias. En el Decem, aún no hemos tenido éxito con esa estrategia.

—O sea, que no —traduce llanamente Giulia.

—Entonces… —continúa Miranda, reflexionando—. ¿Nuestra mejor opción es bloquear la entrada al pulmón?

—No —la respuesta de Goa es tajante—. Evitaríamos la progresión pulmonar, pero hay que bloquearlo en el cerebro. Lo más prometedor es un doble tratamiento con valaciclovir y foscarnet, con lo que parece haber un pequeño retraso de unas horas hasta la diseminación; es decir, que con estos antivirales el Decem se queda localizado unas horas en un punto concreto del cerebro, aunque variable entre individuos.

Miranda asiente y apunta algo en su libreta. Los políticos la miran extrañados, también Giulia. «Es concienzuda y muy atenta —piensa—, incluso para ser militar». Trata de concentrarse y decide subir el nivel de la conversación, consciente de la respuesta que va a recibir, para estimular el sentido de peligro en los políticos:

—¿El genoma cambia entre especies?

Goa sabe lo que está buscando Giulia y trata de darle exactamente lo que quiere:

—Sí. El genoma inicial en la rata era muy parecido, y en el humano también, pero estamos empezando a ver porcentajes de variabilidad extremos, como si el virus cambiara a su propia voluntad, por lo que es bastante posible que todo lo que os he ido diciendo vaya cambiando y empeorando. Muta rapidísimo y salta de una especie a otra con una facilidad que asusta. Es peligrosísimo y tiene un potencial de contagio como nada que hayamos visto antes.

—Pero realmente no tiene sentido que mute tanto, siendo de ADN —apunta Elena, haciendo que varios de los presentes frunzan el ceño.

Ella se limita a sonreír. Como parte del servicio secreto, siempre se guarda un as en la manga, y en este caso es una extensa conversación con Giulia antes de la reunión.

—Lo sé. No cuadra. De todas formas, muta mucho más que cualquiera de ARN que conozcamos. Nos enfrentamos a un auténtico monstruo que no se comporta de forma lógica.

El silencio aprisiona la sala. Giulia ha conseguido su objetivo. Nadie se opondrá a darles libertad absoluta para hacer y deshacer a su gusto, aunque ahora les falta que las medidas adoptadas sobre los civiles vayan en consonancia. Por tanto, Giulia decide mantener el rumbo y utilizar palabras cada vez más técnicas. Las preguntas se van sucediendo durante casi un cuarto de hora más, con Goa avivando la sensación de peligro inminente todo lo que puede. No tienen que exagerar la realidad en ningún momento. Y eso es lo que más preocupa a las científicas, que saben el peligro de lo que tienen entre manos.

En plena explicación técnica del comportamiento molecular del virus por parte de Goa, Jaime se siente tan abrumado que aprovecha un breve silencio para preguntar:

—¿Sabéis cuánto se ha extendido?

El resto del personal se mira confuso, sin entender la pregunta del todo. Los rostros son de sorpresa, pues ha interrumpido a Goa. Claramente no era un buen momento.

—¿En la sociedad? —inquiere Giulia, ante los ojos atentos de la presidenta.

—Sí.

—No lo sé —reconoce Goa—, pero en el equipo somos quince y de momento lo tienen los diez que estaban aquí la semana pasada y dos más del resto. También nos han avisado desde el hospital de Salpêtrière de que hay dos decenas de casos que siguen la misma evolución clínica.

—Entonces..., solo está en París por ahora —se miente a sí mismo Jaime, que sabe perfectamente que no es así.

—Lo dudo mucho. Hace dieciocho días que diagnosticamos a la rata.

—A falta de confirmación, es bastante probable que hubiera un caso en un avión entre Barcelona y Madrid —interviene Elena, atrayendo el interés de todos—. El neurocirujano de nuestro equipo viajaba en ese avión y lo diagnosticó por la clínica. Tenemos aislado al paciente, que provenía de París, así como a todos los pasajeros que tuvieron contacto estrecho con él.

—¿Todo el avión? —pregunta Goa, calcando la pregunta de Giulia unas horas antes.

—No. Solo tres filas hacia delante y las seis posteriores, además de los sanitarios que lo atendieron cuando sufrió una aparente crisis epiléptica.

«Mal vamos», se repite Giulia, viendo en Goa la misma expresión que ha tenido ella unas horas antes. Jaime intenta concentrarse, pero la corbata se le hace estrecha y la americana parece encoger. No es capaz de integrar toda la información que le han aportado.

La presidenta toma el testigo de su vicepresidente, en dirección a Goa:

—¿Daría la orden de cerrar las fronteras de España?

Goa se queda en silencio. Busca los ojos de Giulia.

—Doctora Guix —insiste la presidenta—, la decisión depende de usted. Y necesito una respuesta cuanto antes.

—Sí, pero no servirá de nada si no confinamos a toda la población.

—Cuanto más esperemos, más casos habrá —añade Giulia—. Cada minuto que pasa, perdemos vidas.

El silencio que crean las palabras de las científicas es denso y amenaza con asfixiarlos a todos. La presidenta, visiblemente azorada, se dirige a un ministro de cabello plateado y buena planta, que ha seguido con interés toda la conversación:

—¿Qué pasa si cerramos fronteras?

—Cerrar España cuesta unos trescientos millones de euros diarios, que no nos podemos permitir. Y confinar por completo, muchísimo más.

Giulia lo reconoce como el ministro de Economía. «Siempre anteponiendo el dinero a las personas», se enfurece, y termina espetando:

—Mejor de euros que de personas.

—Creo que no tiene sentido tomar la decisión sin hacer una estimación fiable del contagio posible —apunta Elena, tratando de calmar los ánimos, pues el ministro de Economía estaba haciendo el amago de ponerse en pie y contraatacar.

Goa asiente enérgicamente.

—¿Para cuándo podemos tener una predicción fiable? —pregunta Jaime, girándose hacia Giulia.

—¿Con un ordenador potente? En tres horas podéis tener los cinco escenarios más probables. Menos, si Elena o alguien competente como ella me ayuda.

—Bien, pues en base a eso, si nadie se opone, decidiremos —resuelve la presidenta—. Descansemos dos horas y volvemos a debatir posibilidades. ¿Alguien en contra?

Nadie dice nada, aunque Giulia hace aspavientos, molesta por el nuevo retraso.

Jaime se encoge de hombros. «Otra victoria de la presidenta, pero nos está cargando con un peso excesivo», piensa, aliviado por el nuevo receso. Se pone en pie y sale precipitadamente de la sala, asfixiado por su propia corbata. No está preparado para tomar una decisión de tal magnitud, ¿pero acaso alguien lo está? Jamás debió aceptar el puesto de vicepresidente. Con lo tranquilo que estaba él en su despacho tomando decisiones sobre inversiones en cultura... ¿Por qué se le ocurrió aceptar el puesto?

12

El grito desesperado de Marc en mitad de la sala de urgencias, completamente desbordada por las llamas y el humo, no obtiene respuesta. En cambio, siente que la ceniza supera su mascarilla y el calor le abrasa la piel bajo la bata. En su antebrazo derecho, la tela se ha fusionado con la piel, pero con la adrenalina por las nubes, todavía no duele lo que debería. Sus músculos le suplican que huya. Pero de su interior brota una fuerza que se lo impide. Tras un momento de vacilación, la falta de oxígeno lo obliga a darse la vuelta para ponerse a salvo y velar por su propia seguridad. Es entonces cuando escucha un crujido cercano. El humo le impide ver nada. Instintivamente, dispara con el extintor contra el fuego en esa dirección. Las llamas se retiran unos segundos. Cuando vuelve a levantarse la columna de fuego, una camilla la cruza sin prender. Darko, con la cara cubierta con una sábana, la empuja con decisión.

—¿Nos vamos o qué? —grita el cirujano serbio por encima del crepitar del fuego, para, a continuación, toser violentamente, aunque sin detenerse.

Marc señala el camino apagando llamas con el extintor, que escupe los últimos restos de su contenido. Por suerte, el camino que ha seguido de ida sigue estando relativamente despejado. Ya escuchan la voz de Claudia Isabel llamándolos cuando el techo cede y se desploma sobre ellos a escasos metros de la salida.

La camilla continua por inercia y aparece rodando penosamente ante Claudia Isabel, ocupada por una niña de no más de seis o siete años con la pierna escayolada. Tose descontroladamente y está cubierta de ceniza. Su madre corre hasta ella y la abraza llorando. Claudia Isabel no deja de mirar las crecientes brasas que cierran otra vez la única vía de escape posible para sus amigos.

No se puede creer lo que ven sus ojos. La columna de fuego abandona los *boxes* de urgencias para comenzar a devorar violentamente la sala de espera en la que se habían reagrupado pacientes y profesionales. El caos y el pánico se desatan de nuevo: camillas en movimiento, enfermos huyendo despavoridos, batas blancas sin rumbo... Gritos y confusión sin fin. Y las llamas, avanzando, no solo en horizontal, sino también en vertical. El incendio está fuera de control.

Claudia Isabel sigue mirando las ascuas, por las que desea con todas sus fuerzas que aparezcan dos figuras ennegrecidas. Nota una mano sobre su hombro, y oye sin escuchar los chillidos de una compañera para que se marche de ahí. El fuego se acerca peligrosamente. Sus ojos lloran ya sin control, más por el humo que por la situación que todavía no ha procesado. La tos la asalta y la obliga a dar dos pasos atrás, pero se niega a abandonar la sala. Las brasas comienzan a acercarse de forma tímida a sus pies.

El fuego consume inexorablemente los laterales de la sala sin que nadie intente evitarlo. Los extintores de la planta se han agotado, y los bomberos todavía no han llegado. El aire comienza a estar tan cargado que es irrespirable.

Alguien tira de Claudia Isabel con fuerza y casi la tumba, pero ella no mueve sus pies, clavados a escasos metros de las brasas. El incendio alcanza otras plantas sin dificultad, a una velocidad vertiginosa. Cuando ya parece que la joven no va a reaccionar y su compañera la va a tener que levantar para sacarla de allí, una voluminosa figura asoma entre el fuego. Claudia Isabel se queda congelada al dudar si está sufriendo alucinaciones. El corazón le da un vuelco al ver que es una silueta compuesta por dos personas cubiertas con una manta llameante.

Como si de un milagro se tratara, Darko y Marc emergen de entre las llamas y dejan caer la densa tela, con la que se han zafado del fuego. Llevan una mascarilla de oxígeno que al parecer han ido compartiendo. Su estado es deplorable.

—¡Vamos! —exclama Marc, con voz tan afónica como agónica.

Las vías respiratorias le arden y la piel le duele por diversos puntos, aunque especialmente en el antebrazo, que se ha quemado en el primer ataque, y el costado derecho de la cara, completamente abrasado. No hay rastro de sus gafas.

Van cubiertos de ceniza y desprenden calor. Darko cojea ostensiblemente, y la guardia de seguridad se fija en que, además, prácticamente carga con Marc. Trata de ayudarlos, pero no la entienden y la adelantan. Salen del edificio y van a parar al aparcamiento. Se cruzan con los bomberos, avanzando a contracorriente. No quedan ambulancias.

Se reúnen con el resto de personal y pacientes que no han sido evacuados todavía.

Cuando vuelven la vista atrás, se dan cuenta de la gravedad de lo que acaba de suceder: hay fuego visible desde el exterior como mínimo hasta la cuarta planta, de las doce que componen la zona sobre urgencias del hospital. El torrente de personas huyendo del centro se convierte en constante, así como los gritos desesperados desde ventanas de habitaciones. No se pueden abrir por completo, por lo que muchos de los que hubieran saltado para escapar quedan atrapados. Escalofríos de impotencia recorren la espalda de Claudia Isabel.

Marc está mirando al suelo, al asfalto, completamente abstraído. Bajo la capa de mugre y ceniza que se ha acumulado sobre su piel, sufre quemaduras graves en el cuello, el antebrazo derecho —donde es indiferenciable la ropa y la piel—, y en la pierna derecha, desde el muslo hasta el tobillo, abrasada de forma horrenda. Sin duda, necesita atención de forma inmediata. Menos graves, aunque sí más llamativas, son las quemaduras de la cabeza. El fuego le ha achicharrado el cabello del costado, la oreja y parte derecha de la mandíbula.

Darko, por su parte, ha salido mejor parado, y más allá de una fea ampolla en la pantorrilla izquierda, no tiene más que numerosas quemaduras superficiales.

—¿Qué ha pasado? —pregunta Claudia Isabel, acercándose a ellos.

Es Darko quien responde:

—El fuego me había aislado con la niña. Marc me ha abierto una vía de escape. Cuando ya salíamos, se nos ha caído el techo encima —jadea Darko, mirando con suspicacia la falta de atención de su compañero—. Bueno, se le ha caído a él. Yo he empujado la camilla para sacar a la niña y luego... Nos he cubierto con las mantas y he cogido un respirador. Sin eso no hubiéramos salido.

Darko busca la verificación de Marc, que sigue con los ojos fijos en el suelo. No ha procesado ni una palabra de lo que ha dicho, y el cirujano comienza a preocuparse.

—¿Y tenía el techo encima? —inquiere Claudia Isabel, con evidente asombro.

—Unos ladrillos, y una biga que he tenido que quitar.

Darko enseña las manos, llenas de ampollas de quemaduras. En ese mismo instante, Marc se toca la cabeza y parpadea con incomprensión.

—¡Una ambulancia! —grita Darko.

Marc se tambalea y pierde el equilibrio. Darko lo alcanza antes de que toque el suelo. Nadie pide una ambulancia. Todo el mundo asume que ya están en camino dado el contexto.

—¿Qué le pasa? —pregunta Claudia Isabel, alarmada.

—La biga le ha dado en la cabeza antes de atraparle la pierna —explica Darko, señalando el costado derecho de la cabeza de Marc, quemado—. Necesitamos ayuda ya.

Entre la confusión de su alrededor por el repentino desvanecimiento de Marc, se escucha un estruendo terrible en el interior del hospital. La fachada resiste, ocultando inicialmente la catástrofe. El colapso de la estructura sobre sí misma ocurre solo unos segundos más tarde. El torrente de personas escapando del edificio todavía no ha cesado cuando los pisos interiores se derrumban. Finalmente, las paredes ceden, incapaces de aguantar sin las columnas maestras. Colapsan hacia el interior en su parte más superior, para después caer lenta pero inexorablemente hacia la zona del aparcamiento, en la que están la mayoría de los supervivientes. Claudia Isabel lo ve venir, y, con la ayuda de Darko, alejan a Marc todo lo que pueden.

Cuando los escombros tocan suelo, lo hace muy cerca de donde Marc había perdido la conciencia. Una nube de polvo, ceniza y gritos desesperados se levantan para cubrir toda la manzana. Respirando y tosiendo a partes iguales, mueven a Marc completamente a ciegas hasta una calle ancha perpendicular, donde el aire es respirable. Se escuchan sirenas.

Una ambulancia se detiene junto a ellos a los pocos segundos. Una mujer anciana que se presenta como enfermera les pregunta muchas cosas que no son capaces de responder. Darko obvia todas las preguntas y, gritando más de lo que cree, exclama:

—¡Es el doctor Martí! ¡Creo que sufre un hematoma epidural por un traumatismo craneoencefálico!

No necesita decir nada más. Dos auxiliares cargan al internista en una camilla y lo suben al vehículo. La enfermera le tiende la mano.

—Ven con nosotros —le dice a Darko, pues ningún detalle se le escapa—. Esas manos…

Él asiente, consciente de que tiene razón. Apenas se despide con un susurro:

—Todo irá bien.

Antes de que Claudia Isabel reaccione, las luces del vehículo ya han doblado la esquina. Siente que le arde el estómago. La rabia, la impotencia y la frustración se unen al odio que tiene a la frase «Todo irá bien», que tantas veces le han dicho en el último año. Pero se lo aguanta. Se lo traga, como tantas otras veces.

Nada de lo que ocurre es culpa de Darko, pero siente que su frustración en cierta manera se dirige hacia él, seguramente por su forma de despedirse, tan clásica y por tanto poco personal. Observa a su alrededor la catástrofe que acaba de vivir. Los gritos y el hollín llenan el aire a partes iguales. Muchos de los supervivientes se han visto sorprendidos por la caída del edificio, por no contar todas las personas que seguían dentro. La nube de polvo sigue impidiendo ver el lugar en el que se levantaba el hospital.

Muy cerca de ella ve a una anciana de escasa cabellera gris con el rostro desencajado. No llora, probablemente porque es incapaz de asimilar lo que acaba de presenciar. Las numerosas arrugas de su frente parecen haberse fundido con su piel aceitunada, que a su vez está tan manchada de hollín como la sencilla blusa amarilla que viste. Sus ojos vidriosos parpadean conforme traga saliva, con una ambivalencia entre la negación más absoluta y la desgarradora certeza de que sus sentidos, aunque envejecidos, no la engañan. Los gritos le llegan nítidos a unos oídos que ya no oyen como antaño, las cenizas son todo lo que su experimentado gusto y olfato pueden percibir. Sus ojos, opacados por sendas cataratas, le devuelven una imagen ruinosa que jamás imaginó siquiera. Y su piel, su tacto, su sentido más fiable y preciado, solo le confirma que a su alrededor la muerte se está dando un festín.

Estremecida, Claudia Isabel llora desconsolada por la impotencia. No se ha parado todavía a pensar fríamente en el desastre del que acaba de ser parte. En las próximas horas, e incluso días, todas las vidas perdidas comenzarán a convertirse en cifras, para poco a poco ir diluyéndose. Tantas vidas rotas, destrozadas por la tragedia, se convertirán en números preparados para ser olvidados.

Se deja caer sobre las rodillas, que abren un hueco en la ceniza que cubre toda la manzana. No tiene claro si está sobre asfalto o acera, pero poco importa. Está duro igual. Las cenizas siguen lloviendo sobre su cabeza.

«No es mi culpa —se repite Claudia Isabel, una y otra vez—. Pero si hubiera estado en urgencias, podría haber reducido a esa mujer y haberla detenido. Podría haberlo evitado. Sí, podría haberla parado y me hubiera contagiado de Decem. ¿Tan grave hubiera sido, dado que ya tengo una esperanza de vida muy limitada?».

Niega con la cabeza, impotente. Frena su línea de pensamiento y resopla. No es momento de machacarse a sí misma. No es justo.

Por mucho que le hayan dado solo unos meses de vida no quiere decir que su vida valga menos.

«Pero que hubiera podido pararlo en otras circunstancias no quiere decir que sea mi culpa. No. Ni el fuego ni el colapso del hospital ni los muertos bajo él.

»No. Nada de todo esto es mi culpa.

»La culpa es del Decem».

13

Elena mira al frente fijamente, consciente de que lo que está viendo es muy poco esperanzador. Giulia parece haber perdido el bronceado. Frente a ellas, un mapamundi prácticamente rojo con fecha del uno de abril que ocupa la totalidad del monitor del ordenador. Poco más de dos meses desde la fecha actual.

—Esto es el peor de los casos —insiste Giulia.

—El peor de los casos que hemos considerado plausible —apunta Elena, tragando saliva con dificultad—. Y básicamente es sinónimo de extinción.

—Sí.

Se miran con cierto pánico. Giulia siente un cosquilleo ansioso en el estómago. Aparta los rizos de delante de sus ojos, haciendo un esfuerzo por serenarse. Elena aprieta los dientes.

—Ya es casi la hora. Me apuesto lo que quieras a que ya están todos esperando.

—Pues vamos. Se me ha quitado el sueño —responde Giulia, frotándose los ojos.

Las dos mujeres se van a la sala de reuniones con el USB lleno de datos de simulaciones. Tal y como Elena había predicho, todos los presentes en la reunión de unas horas atrás ya están en sus posiciones. Excepto Goa, que cuenta con la exención de la distancia. Nadie parece haber decidido eludir su responsabilidad.

—¿Y bien? —pregunta Jaime, poniéndose en pie como un resorte.

—Las predicciones no son buenas.

El vicepresidente rueda los ojos y se hunde en la silla. Ya se lo esperaba, pero la confirmación le hace daño. La mayoría de los políticos se remueven incómodos. Elena juzga sus gestos nerviosos con cierto desprecio: alguno se aprieta la corbata, otra se desabrocha el botón superior de la blusa, otro chequea su móvil… Pero ninguno parece excesivamente interesado en que Giulia exponga los datos que posee. Ni siquiera la presidenta. «Las malas noticias avanzan despacio…».

—Goa está hablando con una compañera estadounidense a la que había pasado sus datos. En breve estará con nosotras —interviene Miranda, de pie en una de las esquinas, sin los dos soldados que la acompañaban previamente. Está muy seria. No es para menos.

Como si la hubiera escuchado, Goa aparece en la pantalla central de la sala. Su rostro evidencia malas noticias. Elena y Giulia ya se han vuelto a sentar.

—¿Qué ocurre? —se apresura a preguntar Giulia. Al no tener respuesta, insiste, como si estuvieran las dos solas—: Goa, ¿qué ha pasado?

—Estaba hablando con una amiga de Nueva York. Estoy segura de que la estaban escuchando y por eso ha ido dando rodeos e indirectas, pero podemos asumir que hay casos en Estados Unidos.

—Eso es imposible —salta Miranda, contundente, abandonando la esquina en la que estaba y poniéndose junto a Giulia. El runrun se apodera de la sala—. Nos habríamos enterado.

—Por lo que he entendido, hace como una semana que lo están encubriendo.

El silencio se apodera de la sala. Ningún político osa interrumpir.

—¿Por qué iban a hacer algo así? —susurra la presidenta, con voz ahogada.

—Orgullo, miedo; a saber —teoriza Giulia.

—O pura avaricia —sentencia Goa, con voz potente—. Si se destapa algo así, la bolsa se hunde. La economía se va al garete.

Y el país entra en crisis. Quiero suponer que han infravalorado al Decem y no que puedan priorizar el dinero a las personas.

—Cómo puedes plantearte siquiera algo así —se escandaliza la presidenta.

—Llevo demasiado tiempo tratando con este tipo de gente.

—¿Qué cantidad de casos hay? —pregunta Jaime, ciñéndose a los datos y huyendo de conjeturas.

La presidenta, que parecía dispuesta a entrar en una refriega, vuelve a centrarse.

—Qué más da —contesta Giulia—. Que haya casos en Estados Unidos nos pone en el peor de los escenarios, sean pocos o sean muchos.

—¿Y cuál es el peor de los casos? —inquiere Jaime, tensando el ambiente.

En los segundos que Giulia busca la forma menos mala de explicar todo lo que dicen sus predicciones, solo se escuchan respiraciones pesadas, preocupadas, concentradas. Intercambia con Goa una mirada triste y llena de significado. Solo ellas la entienden. Se apunta llamar en privado a su amiga cuando pueda. La imagen del mapamundi completamente rojo planea sobre sus ideas.

—Pues si hay algún caso en Estados Unidos y otros en París, independientemente del caso probable del avión, podemos asumir que hay difusión transoceánica y es ya máxima.

—¿Y eso qué significa? —insiste Jaime, al que las palabras «difusión máxima» le suenan muy mal. Pero su cerebro no es capaz de imaginar lo que indican las predicciones, y Elena, que las ha visto, lo sabe.

Busca las palabras correctas, pero es Giulia, con evidente abatimiento, quien lo hace por ella:

—Ya es tarde para cerrar el Estado. Llegamos tarde. Muy tarde.

—Y que la prioridad ahora es encontrar la forma de pararlo —apunta Goa.

—¿Pero decretamos el cierre del país o no? —pregunta la presidenta, interrumpiendo.

Goa y Giulia se miran incómodas. Nadie parece querer responder. Es Elena quien da un paso al frente:

—Hay que decretar el cierre absoluto, el estado de emergencia. Incluso cerrar los supermercados. Y cada uno en su casa quince días, como mínimo.

—Eso no es realista —apunta Jaime, escuchando y amortiguando la reacción que iba a tener la presidenta—. No podemos hacerlo. No tenemos los medios.

—Sí los tenemos —salta Miranda, muy seria, firme, sorprendiendo a Jaime, que siente su confianza traicionada—. El Ejército puede bloquear las carreteras, y la policía controlar dentro de las ciudades y pueblos. Podemos decretar el confinamiento absoluto.

El ambiente se enrarece. La angustia parece apoderarse de la sala.

—Los supermercados no pueden mantener a toda la población quince días sin que haya desabastecimiento —apunta Jaime, más activo que la presidenta.

—Habrá que encontrar la fórmula —interviene Miranda—. Si ellas, que son la máxima referencia científica de este país, nos dicen que hay que cerrar, pues cerramos. Es una irresponsabilidad tener esta información y no hacer nada con ella.

El adiestramiento militar de Miranda es evidente en sus palabras: seria y disciplinada, pensando en cómo gestionar la situación con el menor número de bajas, haciendo caso a las opiniones expertas. La presidenta sabe que tiene razón:

—Tendremos que reclutar bastante más gente que se encargue de que no haya desabastecimiento de alimentos.

—Entonces... —comienza Jaime, que no encuentra las palabras. Su garganta está seca como el desierto y hablar hace que le duela—. Exactamente, ¿qué se supone que tenemos que hacer?

Elena asiente ante la mirada suplicante del vicepresidente, pellizcándose el puente de la nariz. Le hace un gesto tranquilizador a Giulia, que adivina lo que le va a decir:

—Hemos elaborado una lista de sugerencias junto a la doctora Scamacca —saca un papel escrito por las dos caras—. Si les parece, podemos pasar a discutir estas resoluciones mientras las científicas se ponen a trabajar en lo que realmente deben.

Nadie osa oponerse a la sensata propuesta de la consejera.

Miranda escolta a Giulia hacia los laboratorios, el lugar en el que tiene que hacer su magia. Hasta ahora, ha pensado formas de frenar al Decem. Es el momento de poner a prueba cada una de esas teorías.

—¿Tienes confianza en poder frenarlo? —pregunta Miranda, sin que se note ni un ápice de emoción en su voz.

—Tengo teorías —dice Giulia, despacio, procurando no truncar ilusiones, pero sin dar falsas esperanzas—. Pero necesito datos experimentales. Sin datos, es absurdo hacer cábalas.

Miranda asiente en silencio y sigue su camino hasta el interior de un ascensor. Giulia la sigue. «Sería más fácil si Goa estuviera aquí —piensa, apretando los dientes—. No es lo mismo trabajar a distancia que en persona. Cuando termine la cuarentena, debería venir…».

En ese momento tiene claro que Goa no solo está en cuarentena por precaución, sino porque cree realmente que puede estar infectada. Siente cómo se le eriza hasta el último pelo del cuerpo y su corazón comienza a latir de forma notoria. La ansiedad le aprieta el cuello.

El ascensor desciende hasta un piso muy por debajo del nivel del suelo. Un vagón de metro las espera a unos quince metros de la abertura del ascensor. El pasillo es de piedra y está sin pintar.

—Lo sé —dice Miranda, ante la cara de incredulidad de Giulia—. Es tan poco glamuroso como sorprendente.

Esboza una media sonrisa que Giulia interpreta como positiva. Es la primera vez que bromea en su presencia. Caminan hasta el vagón, que no tiene conductor, sino que hay un panel táctil al que Miranda acerca su tarjeta. Las puertas se cierran y el metro comienza a moverse despacio.

Se sientan y el vehículo toma cierta velocidad. Miranda le entrega a Giulia una tarjeta similar a la suya, pero con el nombre de la científica. Debajo, unas letras negras ponen: PERSONAL FUNDAMENTAL. LCE.

LCE. El Laboratorio Central de España. *«¡Cuántas veces deseamos con Goa y Lejeune venir a trabajar aquí! Tantas veces…»,* piensa, con una oleada de melancolía. Cuando rechazaron a Lejeune, estuvieron una tarde entera riéndose del acrónimo LCE. «Lamentables Catetos Excéntricos», dijo Goa. Un triste cosquilleo sacude todo su cuerpo.

Giulia ha estado dos ocasiones en el LCE, siempre de visita. Es un edificio colosal compuesto por cristaleras. Para entrar, habitualmente hay que pasar unos tornos de seguridad estrictos. Pero ellas entran bajo tierra.

El metro se detiene y Giulia sigue a Miranda por un pasillo idéntico al que las ha conducido hasta el vehículo. Suben en ascensor similar, excepto que este está enmoquetado con un terciopelo rojo. Tras una interminable subida, salen a un pasillo que da a un ventanal de cristal enorme. Está en el LCE. Las circunstancias no son las ideales, pero está cumpliendo un sueño. Una imperceptible sonrisa se dibuja en su rostro. Enseguida la asalta la culpabilidad. Niega levemente, intentando sacudirse pensamientos negativos.

Escucha a medias el murmullo de los científicos que se van cruzando. Casi todos la reconocen. Entran en una sala al final del pasillo central del edificio, replicado en cada una de las plantas. Su pared exterior es una cristalera, fuera del cual se ve una plaza amplia semicircular, como un anfiteatro hacia el edificio. Hay una fuente en el centro de la plaza, y numerosos árboles, además de mucho espacio con bancos e incluso pistas de pádel y baloncesto en los laterales. Es la culminación de una urbanización a las afueras de Madrid.

La sala es amplia, con una mesa grande y varias sillas. Las paredes tienen pantallas y pizarras. Miranda no tiene que decirle que es su despacho.

«Dios mío —se dice a sí misma—, me tienen en altísima estima y creen realmente que puedo frenan el Decem. Espero poder estar a la altura».

Unas horas después, Giulia vuelve al hotel. Toma la salida normal, con los tornos, utilizando la tarjeta que le ha dado Miranda. El camino se le hace largo y el bullicio de la calle la agobia. «Tanta gente que desconoce la situación actual... Tan expuesta». Tiene llamadas perdidas de Adriana y de su madre, pero no se ve psicológicamente preparada para llamar a ninguna de ellas. Tampoco a Goa. No puede aportar nada a nadie que no sea ella misma en este momento.

Al llegar al hotel, se siente abrumada. Los laboratorios son maravillosos, y el equipo, tanto tecnológico como humano, es espectacular. Si existe alguna posibilidad de detener el virus, la encontrarán. Pero las teorías que ha puesto a prueba han sido descartadas sin esfuerzo, por lo que necesita devanarse los sesos.

«Aunque ahora lo que necesito es no pensar y reponer fuerzas», se dice, sentada sobre la cama de la exageradamente grande habitación en la que está. Le echa una ojeada al minibar. Hay dos pequeñas botellas de ginebra y otras dos de vodka. «No hay nada para mezclar... ¿Estará el bar abierto?».

Sabe que no es lo más prudente, pero también que es lo que necesita. Sin preocuparse de cambiarse de ropa, sale de su habitación con los mismos vaqueros y el jersey de lana que lleva desde que llegó a Madrid dos días antes. Contrasta con las escasas personas que se cruza, ataviadas con trajes y vestidos de gala.

Sus pensamientos siguen varados en el Decem. Le han confirmado en las últimas horas que hay casos compatibles en Israel, China o Australia, cosa que se esperaba, pero no tan pronto. «Que el virus se haya diseminado tan rápido es desconcertante —piensa, especialmente molesta con la falta de congruencia—. No cumple ningún tipo de cadena de contagio lógico, es casi como si se hubiera dispersado mágicamente. Casi artificial».

La frustración vuelve a asaltarla, y tiene que hacer ejercicios de respiración para calmarse. «Algo se me escapa y lo voy a descubrir. Pero no ahora. Mañana».

Aunque sabe que el bar de la azotea es el famoso, decide ir al del sótano, menos conocido y seguramente menos concurrido. En cuanto llega, se da cuenta de que ha tomado una buena decisión: hay dos hombres trajeados en un lado de la barra y dos parejas sentadas en sofás, pero decenas de sillas vacías. El espacio es pequeño y decorado con múltiples obras de arte. Las paredes están enmoquetadas como el suelo, y el lujo del lugar hace que sienta que quizá debería haberse cambiado de ropa.

El camarero la reconoce y se acerca rápidamente a ella. Es el único que lleva mascarilla de todos los presentes. Giulia se siente un poco avergonzada por no llevarla ella.

—Buenas noches, doctora Scamacca. ¿Qué desea?

Ella lo mira sorprendida. Viste un traje reglamentario y tiene el cabello engominado hacia atrás, con las cejas negras y espesas. Tiene un leve acento andaluz, pero nada que le sirva para reconocerlo. «*¿Quién es? ¿Por qué sabe mi nombre?*».

—¿Nos conocemos? —pregunta, de la forma más amable que consigue, aunque sus habilidades sociales flaqueen cuando no se siente cómoda. Y que un desconocido sepa quién es ella la incómoda.

—Oh, no, no. Los empleados tenemos su foto para poder reconocerla como cliente VIP Plus Platinum.

Giulia asiente, sorprendida, poco acostumbrada a un trato tan exclusivo e innecesario, esbozando una mínima sonrisa ante la rimbombancia del VIP Plus Platinum. Se sienta junto a la barra, lejos de los dos hombres trajeados, que la miran con aire de superioridad. El camarero le sirve una ginebra con tónica tras asegurarle que no tiene que pagar por nada de lo que pida. «Bueno. Que esperen de ti que salves el mundo tiene sus ventajas».

«Y también inconvenientes», piensa, mientras un hombre se sienta a su lado, como si se hubiera percatado de su importancia. Se vuelve hacia él con intención de decirle que se marche.

Es un hombre alto, de buen porte, con una mandíbula ancha y la cara relativamente cuadrada. Lleva un tupé sin gomina que parece estar a punto de desmoronarse, y, para su sorpresa, viste unos vaqueros similares a los de ella y una sencilla camiseta azul con rayas blancas horizontales.

—No busco compañía —dice la científica, despacio y menos borde de lo que esperaba de sí misma, superando la sorpresa ante la vestimenta de él.

—¿Ni siquiera de alguien de tu propio equipo? —pregunta, muy seguro de sí mismo, suscitando dudas en Giulia.

—¿Disculpa?

Lo mira de arriba abajo, evaluándolo. «*¿Y ahora quién es este? Parece el típico guaperas, pero esa frase para entrarle a alguien es curiosa cuanto menos*», piensa, buscando una explicación plausible para saciar su curiosidad y decirle que se marche. Se da por vencida y queda expectante a una respuesta.

El hombre sonríe, consciente de su pequeña victoria. Es una sonrisa encantadora, por lo que Giulia siente inmediatamente repulsión.

—Mi nombre es Andrés Arnaiz. —Giulia enarca una ceja. Le suena el nombre vagamente, aunque no es capaz de ubicarlo—. Soy el neurocirujano que Elena Torres ha reclutado para esta «batalla» que lideras.

—Entiendo —dice ella, poco impresionada—. Por lo que veo, mi fama me precede.

—En efecto, es un honor conocerte —asiente Andrés. Hace una leve reverencia—. Intentaré estar a la altura.

Giulia lo mira con desconfianza. «Está siendo demasiado sumiso —piensa, sin reblandecer su expresión ni un ápice—. Hay algo en él que no me gusta. ¿Es demasiado atractivo? ¿O tiene que ver con su actitud? Quizá es su aire embaucador, o que peca de confianza en sí mismo. Se quiere demasiado».

—La doctora Guix tiene la teoría de que, cuando el virus se acantona en el cerebro para reproducirse, queda en un estado latente durante días, formando masas sólidas potencialmente extirpables. ¿Tú qué crees?

Andrés hace una mueca. No es hacia donde quería dirigir la conversación.

—Eres muy directa. Me gusta. —Giulia frunce el ceño y él da un sorbo de su bebida, de un rosa claro, tras lo que adopta un semblante serio y comienza a gesticular, quizá en exceso—: Por los datos que me han dado, sí parece que forme una masa sólida, y yo me dedico a extirpar masas sólidas del cerebro. Llevo muchos años haciéndolo y soy de los mejores del mundo —hace una breve pausa, viendo como Giulia parece relajar su expresión un poco, y extiende los brazos—. Si eso va a curar el virus o no, creo que es más cosa tuya que mía.

—Al parecer se acantona ahí y solo ahí mientras duran las alteraciones del comportamiento. Por eso es tan difícil hacer un test para detectar infectados, a efectos prácticos está solo ahí.

—Pero entonces es poco contagioso en esa fase.

—Sí —reconoce Giulia, sorprendida por el buen nivel de Andrés—. Pero la fase anterior y la posterior son tan contagiosas que esa ventana de intransmisibilidad es testimonial.

—¿Pero cómo se contagia? Todavía no lo he llegado a entender.

Giulia resopla. «Ese es el gran misterio —se dice—. Si los patrones de contagio no fueran casi aleatorios…».

—No puedo responderte. Es anárquico.

—Bueno, me alegro de que el problema no sea mi estupidez. He de reconocer que me preocupaba un poco.

Giulia se da cuenta de que está empezando a cambiar sus sensaciones sobre el neurocirujano. Será un estirado y un creído, pero realmente parece que detrás de eso hay una persona interesante. Al fin y al cabo, Elena lo ha reclutado por ser el mejor en lo que hace. Es complicado no creerse importante en ese contexto.

Beben y hablan, hablan y beben, de temas de lo más variados, creando una cierta complicidad en la que ambos se sienten cómodos. En un silencio oportuno, sus ojos se cruzan. Y Giulia sabe que es el momento… de marcharse. Se pone en pie con torpeza.

—Mañana tengo un día intenso de laboratorio.

—Y yo de cirugías. ¡Voy a ser la primera persona en extraer Decem del cuerpo de alguien!

Él se pone en pie, tambaleándose. La irónica emoción que ha puesto en su voz la percibe incluso Giulia, con el alcohol embotando sus sentidos y potenciando sus emociones más básicas. La resistencia al alcohol de Andrés es bajísima, por lo que, aunque solo ha tomado dos copas, se tiene que sujetar en la barra para mantener la estabilidad.

—Ha estado bien la charla. La he disfrutado.

Andrés asiente, ciertamente desconcertado, sin saber muy bien qué decir. Giulia se marcha, dejándolo ahí de pie, en silencio.

«Menudo cuadro —se dice a sí misma—. Somos dos de las personas más importantes en la batalla contra el Decem y así estamos, borrachas en un hotel de lujo. Tenemos que salvar al mundo y, en vez de descansar o pensar, estamos bebiendo alcohol y empeorando nuestro rendimiento. Puede que la culpa sea nuestra por no saber manejar la presión de tener que proteger al mundo de un concepto tan abstracto como el virus, o sencillamente somos un atajo de irresponsables».

Está mareada, y subir escaleras no ha sido una buena opción, por lo que se detiene a esperar el ascensor. Se sube arrastrando los pies. En su móvil hay una notificación del laboratorio: ya está disponible la primera secuenciación.

«O tal vez poner el destino del mundo en las manos de un solo grupo de personas sea demasiada presión, e injusto. Puede que no seamos nosotras el problema, sino la gente que ha decidido que luchemos solas esta guerra».

La primera ojeada a la secuencia del virus no encaja. Hay genes que deberían suprimirse que no lo hacen y marcadores anómalos. Reconoce uno de ellos. El ascensor le da vueltas.

«Quizá el problema no sea humano, ni nuestro ni de nuestras superiores. Quizá el problema sea solo el virus».

Aunque la secuencia que tiene ante sus ojos carezca completamente de sentido biológico.

14

Jaime se sienta junto a Miranda, dejando un asiento libre entre ellos. Está angustiado. No sabe cómo gestionar el torrente de emociones que lo desborda. Ha discutido con la presidenta durante horas sobre lo que debe decir. No sabe cuánto lleva ya sin dormir más de dos horas seguidas o comer productos que no provengan de una máquina expendedora. Miranda bosteza, como si estuviera pensando lo mismo. Se miran y se cogen de la mano espontáneamente, con ternura.

La presidenta entra al estrado con el discurso impreso en papel. Coloca a su gusto los micrófonos mientras las cámaras son colocadas en posición. Deja caer su melena rubia tras sus hombros y sonríe confiada. Se aclara la garganta con un sonoro carraspeo.

—Mar, ¿estás? —le pregunta uno de los cámaras. Ella asiente—. Estamos en directo en tres, dos, uno...

Los focos y las cámaras apuntan a la presidenta Mar Rodríguez, que, con rostro solemne pero cercano y muy entero a pesar de lo temprano que es, comienza a hablar en directo para la escasa población que ya está despierta, y para la que lo escuchará en diferido en las próximas horas, que, si todo va según lo previsto, serán todos los millones de habitantes de España:

—Buenos días a todos y todas. Hoy comparezco para explicar la situación que, desgraciadamente, estamos comenzando a sufrir en nuestro país debido a un nuevo virus: el Decem.

»Estoy segura de que la mayoría no ha oído hablar todavía del Decem. Es un virus nuevo, más peligroso y contagioso que el coronavirus que ya conocéis, y al que vencimos unidos, aunque pagando un alto precio. En cuanto termine mi comparecencia, la ministra de Sanidad informará de los detalles de este virus. Esta emergencia sanitaria crea circunstancias extraordinarias que nuestra ley contempla, y permite dotar al Gobierno de España de los recursos legales y tecnológicos necesarios para hacerle frente. Amparados por la ley, declaramos el estado de excepción con carácter inmediato.

Hace una breve pausa, para que la audiencia asimile bien lo que ha dicho. Su entonación y timbre son impecables. También su postura corporal, firme y regia pero cercana.

—Durante todo el día de ayer y la noche de hoy, hemos estado debatiendo en una reunión extraoficial las medidas a tomar junto a los ministros y los líderes de la oposición. Durante el día de hoy, se ratificarán estas medidas excepcionales, pero puedo adelantar que los recursos económicos, civiles y sanitarios irán destinados a la protección civil. Responderemos a la emergencia social y económica con la máxima agilidad, con un uso eficiente y responsable de recursos que garantice el bienestar de la ciudadanía.

»La Administración y los Gobiernos autonómicos, así como la oposición, ya han sido pertinentemente informados, y quiero trasladarles mi gratitud por su comprensión ante las inconveniencias ocasionadas por esta emergencia que no entiende de fronteras internas ni externas.

»Sabemos que puede parecer exagerado, pero estamos solo en la primera fase de un arduo combate contra el virus. Nos esperan días difíciles y tomaremos medidas a la altura de esa dificultad. No podemos descartar que en los próximos días se disparen los casos dada la enorme tasa de transmisión que posee este virus. Debemos mantener la prudencia.

Jaime se remueve incómodo. «Antes de esto tenía que decir el número de casos —recuerda, aunque aprueba la omisión—. Es imposible que tengamos tan pocos casos con la contagiosidad del Decem —ha dicho Giulia, solo unas horas antes—. Hay algo que se nos está escapando, porque los contagios parecen casi aleatorios, en lugares que no deberían». El vicepresidente, aunque no entiende mucho de ciencia, sabe que son malas noticias y es acertado no dar un dato falso.

Jaime acaricia la mano de Miranda y la aprieta, sintiendo que eso lo hace volver atrás en el tiempo, a cuando era plenamente feliz. Resopla. Las noticias que está dando la presidenta son catastróficas, y eso que han acordado no mencionar nada respecto a los cientos de muertos e incontables heridos del hospital que se ha derrumbado en Barcelona. «Eso sí que causaría impacto —se dice Jaime, que cruza con Miranda una nueva mirada llena de complicidad, aunque triste—. Ojalá las cosas fueran tan sencillas, como cuando estábamos juntos, antes de que se marchara a Libia...».

Ella lo comprende sin necesidad de palabras. Su línea de pensamiento es similar. Nunca fue tan feliz como en la época que vivía con Jaime.

La presidenta continúa su discurso:

—Desde el Gobierno, daremos nuestro cien por cien, igual que los profesionales de la salud, nuestro escudo frente al virus. Con su entrega y su sacrificio nos protegen y merecen nuestro reconocimiento y la máxima gratitud. Nos sacarán de esta.

»Pero solos no pueden. Necesitan del resto de compatriotas. Os necesitan. Nos necesitan. Necesitan que os protejáis al máximo para proteger a nuestros seres queridos, con el deber personal de seguir a rajatabla las indicaciones de los expertos que nos asesoran. El confinamiento domiciliario será obligatorio para toda la ciudadanía, excepto en casos puntuales que serán debidamente aclarados por la ministra de Sanidad.

»Confiamos plenamente en la colaboración ciudadana, pero, para mantener el orden y la seguridad de los que vivimos en este país, se activarán dispositivos móviles de patrullas de fuerzas de seguridad. Desde el Gobierno de España, haremos lo que haga falta, cuando haga falta y donde haga falta. Y por eso declaramos el estado de excepción.

»Por último, me gustaría apelar directamente a todos y todas, compatriotas. La victoria depende de cada uno de nosotros, en nuestro vecindario, en nuestro hogar, en nuestra familia. Podemos ser héroes. Porque hoy, el heroísmo consiste en quedarse en casa y protegerse, para así proteger al resto y derrotar a este nuevo enemigo invisible. Este virus solo lo pararemos unidos.

»Muchas gracias.

Los escasos veinte asistentes a la rueda de prensa aplauden a rabiar. Excepto Jaime, que se queda quieto, con la sangre helada y la garganta seca. Ni siquiera los ojos tiernos de Miranda aplacan su ansiedad, aunque apretar su mano y sentirla cerca lo reconforta.

La ministra de Sanidad releva a la presidenta para explicar las restricciones que se van a tomar. Serán enormes, pero insuficientes. Jaime lo sabe.

Y no puede dejar de pensar en ello.

En cuanto termina la comparecencia, Miranda y Jaime son de los primeros en abandonar la sala. Él está callado, pero que mantenga la mano de Miranda cogida dice más que todas las palabras del mundo.

Recorren los pasillos así, cogidos de la mano. Miranda se plantea soltarlo, muerta de vergüenza de que alguien pueda verlos. Pero sabe que Jaime la necesita. Alcanzan el despacho del vicepresidente y solo una vez en su interior sus dedos se separan.

Jaime se deja caer en su silla y resopla con fuerza.

—Estamos jodidos.

—Lo sacaremos adelante, como siempre.

La respuesta hace que Jaime sonría.

—Tú siempre tan positiva…

Miranda le devuelve la sonrisa. El torrente de emociones que recorre su cuerpo poco o nada tiene que ver con el discurso al que acaban de atender y sus implicaciones. Por primera vez desde hace tiempo, se siente nerviosa. Como si fuera la primera vez que está frente a una persona por la que se siente atraída, como si no lo supiera todo de la persona que sonríe ante ella. Sencillamente, porque no tiene confirmación de si sus sentimientos son correspondidos.

Cuando la teniente se decide por intentar tener una conversación al respecto, su móvil militar la interrumpe. Lo saca del bolsillo palideciendo, consciente de que ese terminal suele estar reservado para emergencias.

—Aquí la teniente Alaoui —responde, ante lo que Jaime la mira con interés. Sabe que su rostro de preocupación al responder implica una situación anormal.

—Buenos días, teniente —dice una voz grave y autoritaria que Miranda reconoce al instante—. Esta conversación es estrictamente confidencial. ¿Puede hablar?

Mira a Jaime elocuentemente. Él sabe que no puede escuchar lo que va a hablar. Es uno de los mecanismos que recuerda de cuando vivían juntos. Se levanta sin decir nada y sale de su propio despacho arrastrando los pies.

—Adelante, excelentísimo general.

En la distancia, el general de más alto rango de todo el Ejército, el general Carreño, sonríe. Le encanta que recuerden su apelativo.

—La he seleccionado personalmente para que forme un dispositivo de control de carreteras. Consistirá en dirigir y coordinar todos los controles que se impongan en las fronteras terrestres de la Comunidad de Madrid. Todos los dispositivos responderían ante usted —hace una breve pausa en la que espera una respuesta que no llega. Miranda se ha quedado fría—. ¿Qué opina, teniente? ¿Le seduce la operación?

Miranda piensa antes de hablar. Sabe que no puede rechazar un proyecto propuesto por Carreño, pero en realidad le acaban de preguntar por su opinión personal, lo que le brinda la oportunidad de decir lo que realmente piensa, siempre que mantenga la compostura y cordialidad por su superior.

—Con el debido respeto, excelentísimo general, creo que puedo ser mucho más útil y diferencial en la posición que actualmente ocupo, como enlace entre los altos mandos militares y el equipo científico.

—Entiendo a lo que se refiere, teniente, pero debe ser ambiciosa. La función que desempeña actualmente no está acorde con su valor. Su talento está desperdiciado en ese puesto.

Miranda no sabe si sentirse halagada o decepcionada. Le gusta el trabajo que está haciendo, y además le permite estar cerca de Jaime, pero es cierto que casi cualquier soldado de su rango podría hacerlo. «Aunque coordinar los controles no es lo que más me apetece», reflexiona, con la mirada clavada en la silla vacía en la que debería estar Jaime.

—Tal vez le parezca una misión de escaso valor, pero tengo que decirle que ahora mismo es la más importante que se va a desempeñar en todo el territorio nacional. Y muy compleja. Si tuviera éxito, sería valorada muy positivamente…

Ella entiende a la perfección a lo que se refiere. El general Carreño jamás prometerá nada, pero sus palabras dejan entrever un ascenso, del que a su edad y retirada ya de primera línea, francamente, había desistido. La tentación es demasiado grande como para seguir resistiéndose. Sus ojos siguen fijos en la silla. El corazón se le encoge.

—Además, no tendría que alejarse de Madrid. Solo se le requeriría recorrer el perímetro de la Comunidad durante la primera semana, para comprobar que el dispositivo es eficaz.

Traga saliva, consciente de que sus horas en el edificio de presidencia se acaban. «Una semana, no es para tanto —piensa, pues marcharse lejos de Jaime es su mayor pega para aceptar la suculenta propuesta—. Puedo hacerlo. Solo una semana. Y después recoger lo sembrado. ¿Cuánto puede cambiar la situación en una semana?».

Y, con el juicio nublado y completamente equivocado, pregunta:

—¿En qué consiste la misión?

15

—¿Has escuchado a la presidenta? Es oficial... —pregunta Paula.

Macarena está junto a ella, preparándose el desayuno.

—Sí. Me da un poco de miedo ir al turno, pero sé que se me necesita en el hospital. Es justo como tú dijiste.

Paula asiente, aunque poco convencida. Es consciente de que la batalla contra el virus la va a llevar al límite de sus fuerzas. Ya le pasó con la pandemia del coronavirus, que la pilló de estudiante. «Ojalá marcharme a casa, a Lanzarote, y no volver a tener que pasar por esto otra vez. Pero es más seguro quedarme aquí». También coquetea con la idea de volver a Barcelona con Darko, pero sabe que es infantil pensar que puede cruzar media península. Está preocupada por él. «No he sabido nada de él desde ayer».

—Yo me voy a quedar aquí confinada —resuelve Paula—. No me voy a presentar a la guardia ni a ningún turno.

—Eso es bastante egoísta —espeta Macarena, conteniendo en su tono la rabia que siente—. ¿Te das cuenta de que eres necesaria, no? Si realmente este virus es tan grave como parece, las sanitarias somos las armas de la sociedad. Si nos borramos...

—Podremos sobrevivir —contraataca Paula—. No sabemos nada de este virus, nada aparte de que mata a todo el que se infecta. ¿Cómo se supone que vamos a atender a personas infectadas y protegernos si no sabemos cómo?

Macarena se queda callada, en busca de una respuesta adecuada. No reconoce como propia la rabia que hierve en su interior. Siempre ha sido una persona calmada a la que no le gusta discutir. Pero siente que la furia está acumulándose como en una olla a presión.

—Además —añade la doctora, convencida de su postura—, ¿qué vamos a hacer? ¿Observar cómo la gente se muere sin poder hacer nada por ella? ¿Cogerles la mano mientras mueren?

Macarena niega con fiereza, sintiéndose obligada a aligerar la desbordante presión de su interior:

—¡Para una persona que se está muriendo tener alguien cerca es un mundo! ¡Es fundamental! Nadie debería morir solo.

Los ojos de Macarena se llenan de lágrimas, recordando los primeros meses del coronavirus, donde fundamentalmente se dedicaba a mitigar el sufrimiento de los pacientes con medicación y dándoles la mano. Que Paula menosprecie eso que tantas secuelas le causó es demasiado para ella, y comienza a llorar desconsolada.

«He sido poco sensible», se lamenta Paula. Se acerca a su amiga y la abraza, tratando de consolarla.

—Lo siento mucho —dice, sincera, pero sin retractarse. No lo hará, porque piensa lo que ha dicho, aunque haya dañado a su amiga.

Su teléfono interrumpe el abrazo. Es Darko. Han pasado más de doce horas desde la última vez que le respondió un mensaje. «¡Hombre, ya era hora! ¡Con los tiempos que corren!».

—¡Darko!

—Hola, Paula.

Su voz es tan lastimosa que frenan sus reproches antes de que comiencen.

—¿Qué pasa?

Darko se aclara la voz. Las quemaduras que la ceniza le ha provocado en las vías respiratorias todavía le duelen. Carraspea afónico.

—Nos atacó una persona con Decem. Incendió el hospital… y se derrumbó. Al parecer, los infectados se vuelven muy agresivos.

«¡¿QUE PASÓ QUÉ!? —grita interiormente Paula—. ¿Se ha derrumbado el hospital? ¿Qué clase de catástrofe ha ocurrido?

¿Cuánta gente habrá muerto? ¿Cuántos conocidos y amigos...? ¿Por qué la presidenta no ha dicho nada?».

Súbitamente, nota el corazón a punto de salirse por su boca.

«¡Darko!».

—Antes de que te vuelvas loca, estoy bien —se anticipa Darko, con un deje de superioridad arrogante—. Estamos bien. Me han ingresado porque querían vigilarme de cerca —tose, por el esfuerzo realizado—. Pero hoy me darán el alta ya. Estoy bien.

Paula no sabe cómo sentirse. Por un lado, está furiosa por sus formas, pero, por otro, quiere abrazarlo. El sentimiento que le queda es de impotencia. Y entonces le asalta una duda:

—¿El resto...?

—David y Marc son los que están peor de los que sé que consiguieron salir del hospital antes de que se derrumbara. Marc está bien, tiene quemaduras feas, pero está bien. David... Lo tienen sedado por ahora. Fue un poco caos todo, sé que Claudia Isabel está bien, pero hay mucha gente de la que no sé nada, y seguramente...

Paula asiente, con una opresión en el estómago que no hace más que aumentar.

—Me alegro de que estés bien —susurra, sintiendo un peso de culpabilidad injustificada—. Me gustaría estar ahí.

—No te preocupes. Estoy bien. Te llamaré en cuanto pueda, ahora vienen a verme los médicos. Protégete. Quédate en casa.

—Lo haré. Te quiero.

—Lo sé. Yo también.

Darko cuelga y Paula no puede contener las lágrimas. «Ojalá pudiera estar ahí con él», se repite ella, sollozando. Macarena se acerca a ella con cautela. A pesar de que Paula la ha herido antes con sus palabras, quiere estar ahí para ella.

—Era Darko —dice, con el rostro ahogado en lágrimas—. Una persona con Decem ha destruido mi hospital de Barcelona —Macarena la mira sin terminar de entender, y Paula añade—: Darko ha dicho que lo había incendiado y se había derrumbado.

Macarena se lleva ambas manos a la boca en señal de sorpresa.

—Es imposible que no nos hayamos enterado de nada. La presidenta...

A continuación, se detiene y frunce el ceño. Dejando la frase a medias, recurre a las redes sociales en busca de información. No tarda en encontrar lo que busca: hay un vídeo de la fachada del hospital hundiéndose y cayendo a continuación contra el asfalto, levantando una nube de ceniza y polvo que coincide con el final del vídeo.

Conmocionadas, se quedan en silencio, conscientes de que la información que les llega desde el Gobierno no es completa, y que salir a la calle es mucho más peligroso de lo que imaginaban. Se sienten casi traicionadas.

—Entiendo que desistes en volver al hospital —termina por decir Paula, tras muchos minutos de procesar lo que acaba de ver. Al final, no puede hacer nada al respecto salvo protegerse a sí misma y a los que la rodean.

—¡Más que nunca somos necesarias! —exclama Macarena—. ¡Tenemos que ayudar a los demás! ¡En eso consisten nuestras profesiones!

El gesto de Paula se ensombrece, consciente de que no hay nada que pueda hacer para convencerla. Niega en silencio, pero elude seguir discutiendo.

—Solo te diré que tengas mucho cuidado. Por favor.

—¿Por mí o por ti?

El ataque directo de Macarena es tan certero como inesperado. La propia enfermera se sorprende de ser tan brusca. Habitualmente no es tan agresiva.

—Por los tres —dice, poniéndose una mano sobre el vientre.

—Eres una egoísta, Paula. Estás dejando a tus compañeras en una situación incluso más precaria. La atención a los pacientes será pésima. Y será tu culpa.

Mikel se asoma al salón con los ojos llenos de legañas y los rizos alborotados justo cuando la doctora se pone en pie violentamente.

Ni se inmuta por la presencia del chico y señala a la enfermera, acusadora:

—¿Quieres ir al hospital a exponerte? ¡Pues hazlo! ¡Muere por vocación! ¡Pero no intentes hacerme sentir mal por querer protegerme!

Macarena no sabe qué decir. Sabe que ha empezado ella la discusión, pero nunca había visto a Paula tan enfadada. Nunca la había escuchado levantar la voz.

—Espero que cuando veas morir a gente por la televisión no te arrepientas de ser una cobarde —sentencia Macarena, implacable, con la rabia volcánica renovada, surgiendo de su interior.

Paula cede. Grita de frustración y se marcha a su habitación. El portazo hace temblar los cimientos del piso. Mikel le hace una mueca de incomprensión a Macarena, que decide ignorarlo por completo.

El chico no ha entendido lo que ha ocurrido, y el desprecio con el que Macarena lo ignora le duele especialmente. Sin embargo, aunque con el corazón herido, vuelve a meterse en la cama. Por supuesto, no ha escuchado el discurso de la presidenta.

Los minutos pasan y Mikel no consigue coger el sueño. Quiere creer que es por el cómic, pero en el fondo de su ser sabe que no tiene nada que ver con eso. Sin dejar de dar vueltas en su cama, tiene conversaciones imaginarias con Macarena. En todas sale vencedor y se vuelve a acostar con ella. Aturdido por sus propios pensamientos, se pone en pie. Sale de su habitación con intención de visitar el baño, deseando que eso lo ayude a dormir. Pero al abrir la puerta, se topa con Macarena, vestida y con el bolso de trabajo listo para marcharse. La mira con extrañeza.

—Yo…

—Deberías quedarte —responde él, inocente—. Es muy peligroso. Tú me lo dijiste a mí ayer.

Macarena se encoge de hombros, consciente del viraje que ha dado en las últimas horas. No puede hacer nada contra el argumento de Mikel, que en cierta manera es su propio argumento. Sin embargo, está decidida a cumplir con su deber. Tiene sentimientos encontrados, y precisamente por eso necesita marcharse y no tiene ganas de discutir más. No puede. Da otro paso hacia la puerta.

—Es mi decisión.

—¡Por supuesto! Pero quiero que estés a salvo.

De repente, aunque Macarena ya lo daba por concluido y había pasado página, se detiene y se vuelve hacia él. Las palabras salen solas:

—No tienes que protegerme, ni yo a ti. No nos debemos nada. Hemos follado juntos una noche, nada más. Seguimos siendo desconocidos. Eres mi compañero de piso, y yo, tu compañera de piso. Nada más.

—Eso no es cierto —dice Mikel, muy serio, sintiendo una brecha en su corazón—. Tú eres Macarena, y yo soy Mikel. No somos desconocidos. Eres andaluza, de Málaga, tienes una hermana médica con la que te llevas muy bien. Te gusta la fiesta, pero también quedarte...

—Para —lo corta Macarena, aturdida y sin saber si sentirse halagada por la atención que le ha prestado o más bien acosada—. Para. Debo irme. Moralmente no puedo no acudir al hospital.

—Eres demasiado importante para mí. No sé qué haría sin ti.

Las palabras son suyas, pero Mikel no las siente como propias. No porque no las piense, sino porque jamás se ha expresado de tal manera ante alguien que lo atrae. Podría interpretarse de muchas maneras, de no ser porque el joven está rojo como un tomate.

Ella hace el amago de acercarse, pero termina negando con la cabeza, incapaz de articular las palabras que desea. Sabe que, si le sigue ofreciendo demasiada resistencia, puede terminar cediendo. Y no quiere hacerlo.

—Esto no tiene que ver contigo o conmigo, sino con todo lo que está pasando. No somos el ombligo del mundo y tenemos que adaptarnos a las situaciones. Solo podemos jugar con las cartas que nos dan. Me necesitan en el hospital.

—Pero no es seguro.

—No, claro que no lo es. Pero es mi deber.

Macarena repite el argumento principal de la discusión frente a Paula, consciente de que es ganador. Mikel la evalúa, indeciso, incapaz de recordar los detalles que Paula le contó el día anterior del virus. Viendo que él se queda sin razones, Macarena enfila la puerta, resoplando, considerando que la conversación ha terminado y es suficiente.

—Siento mucho lo del jueves por la noche —salta él, a la desesperada—. Estaba muy borracho.

Macarena recupera el interés y separa su mano de la puerta. Enarca una ceja, como preguntándose a qué parte de la noche se está refiriendo. Como no dice nada, Mikel continúa:

—Siento no recordar exactamente lo que pasó y si me porté mal. La verdad es que me pareces una persona maravillosa, además de extremadamente atractiva.

Macarena se queda de piedra. Acaba de recibir una declaración de amor en toda regla. Desde el instituto no tenía una conversación así. Su cerebro intenta hacerla reaccionar, pero su cuerpo se niega. «*¿Qué se supone que se hacía en estas situaciones?*».

—No me tienes que decir nada ahora —la tranquiliza él—. Solo no te vayas. Por favor. Es muy peligroso.

Macarena da un paso hacia él, totalmente desconcertada con la propuesta. «*¿De verdad le gusto tanto? ¿O es solo otro de sus caprichos de niñato? ¿Ha sentido también él ese cosquilleo que hace que pierda la cordura?*». No sabe cómo de seria es la propuesta, pero lo mira con expresión apenada. Otra oleada de responsabilidad y tristeza le recuerda su situación. Es imposible convencerla. Sin embargo, hace que pase por su mente un destello de duda, y es mucho más de lo que esperaba. Pero la duda se desvanece tan rápido como ha aparecido al no decir él nada más. Su expresión no es suficiente.

—Yo... Volveré pronto. Sana y salva. Te lo prometo.

Mikel se queda envarado a dos metros de ella. Sabe que es momento de dar un paso adelante, literal y figuradamente, pero ni sus piernas ni sus labios se mueven. Se limita a asentir.

Macarena siente una leve decepción, pero responde con una sonrisa tranquila. Nada le gustaría más que saltar sobre él y descubrir los cientos de matices que esconde. Pero no es el momento. Da otro paso hacia él y lo abraza con fuerza. Él devuelve el abrazo.

No sabe qué decir, y no dice nada. Ella lo agradece. Le da un beso en la mejilla y le pasa la mano por la nuca, de una forma que él interpreta como altamente erótica. Enrojece al instante, pero no reacciona.

—Gracias —dice ella—. Por hacerme sentir algo más.

Suspira mientras se separa de Mikel. Da dos pasos hacia atrás y coge de nuevo su bolso. Él asiente con una expresión muy neutra, pero tiene las entrañas removidas al sentir que está perdiendo la oportunidad de besarla. También ella tiene sensaciones difíciles de explicar.

—Suerte —se despide él, consciente de que la situación lo ha desbordado. Siente un impulso de lanzarse a por ella y besarla, pero se queda paralizado otra vez—. Cuídate mucho.

—Lo haré. Hasta pronto, Mikel.

La puerta se cierra y los suspiros silenciosos ocurren a ambos lados. Mikel se sienta en el suelo. Se queda un buen rato sobre las frías baldosas, hasta que el hambre lo asalta. Resopla y se pone en pie. «Tengo que comenzar a entender *qué* es exactamente el Decem».

16

Lo primero que hace Giulia al despertarse es revisar los datos obtenidos el día anterior, aunque se siente más lenta de lo habitual. Ha dormido menos de lo que debería y el alcohol todavía colea en su sistema, aunque más como resaca que como embriaguez. Sin embargo, sus conclusiones son las mismas, y eso implica que Goa le debe explicaciones. Tras ducharse, pone un trozo de pan en la tostadora y teclea su número. Es de los pocos que sabe de memoria.

—¿Estás sola? —es lo primero que dice la científica desde París, para añadir—: ¿La línea es segura?

—Sí.

—¿Qué quieres saber?

—Ayer comencé a echarle un ojo al virus, y saqué una primera secuenciación que me llegó de madrugada. Al principio pensaba que era porque estaba borracha, pero ahora no tengo dudas. ¿Cómo de metida estás?

No era la pregunta que esperaba Goa en absoluto, que entiende la acusación y responde a la defensiva, aunque en cierta manera deseaba que su amiga lo descubriera:

—Yo no lo he editado ni tengo que ver con su creación.

—Pero sabías que lo estaban haciendo.

Aunque no la ve, Giulia sabe que Goa se está mordiendo el labio inferior.

—Sí.

Giulia suelta un bufido lleno de significado.

—¿Por qué no me lo contaste antes? Cuando estaba en Barcelona.

—¿Vergüenza? ¿Culpabilidad? No lo sé. Lo siento. No me pareció tan relevante.

—Lo es porque estaba intentando encontrar el origen evolutivo —el fastidio de Giulia es evidente—. He perdido dos días de investigación para descubrir que es artificial. Cuéntamelo todo. Ya sé que es cosa de Lejeune, las cajas TATA están marcadas con su firma, pero quiero saber por qué y cómo.

—Ya sabes lo que le gusta editar genomas —comienza Goa, con cierta resignación—. Una compañera encontró el programa del genoma fluido y le hizo gracia intentarlo. Lejeune... ya lo conoces. Llevaban seis meses trabajando en sus ratos libres, tomando de base un híbrido entre el herpes uno y el cuatro. Habían inmunodeprimido a una rata y se lo inyectaron, para ver cómo se comportaba. No creían que pudiera infectarla, pero vaya si lo hizo. Y la rata se lo pasó a ella y a los otros animales.

Giulia sopesa las palabras de Goa.

—Eso no explica los casos de Estados Unidos, Israel o Australia.

—No puedo ayudarte con eso. Se me ocurrió que se infectara algún tipo de ave migratoria, pero es que no hay ninguna ave ni animal de ningún tipo que migre de esa forma, no tan rápido. Tampoco cuadra con movimientos de personas, hay casos en sitios demasiado aislados. Se nos está escapando algo importante.

Giulia se queda en silencio, reflexionando. «No hay animales que migren de la forma en la que lo ha hecho el virus. A no ser...». Pasan unos segundos, que Goa interpreta como que su amiga está a punto de descubrir algo. Es una situación que era habitual cuando trabajaban juntas.

—¿Tenemos forma de comprobar los flujos migratorios de los animales?

—Seguro que sí —responde Goa, desconcertada.

—No hay palomas en Madrid. Al principio pensaba que habrían controlado la población, y al ser invierno... Pero no hay palomas. ¡No hay palomas, Goa!

La emoción de Giulia aumenta por momentos. Goa se pone a buscar información en su ordenador, frenética, consciente de que, si la idea que acaba de tener su compañera es acertada, pueden haber resuelto uno de los mayores problemas que tenían respecto al virus.

«Aunque saber cómo se ha expandido no nos ayudará a curarlo —se recuerda Giulia, frenando su emoción—. Pero sería nuestra primera victoria».

El silencio de Goa es sinónimo de información interesante. «Tengo razón —se dice Giulia—. Esas palomas ya no están aquí porque están infectando al mundo».

—Dios mío —susurra Goa, confirmando sus sospechas—. Pero esto es muy extraño. No son solo las palomas. En las últimas semanas han comenzado migraciones masivas y sin ningún tipo de sentido biológico múltiples especies de aves, desde Europa hacia el resto del mundo.

—¿Desde Europa? —se extraña Giulia—. ¿O inicialmente desde París?

—No, desde toda Europa a la vez según esto.

—Pero eso no tiene sentido —se frustra Giulia, que creía haber descubierto el vector de contagio—. Claramente están infectadas, pero ¿cómo se han contagiado si no han pasado por París? ¿Y cómo se han contagiado tan rápido?

—¿Fuentes de agua?

Giulia niega con la cabeza, y aunque Goa no lo ve, lo sabe. Se conocen demasiado.

—Le daré vueltas. Creo que hemos avanzado. Aunque no encaje del todo, tengo la corazonada de que tenemos razón.

—No cuelgues, por favor —dice Goa, adivinando las intenciones de su compañera.

Giulia se sorprende al principio, pero el silencio de Goa es elocuente. Tiene que hacer acopio de todas las fuerzas que tiene para preguntar:

—Goa..., ¿estás infectada?

Al decirlo en voz alta, una enorme ansiedad se apodera de ella mientras espera la respuesta. Solo se había sentido de forma similar cuando recibió un correo del Gobierno en relación con el proyecto de su doctorado y cuando le pidió matrimonio a Adriana. Momentos vitales.

—No tengo síntomas.

—Pero sospechas que lo puedes tener.

La respuesta le indica a Giulia varias cosas. La primera y más importante, que no tiene evidencia que diga que está infectada. La segunda y cerca en relevancia, que tiene una buena razón para sospechar que está infectada. Y eso significa que ha tenido algún contacto de riesgo. Teniendo en cuenta lo contagioso que es el virus, lo difícil es que no lo tenga. «Pero, mientras no tenga síntomas, hay que mantener la esperanza», se dice. Aunque como una de las mejores científicas del mundo, la fe, la esperanza y apostar contra las probabilidades le parecen lo mismo: una estupidez desinformada.

—Me he pasado la semana entera con Lejeune y el equipo. Comiendo, trabajando. Somos quince. Quedamos dos asintomáticos…

La información cae como un jarro de agua fría, a pesar de que se aferra al clavo cada vez más ardiente de que todavía no hay evidencia de contagio.

—Mientras no tenga síntomas —continúa Goa, sintiendo escalofríos—, puedo seguir investigando. Mis compañeros... Lo hablamos entre nosotros. Se han convertido en los pacientes voluntarios para avanzar con el ensayo clínico. Les hemos dado de todo. Aciclovir, brivudina, foscarnet, ribavirina, paxlovid... Todo el arsenal disponible. El valaciclovir y el foscarnet parecen alargar la fase asintomática, así como la fase de acantonamiento en el cerebro, pero nada más. Aunque no tenga evidencia de que esté infectada, estoy tomando ambas.

Giulia no dice nada al momento, pensativa, siguiendo un hilo en su mente que se le ha ocurrido con las palabras de su amiga. Y se hace otro silencio. Goa sabe que está madurando otra idea y le deja espacio.

—El cuaderno de Lejeune —suelta Giulia, dos minutos después—. Lo debe tener todo apuntado, y no me creo que no pensara en cortafuegos si el asunto se descontrolaba.

—Nos lo habría dicho antes de estar sintomático —rebate Goa—. Él mismo sugirió que tomáramos esos antivirales antes de que lo tuviéramos que sedar.

—¿Y si antes de los síntomas realmente no son completamente asintomáticos? ¿Y si ya hay alteraciones del comportamiento o deterioro cognitivo leve? Mira su libreta, quizá haya algo útil.

—En realidad, eso es interesante —acepta Goa—. Él sugirió esos antivirales muy pronto, como si tuviera más información de la que realmente compartía con nosotras. Voy a buscar su cuaderno. Te aviso si encuentro algo.

Giulia se sume de nuevo en sus pensamientos y todas las formas posibles de matar un ser inmortal. Se plantea escuchar el discurso de la presidenta, pero lo desecha enseguida. Nada de lo que pueda haber dicho cambiará sus planes. Solo servirá para enfadarla.

«Creado por Lejeune y las aves como vectores de contagio. Poca cosa, pero al menos tenemos por dónde empezar», se dice, consciente de que le espera otro día larguísimo.

Goa busca el cuaderno que Lejeune siempre llevaba consigo. Se da cuenta de que cuando comenzó con los síntomas ya llevaba un tiempo sin verlo, lo que refuerza la idea de que Giulia pueda tener razón. Se lo toma como un punto más a que ella no está infectada. Se daría cuenta si bajara el rendimiento. «¿O no?». Lo que peor lleva es la incertidumbre. Eso, y ver cómo las mejores mentes de Europa caen enfermas y mueren sin que pueda hacer nada por evitarlo.

Precisamente, eso es lo que quiere hacer, mejorar sus prestaciones y conseguir frenar al virus. Han dado con los antivirales que alargan la fase asintomática, y por ahora los enfermos avanzan, pero muchísimo más despacio. «Liz murió en cuestión de ocho días —se dice Goa, sintiendo una punzada en el pecho—, Lejeune y Cornet están en la fase final, pero siguen vivos. Liz solo duró dos días en esta fase y ellos ya llevan tres. Parece que hemos avanzado… Aunque puede que solo sean variaciones entre personas».

Comprueba instintivamente el reloj, y se da cuenta de que lleva demasiado tiempo buscando el cuaderno. Se mueve por las salas del laboratorio que tan bien conoce, y se reúne con su otro compañero sano en la sala de hospital improvisada que han montado. El hombre, de cincuenta años y una calva completa, le indica que la sala de conferencias está ya habilitada. Se visten con trajes aislantes y mueven a Lejeune, completamente sedado, hasta la sala, rehabilitada como quirófano, inicialmente para los chimpancés. Y ahora, para humanos.

Goa se quita el traje de protección y acepta la videollamada desde Madrid. La cara de Elena aparece, junto a Andrés. La científica se sorprende al verlo. Es mucho más atractivo de lo que se había imaginado, aunque sus ojeras le indican que ha dormido menos de lo que debería. Si le contaran que en realidad estuvo compartiendo unas copas con Giulia, no se lo creería.

—Soy la doctora Guix. Un placer conocerlo, doctor Arnaiz. Por lo que tengo entendido, tienes la habilidad del doctor Rius en tus manos, pero con la osadía de la juventud.

—Yo no...

—Es un cumplido —lo corta al vuelo Goa—. La consigna es clara: quiero que cojas esa osadía, la juntes con tus habilidades y extraigas trozos de materia gris y blanca como haces todos los días. Nadie ha quitado nunca virus como masas sólidas porque no existe ningún otro virus que se comporte así, pero eres el mejor quitando metástasis… ¿No eras tú quien publicó junto a Rius su famoso artículo de extracción de más de veinte metástasis cerebrales simultáneas? Y con una supervivencia más que notable.

Andrés asiente. Elena siente una punzada en el pecho, recordando perfectamente la época en la que estaba realizando ese estudio junto a su mentor. Fue una época dura, de verlo muy poco a pesar de compartir vivienda. Se da cuenta del impacto que tuvo en el campo científico, con el que nunca se ha llevado bien, pero siempre termina irremediablemente ligada de una u otra forma.

—Solo te pido que quites zonas del cerebro como si fueran metástasis —continúa Goa, convencida—. Te estoy mandando ahora mismo un archivo con un PET-HHV, que detecta básicamente los puntos calientes de replicación del virus. Las zonas que quiero que extirpes.

—Como si fueran metástasis —asiente Andrés, convencido, mirando en el ordenador las imágenes recibidas—. En eso soy el mejor.

—Eso es lo que quería oír. Mantendremos comunicación directa en todo momento, y yo estaré también participando en la intervención.

—Un momento —se para Andrés—. ¿Tú? ¿Pero tú no estás en París?

En ese preciso instante, Andrés se da cuenta de que está a punto de extraer partes del cerebro de un paciente que probablemente no verá jamás. De alguien infectado por Decem... en París.

—Sí. Elena te llevará a la sala del Da Vinci.

La consejera le hace un gesto para que lo siga, y él se fija en que se pellizca la nariz.

Mientras Elena y Andrés van a la sala del mismo edificio desde la que se han operado pacientes ubicados en Estados Unidos, Rusia, Alemania e incluso en mitad del océano Atlántico, Goa se prepara vistiéndose con el traje de protección para realizar la primera operación en humanos de la máquina de su laboratorio.

Andrés llega a la sala y sonríe al ver en el centro un modelo de máquina de cirugía a distancia idéntico al que tiene en Barcelona y ha utilizado ya varias veces. Sonríe lleno de confianza y visualiza una vez más la imagen del PET-HHV, que queda en la pantalla junto a la máquina y se marcará virtualmente sobre el cerebro del paciente en cuanto inicie la operación. El centro de control del robot que se moverá en París se compone de una torre de un metro de ancho y uno y medio de alto por uno más de profundidad. La parte frente a ellos tiene una abertura para las manos del cirujano, y un lugar en el que poner la cara para ver todo lo que están haciendo en la distancia. Se sienta en la silla y hace crujir sus dedos.

—¿Preparado? —pregunta Elena.

—¿Para operar? Siempre.

Su sonrisa remueve las entrañas de la consejera, que la devuelve tímidamente. «Si fuera capaz de concentrarse tanto en otras cosas que no fueran la cirugía, probablemente sería la persona más talentosa del mundo», suspira Elena, para sus adentros. La cirugía para Andrés es su refugio, su zona de confort. Su lugar seguro, al que recurrir cuando las cosas van mal. Que le paguen por operar es, sin duda, la suerte de su vida.

Elena respira profundamente, mucho más nerviosa que él. «Ojalá tuviera tanta confianza en mí misma, especialmente en las reuniones con mi superior».

Solo de pensar que en unas horas tiene una nueva reunión con el hombre que le encargó la batalla contra el Decem, antes incluso de que la presidenta del Gobierno conociera la existencia del virus, siente escalofríos. Por orden suya lo ha mantenido en secreto, aunque han conseguido que la presidenta la nombrara también líder del equipo gubernamental.

Andrés le vuelve a sonreír.

—No tienes que preocuparte —dice, sin tener ni idea de lo que está pasando por su mente—. Soy el mejor en esto. Si alguien puede hacerlo, soy yo.

«Y lo mejor de todo es que es completamente cierto», asiente Elena, devolviéndole la sonrisa. Con el rostro de la joven consejera como última visión, Andrés asiente para sí y se pone a hacer lo que mejor sabe hacer, tal y como le dijo Claudia Isabel dos días atrás: meterse en la cabeza de las personas.

Acciona el robot y un brazo metálico se mueve a su merced a mil doscientos kilómetros de distancia.

17

Claudia Isabel aparca su coche frente al hospital, asombrada con el poco tráfico que ha encontrado. Parece que la gente se está tomando en serio las restricciones. No es para menos. Sabe que no debería haber salido de casa, pero, aprovechando su condición de personal esencial, se ha desplazado al hospital en el que Marc y Darko siguen ingresados.

Sube las escaleras y comprueba en su móvil la habitación en la que está Darko, su primera visita. En los últimos días, ha empezado a sentirse mucho más cercana a él. Las tragedias unen incluso más que las alegrías. Entra sin tocar nada, tal y como ha hecho también durante el camino. Darko está en la cama, con ambas manos vendadas y bromeando, hablando por teléfono. No le ve las piernas porque están cubiertas por una sábana, pero repara en un sistema VAC, que sirve para reparar heridas de forma más rápida. Está conectada a su pierna. Cuelga sin apenas despedirse al ver a su amiga.

—¡Pensaba que eras una persona responsable y te habías quedado en casa! —exclama, al verla, con evidente alegría.

—¿Y perderme la oportunidad de tener una foto del invencible e invulnerable doctor Nestorovski ingresado y expuesto? Sí, hombre. Que te lo crees.

Ambos sonríen, pero de inmediato, Claudia Isabel se siente culpable. «Llevo más de un año preparándome para morir, pero no soy yo la que ha muerto —piensa, con la boca seca, recordando que el derrumbe del hospital se ha llevado a cientos de conocidos y amistades—. Ya no están, se han ido para siempre. Nunca me he preparado para que se mueran las personas a las que quiero. En cierta manera, nunca se está preparado, y menos para una tragedia así».

—Síndrome del superviviente —susurra él, viendo la expresión en el rostro de ella, que se limita a asentir, perturbada por lo acertadas que son sus palabras.

«Aunque él no sabe lo de mi enfermedad», se recuerda, tratando de serenarse. El silencio cae sobre ellos. Claudia Isabel lo mira apenada. Apenas ha sido capaz de dormir unas horas durante la noche, asaltada de forma recurrente por imágenes de la tragedia del día anterior.

—Realmente, ¿por qué estás ingresado? —pregunta ella, viendo que no está conectado a ningún suero y parece estar en buen estado.

—Me están haciendo pruebas varias —la guardia asiente, dispuesta a dejar la conversación ahí, pero Darko no quiere que así sea—: Están intentando descubrir por qué soy tan guapo.

Ella lo fulmina con la mirada, pero su expresión es divertida.

—Veo que el sentido del humor no lo pierdes.

Darko sonríe, satisfecho, aunque le faltan sus gafas de sol para que la imagen que quiere dar sea completa. Levanta las manos, vendadas, y las agita:

—Es por las manos. No es para tanto, pero a los médicos les gusta pecar por exceso de precaución. He pedido el alta voluntaria, no tiene sentido que me quede, estoy bien.

Claudia Isabel asiente con cautela. Sabe que no es lo más indicado que un paciente se marche con el alta voluntaria, puesto que es en contra del criterio médico, aunque quién es ella para oponerse a Darko. Al fin y al cabo, y por mucho que Marc insista en que es cirujano y, por tanto, de médico solo tenga el diploma, tiene la carrera de Medicina.

—¿Has traído todo lo que te pedí?

—Sí —responde Claudia Isabel, consciente de que Darko está aludiendo a su visita esa misma mañana a su piso en busca, fundamentalmente, de ropa limpia, unos guantes y un dron—. No entiendo por qué no querías que lo subiera aquí.

—Porque solo te hubiera estorbado. Me voy a ir a Madrid, me

mata pensar que Paula está allí sola. Me gustaría que me acompañaras, dado que tu familia está allí.

—Paula no está realmente sola —dice Claudia Isabel, mientras se da tiempo para sopesar la oferta—. Está con Andrés y sus compañeros de piso.

—Andrés estará operando. Está sola. Me necesita.

Claudia Isabel se da cuenta de que no le ha gustado su comentario y ha endurecido el rostro y el tono, pasando a la defensiva. Darko es celoso. A pesar de todo lo que ha trabajado y mejorado en los últimos años, le cuesta no serlo. Claudia Isabel decide un cambio de estrategia:

—¿No han cancelado los vuelos?

—Sí. Por eso iremos en coche.

—Hay controles...

—Tenemos que intentarlo —dice Darko, dispuesto a discutir todo lo que haga falta—. Tengo el dron. Lo ponemos a volar y vemos por dónde no hay. Podemos mantenernos unos kilómetros por detrás y parar cuando necesite recargar la batería —hace un breve silencio teatral—. Yo creo que te irá bien para mantener la mente ocupada. Además, seguro que Paula se alegraría de…

—Iré —decide Claudia Isabel, aferrándose al único pensamiento que no tiene que ver directamente con el hospital en el que trabajaba y su tragedia. Puede que Darko no sea su persona favorita, pero un viaje en coche hasta Madrid, para estar con su familia, sí le puede venir bien. Darko asiente—. Sin el hospital…, no tiene mucho sentido que me quede aquí.

En su cabeza domina el elevado recuento de fallecidos del colapso del hospital, pero la perspectiva del arriesgado viaje hace que sienta una chispa de esperanza. Su cerebro empieza a idear formas de evitar los controles, y en caso de que caigan en alguno, pasarlos sin que los obliguen a retroceder. «Odio que tenga razón, pero sin duda ha conseguido que me olvide de todo por un momento», se dice, con una súbita ola de reconocimiento hacia Darko. Otra cosa es que vaya a reconocerlo.

—Si queremos salir antes de que me traigan la comida, deberíamos ir a por Marc —apunta él.

—¿Cómo?

—Esta mañana me han dejado ir a verlo —dice Darko, muy serio—. Quiere venir.

Claudia Isabel lo mira escéptica.

—La última vez que lo vi estaba sin conocimiento.

—De eso hace ya casi un día —dice Darko, consciente de que su argumento se desmoronará si ella ve a su amigo—. Creo que es mejor que esperes en el coche.

—¿Qué estás tramando?

—¿Quieres que vayamos a Madrid los tres? —Ella asiente—. Pues confía en mí.

Darko es consciente de que Claudia Isabel es demasiado honesta para mentir a nadie, y aunque le iría bien contar con su agilidad, tal vez los nervios la traicionarían. Se quita la sábana y, a continuación, desconecta una ventosa que le cubre casi la mitad de la pantorrilla y otra del muslo. Se pone en pie, y nota un pinchazo en las zonas afectadas, pero sonríe, enmascarando el dolor. No siente ni un ápice de pudor por estar vestido solo con la bata de hospital.

Desconecta el VAC de la pared y lo coge. Tiene el tamaño de un maletín pequeño, con el único tubo que termina en la ventosa que se ha quitado. Se lo entrega a Claudia Isabel.

—Espérame con el coche en marcha delante de la puerta de urgencias.

Claudia Isabel coge el VAC, pero no tiene muy claro qué tiene que hacer con él, y hace un gesto interrogante.

—Nos lo llevamos. Yo tengo que curar este desastre —dice, señalando la herida abierta de la pantorrilla, de la que le retiraron la piel quemada y lo obliga a cojear levemente. Sin embargo, la escara ya no está y la piel recién nacida tiene buen aspecto—. Confía en mí.

La habitación de Marc está en la misma planta, como casi todos los ingresados por el derrumbamiento de su hospital. Al haberse centralizado los casos sospechosos de Decem a otro diferente, en este parece no haber. Aunque Darko sabe que, a pesar de que no haya casos contabilizados, no quiere decir que realmente no haya infectados.

Gira un pasillo vestido solo con la bata, esquivando al personal de enfermería, el único que circula por esos pasillos. No tiene dificultad en llegar hasta la habitación de su amigo, en la que entra sigilosamente. La pierna le duele, y tiene que cojear, pues todavía no está lista para soportar su peso.

El aspecto de su amigo es malo. Marc está postrado, con la cabeza y la mitad de la cara vendadas, así como el brazo herido y ambas piernas, aunque el muslo derecho parece el más crítico. De ahí salen varios tubos de plástico. A su lado tiene un monitor que indica sus constantes vitales. De no haberlo visto con anterioridad, le hubiera replanteado llevárselo, pero de todas formas no puede evitar impresionarse. «Suerte que Claudia Isabel no te verá hasta que sea demasiado tarde para echarse atrás —se dice, permitiéndose hacer una mueca desagradable—. Pero es que aquí terminarás pillando Decem. Te estoy salvando la vida, aunque no te lo parezca, amigo».

Al escuchar ruido, Marc abre el ojo que tiene libre. Le cuesta reconocer a su amigo.

—¿Qué haces aquí? —su tono es letárgico, somnoliento. Como si no estuviera del todo despierto. En parte, así es.

—Claudia Isabel ya ha llegado —dice Darko, con presteza—. Es hora de irse.

Marc hace un esfuerzo —que para él es titánico— para intentar esbozar una sonrisa, que le sale regular. Intenta justificarse:

—No me encuentro muy bien.

—Pero te encuentras, que es lo más importante —se apresura Darko, buscando tranquilizarlo mientras comienza a desenchufar aparatos que no son esenciales, como la vía por la que le entra el suero y los tubos del VAC. Claudia Isabel se ha llevado el suyo, por lo que no necesitan más. Le quedará una cicatriz fea, pero no hay tiempo—. Es hora de irse, amigo.

Marc asiente despacio. Todo a su alrededor se mueve a saltos, muy lentamente. «O es mi cerebro que no puede procesarlo y lo llena con estos saltos —piensa, completamente relajado—. Pero no es importante. Con lo tranquilo que estoy...».

Darko continúa con su plan, preparando la camilla para el transporte. Sin que Marc entienda lo que está ocurriendo, ve a su amigo marcharse, pero a continuación vuelve a estar frente a él y le da un objeto para que coja con fuerza. Luego vuelve a no estar. «*¿Qué está pasando? ¿Me estoy quedando dormido y luego me despierto?*». Marc se vuelve hacia su compañero de habitación, un enfermero que también fue rescatado de las llamas. No lo ha visto despierto en ningún momento, y tiene un respirador que se encarga de llenarle los abrasados pulmones de aire. «Podría ser peor, podría estar como él».

El rostro de Darko aparece entre él y su malherido compañero de habitación. Marc hubiera dado un brinco si sus extremidades le respondieran.

—Escúchame —le dice, con urgencia—. Necesito que estés quieto unos segundos. ¿Podrás?

Marc quiere asentir, pero, para cuando reacciona, ya está en movimiento, con la cabeza dando bandazos en todas las direcciones. La cama del enfermero herido se acerca en exceso, y luego vuelve a aparecer Darko. Escucha una alarma lejana, de las que indican que hay un paro cardíaco. «Menos mal que no es mi paciente», se dice, sintiendo alivio. Otra alarma diferente suena, más cerca, mientras siente tirones en el pecho, como si algo se despegara.

«Las pegatinas del electro —adivina, incapaz de centrar su vista en nada que no sea la puerta de la habitación, abierta de par en par—. ¿Para qué me están quitando las pegatinas? ¿Acaso ya no las necesito? ¿Estoy curado? ¿De qué estaba enfermo?».

Darko vuelve a su campo de visión a la vez que la segunda alarma se detiene. Tampoco escucha la primera. Hay unos segundos de confusión, en los que no entiende por qué todo le da vueltas, como si estuviera moviéndose y las puertas de las habitaciones pasaran frente a él. Lo siguiente que procesa son unas puertas metálicas cerrándose. «*¿A dónde voy?* —piensa, mirando a su alrededor. Una cara conocida está junto a él, en lo que acierta a identificar como un ascensor—. ¡Darko! ¡Vale! Nos vamos. No sé a dónde, pero nos vamos, y a Darko le confiaría mi vida». Su ansiedad se aplaca por completo. Si se hubiera percatado de que viste la bata de paciente igual que él y en su rostro no hay ni un atisbo de su característica sonrisa, quizá no estaría tan tranquilo. Pero la mente analítica de Marc está apagada por la morfina.

—Qué bien —musita Marc, con una sensación de lo más placentera.

—Todavía no cantemos victoria —responde Darko, con gravedad—. Estamos cerca, pero tenemos que cruzar el pasillo central.

Está nervioso. Ha conseguido sacar a su amigo de la planta sin que nadie los detectara. No ha sido fácil: primero se ha librado de todo lo que anclaba la camilla a la habitación, para, a continuación, acercarlo al otro ocupante de la estancia, el enfermero de urgencias herido. Sin pausa, se ha ido a otra habitación para simular un paro cardíaco en otro paciente.

Con la distracción creada, ha corrido (todo lo que su pierna le ha permitido) hasta la habitación de Marc, y le ha puesto los electrodos que tenía al otro enfermo, consiguiendo que el monitor que controlaba a su amigo no delatara que se había marchado. No podría haber hecho nada de todo esto si no hubiera una falta de personal extrema. Estos pacientes graves deberían ir a la UCI, pero las camas son limitadas, y los que están mejor (o menos mal) los han ubicado en esa planta, deficitaria en personal. Con Claudia Isabel, el plan hubiera sido más sencillo, pero parece que se ha bastado solo.

Marc balbucea de forma inteligible, con una sonrisa de colocado que le alivia la tensión. Le ha dado unas bolsas con sueros y la morfina de las siguientes horas para utilizar durante el trayecto. «Espero que sea suficiente», piensa Darko, coincidiendo con el pitido que les indica que están en la planta baja. Las puertas del ascensor se abren y echa una ojeada al desértico pasillo. Están en consultas externas. Solo hay un enfermero, con el móvil, sentado con la espalda en la pared.

Corre por el pasillo empujando la camilla dando saltos, evitando cargar peso en la pierna herida. El enfermero, que lleva casi dos días trabajando sin cesar, los observa salir al exterior sin decir nada. Una bocada de aire frío de enero golpea a Darko. Le recorre la espalda y el trasero, desnudo bajo la bata. Claudia Isabel ha cumplido con su parte, está frente a la puerta.

Darko hace una maniobra muy plástica y deja la camilla en paralelo al coche. La guardia de seguridad se da toda la prisa que puede en salir del vehículo y abrirles la puerta trasera, sin dar crédito a la escena. El enfermero sigue observando con una expresión casi divertida. No parece importarle que se fuguen dos pacientes. Tiene muchísimos más.

—¡Vamos! —grita Darko—. ¡Lo metemos en el coche y nos largamos!

Lanza las bolsas con los medicamentos sin miramientos en los asientos traseros y coge a Marc a cuestas, sin que él responda. Su cuerpo está flácido. Claudia Isabel se queda congelada.

—¿Qué le pasa? —pregunta, aterrada ante el hecho de que Marc no sea capaz de ponerse en pie y ni siquiera ponga pegas por las formas de Darko, cuando lo normal es que se queje.

—¡Va hasta arriba de morfina!

Claudia Isabel asiente y decide no indagar más al respecto. Darko hace chocar involuntariamente la nuca de Marc contra el borde superior de la puerta del coche antes de colocarlo en el asiento central y sentarse a su lado.

—Me parece que, cuando se le pase la morfina, te va a pedir explicaciones —bromea Claudia Isabel, apresurándose a ponerse al volante.

—¡No tiene por qué saberlo! —ríe Darko, señalando a Claudia Isabel—. ¡Vamos!

Claudia Isabel aprieta el acelerador. El enfermero los ve marcharse, y no se molesta en acercarse a recoger la camilla. Vuelve a sus quehaceres encogiéndose de hombros, incapaz de sorprenderse ya por nada.

Los gritos de júbilo de Darko y los balbuceos incomprensibles de Marc se mezclan con un cosquilleo nuevo para Claudia Isabel. Es una sensación extraña, porque quiere reprenderse a sí misma por formar parte de una fuga, pero la calidez de su vientre se lo impide.

A pesar de todo lo que la rodea, todas las muertes y desgracias vividas desde el día anterior, sonríe. Y es que se siente más viva que nunca.

18

Mikel sigue fijo en el mismo pensamiento, mirando al techo oscuro, hasta que le duele el cuerpo de estar tumbado. Se martiriza pensando en su actuación en la despedida con Macarena. «Debería haberla besado. No, no. Mejor así. No debo ser tan agresivo. Lo he hecho bien. Tendré oportunidad cuando vuelva».

Se mantiene varado en sus cavilaciones durante horas, manteniendo un estado de duermevela constante. Un zumbido lo alerta de que alguien está frente a su puerta. Le cuesta reaccionar, pues está más dormido que despierto. Al segundo sonido del timbre, se pone en pie rápidamente. *«¿Dónde está Paula? ¿Me he quedado solo?»*.

Busca la hora en su móvil: las cinco y media de la tarde. Claramente se le ha ido de las manos lo de quedarse en la cama. Nadie le ha escrito ni llamado, como de costumbre. Por lo tanto, se presupone que esa noche, a las doce, vuelve a tener turno. No estaría de más un mensaje de su jefe informando de la situación. El timbre vuelve a sonar y sale de la habitación, maldiciendo. Se encuentra con Paula en el comedor, de camino al recibidor.

—¿Esperas a alguien? —pregunta Mikel, confuso y con los ojos llenos de legañas.

—Yo a quién voy a esperar. ¡Como si alguna vez hubiera traído aquí a alguien que no fuera Darko! ¡Y menos con el virus!

Mikel abre los brazos en señal de incomprensión. «*¿Qué le he hecho yo para que crea que la estoy atacando? ¿A qué viene lo de* Darko? Es casi como si se hubiera pensado que la acuso de adúltera».

Súbitamente un pensamiento hace que se agite. *«¿Será Macarena? A lo mejor se ha dejado las llaves…»*. Emocionado y nervioso, Mikel pone el ojo en la puerta, y de inmediato, suelta un bufido de furia.

—¿Qué haces tú aquí? —espeta, sin abrir, ante la incomprensión de Paula.

—Abre la puerta —dice la voz grave de Jaime desde el otro lado.

—No te pienso abrir. No quiero saber nada de ti. ¿Cuántas veces te lo voy a tener que decir?

—Por favor, estoy trabajando con un equipo del LCE y traigo guantes, mascarillas, desinfectante... Hasta un traje de aislamiento. Es para ti. Estoy preocupado por ti.

Mikel siente que el estómago le arde. Le queman las entrañas con la actitud tan protectora y preocupada de Jaime. No ha surgido de la noche a la mañana, ni tiene que ver con su cargo de vicepresidente del Gobierno. Siempre ha sido así. Antes los demás que él mismo.

—Me vas a causar una úlcera. ¡Lárgate!

—¡Por favor! Tienes que entrar en razón. ¡Abre la puerta! —la desesperación es visible en su voz. Se preocupa por él, eso es evidente. Casi consigue reblandecerlo. Casi.

—Este es el famoso Jaime —susurra Mikel, en dirección a Paula, encogiéndose de hombros.

Ella asiente, y pone el ojo en la mirilla sin ninguna discreción. Efectivamente, lleva dos cajas de cartón, que ha dejado en el suelo por su peso.

—Es muy guapo —susurra ella, enfureciendo a Mikel. El cabello gris la ayuda a acertar que ya ha rebasado los cincuenta.

—Y también muy mayor para ti —espeta Mikel, acostumbrado a que la primera impresión sobre Jaime sea sobre su atractivo físico.

Paula le frunce el ceño y se muerde la lengua.

Resopla, centrado en el motivo de su enfado: «Estaba tan cerca de terminar el cómic y publicarlo…, ¡y por su culpa tengo que pasar las horas en ese maldito trabajo para poder sobrevivir!».

—¡No te voy a abrir! ¡Estoy ocupado!

—¡Hay confinamiento! Tienes todo el tiempo del mundo...

Jaime ya está prácticamente suplicando, aunque sin renunciar a un tono firme y duro. Aunque intenta ser lo más digno que puede, no lo consigue.

—Estoy trabajando muy duro en el cómic.

Hay un silencio que hasta Paula interpreta como culpabilidad de Jaime. No se ha despegado de la mirilla: le gusta ver las reacciones del vicepresidente, que en este momento se muerde el labio nerviosamente.

—Sabes que no te puedo devolver los fondos.

—No tendrías que hacerlo si no me los hubieras quitado a traición.

Los sentimientos de Jaime están completamente fuera de control, pero no permite que su voz lo delate. De hecho, se endurece:

—Lo hice porque llevabas casi un año prometiéndome un final que no llegaba. ¡Te avisé varias veces, Mikel! Y no hiciste nada. ¡Hay muchos otros proyectos que sí estaban cumpliendo los plazos! Solo hacía mi trabajo.

—Y tan bien lo hiciste que te ascendieron. Pero a mí me perdiste. Elegiste y perdiste.

La frase se clava como una lanza en el corazón de Jaime, que da un paso atrás, con los sentimientos gravemente heridos. Sabe que no tiene sentido seguir pidiendo perdón y arrastrándose por una situación en la que sigue pensando que actuó de forma ética y en el mejor beneficio de Mikel.

—No tenías por qué echarme de casa… —musita el joven, al que se le llenan los ojos de lágrimas.

—No podía permitir que siguieras viviendo de mí. Ya lo sabes —consciente de lo controvertido de su decisión seis meses atrás, decide que ha tenido suficiente. Está emocionalmente molido y no puede seguir removiendo el pasado—: No te molestaré más. Pero haz el favor de protegerte. Cuídate mucho.

Paula ve la tristeza en los ojos del vicepresidente del Gobierno. Se siente mal por él. No parece una mala persona ni muchísimo menos. A pesar de que le cortara los fondos y lo echara de su casa (Mikel nunca dijo que entregaba los proyectos tarde y no cumplía su parte), a Paula le parece una persona herida y muy afectada por su relación actual con Mikel.

Con la certeza de que si Mikel no abre la puerta no se volverán a ver, Jaime comienza a alejarse poco a poco. Un ojo lo observa en silencio a través de la mirilla, pero sabe que no es el del joven. Baja los escalones despacio, deseando escuchar la puerta abrirse.

Pero la puerta permanece cerrada. Y Jaime sale del edificio sintiendo que lo que ha perdido jamás lo podrá recuperar.

Macarena llega al piso exhausta. Entra con una expresión de sorpresa mayúscula, y las dos pesadas cajas de Jaime en las manos. Han pasado unas horas, pero Mikel ha impedido que Paula recogiera lo que Jaime les ha dejado. Nadie ha pasado por el rellano desde entonces, y las cajas seguían ahí.

—¿Qué es todo esto?

Al escucharla, Mikel ya está de nuevo en pie. Saben que tienen una conversación sin acabar. Paula está sentada en el sofá y trata de ignorarla. Mikel resopla:

—Ha venido Jaime. Es para que nos protejamos —intenta restarle importancia, no quiere hablar de ello. Solo quiere quedarse a solas con ella—. ¿Qué tal el turno?

—Ha sido tranquilo. A partir de mañana, comenzamos con turnos de guardias de urgencias, porque hoy ya han suspendido toda la actividad no esencial. Pero por ahora está todo más o menos tranquilo.

—Me alegro —musita Paula—. De verdad.

Macarena asiente, entendiendo que es una oferta de paz. Cada una hará lo que quiera y no hablarán entre ellas al respecto. No se conocen desde hace mucho, pero saben que así funciona cuando discuten. La enfermera traga saliva. Si bien es cierto que no ha atendido a ningún enfermo de Decem, la decisión de cerrar las consultas es porque las urgencias han sido copadas con personas con síntomas compatibles.

—¿Cuántos casos habéis diagnosticado? —pregunta Mikel, curioso, pero, sobre todo, ansioso por alejar de sus pensamientos cualquier cosa que tenga relación con Jaime.

—Unos cincuenta —decide guardarse para sí el otro medio centenar de casos dudosos que tienen en observación. Tampoco menciona que, durante su turno, solo se han realizado cincuenta y cinco pruebas en busca de confirmar el virus. Son caras y laboriosas.

—Cincuenta no son muchos, ¿no? —salta Mikel, poniéndose en pie. Los rostros de Macarena y Paula le indican que sí lo son—. ¡Bueno! Paciencia.

Consciente de que no puede hacer mucho por cambiar la situación, y con la necesidad de quitarse la vergüenza de tener cerca a Macarena, saca una botella de vino blanco de la nevera. Les hace un gesto a sus compañeras, agitando la botella.

—Qué demonios —dice Macarena—, sírveme.

—Que os divirtáis —sonríe Paula, que se retira a su habitación negando con la cabeza, consciente de lo que está a punto de pasar.

Macarena se sienta en una silla, a unos tres metros del sofá. Lo hace adrede, pues, aunque sigue pensando que le corresponde pelear contra el virus y cumplir su deber en el hospital, no se perdonaría a sí misma contagiar a cualquiera de sus compañeros. A medida que la botella baja, las conversaciones se van animando un poco, y en algún momento hasta sonríen. La botella se termina y Mikel abre otra. No hablan de la situación entre ellos, aunque Mikel es lo único que quiere. Su ansiedad sigue subiendo.

—Yo tengo que confesar que no sé por qué es tan horrible este virus —dice Mikel, con las mejillas enrojecidas—. ¿Por qué tantas precauciones?

—Es que es dramático ver a los infectados —responde ella, también enrojecida y con menos seriedad de la que le gustaría—. Yo no he atendido a ninguno, pero los he visto. Algunos tienen convulsiones horrorosas, inhumanas. Otros sencillamente se pelean, o atacan. Por suerte, tenemos a la policía y a más seguridad de lo normal, y los podemos contener. Alguno incluso se suicida. No hay forma de hacerlos entrar en razón. Solo responden a la sedación. Y no podemos revertirlo, solo podemos paliar su dolor mientras el virus los consume.

Mikel se da cuenta de que ha llevado la conversación hacia un lugar sombrío, muy lejos de donde quería ir él. Por suerte, Macarena sacude la cabeza y le sonríe.

—No hablemos de eso. ¿Por qué no salimos a la terraza?

Él lo agradece. Se pone en pie con cierta dificultad, pues nunca ha tolerado especialmente bien el alcohol. Las dos botellas de vino blanco están completamente vacías.

—Pero mírate lo mono que eres —le susurra Macarena, tocándole levemente la mejilla de forma cariñosa.

Él no sabe exactamente a qué se refiere, pero sonríe complacido de todas formas.

Macarena lo abraza y salen al balcón agarrados, con el brazo de él sobre el hombro de ella, dando tumbos. Ninguno de los dos siente el frío, pero cierran la ventana para no enfriar la casa. Paula lo odia. Se sientan en las dos sillas de madera del balcón, en el que tienen también unas macetas con plantas, cosa de Mikel. Se miran y sonríen. Es innegable que hay una conexión entre ellos. La enfermera enciende un cigarro y le vuelve a sonreír.

—¿Cuándo dirías que te diste cuenta de que te gustaba? —pregunta, apartando la mirada y haciendo que ni siquiera el alcohol consiga que Mikel no se muera de vergüenza.

Responde de inmediato, lo primero que se le pasa por la cabeza:

—El día que me enseñaste el piso.

—Venga ya. No me lo creo.

Pero, a pesar de sus palabras, Macarena siente un cosquilleo especial. Su sonrisa se ensancha. Lo mira de reojo.

—Sí, es verdad. Pero jamás pensé que pudiera tener oportunidad —se sincera, hablando infinitamente más fluido de lo que lo haría si no estuviera ebrio.

—No seas tonto.

Mikel sonríe y niega con la cabeza, sintiéndose progresivamente más inseguro. Hablar tanto de sus sentimientos y nada de los de Macarena le está comenzando a afectar. Traga saliva y le aparta la mirada. Siente que sus posibilidades se diluyen.

Pero Macarena lo percibe. Y decide que ha llegado el momento de tomar cartas en el asunto. Deja el cigarro en el cenicero, se pone en pie y se sienta a horcajadas sobre él, respirando agitadamente. Y todas las inseguridades de Mikel desaparecen de un plumazo.

—Qué ganas tenía de esto —susurra ella, justo antes de besarlo apasionadamente.

«Quién sabe cuánto tiempo me queda —se dice a sí misma, disipando las dudas que le quedaban sobre si abalanzarse sobre él o no—. Tengo que vivir cada día como si fuera el último. Porque puede serlo».

Él responde, aunque se siente abrumado. Con el paso de los segundos y los movimientos de ella, se va dejando llevar. «Me estoy liando con Macarena —se dice—, todavía incrédulo. ¡Ella ha venido a por mí! Increíble».

El cigarrillo va consumiéndose poco a poco, mientras la enfermera desliza su mano hacia la entrepierna del joven. En ese momento escuchan un sonido pesado e inconfundible en la calle, acompañado por los cristales de la entrada de su edificio deshaciéndose. Macarena vuelve a la realidad y levanta rápidamente la cabeza, a Mikel le cuesta un poco más.

—Eso ha sido... —dice Macarena, con cara de pánico.

Paula alcanza el balcón tan deprisa como puede. Con Mikel aturdido y dudando de si realmente acaba de escuchar un disparo, Macarena se asoma de forma imprudente. La calle es de circulación única, pero ancha y con coches aparcados en ambos lados. Las aceras no miden más de medio metro. Lo primero que ve es un coche inmóvil en mitad de la carretera, pero con el motor en marcha, frente a su portal. Tiene la puerta del conductor y el maletero abiertos. El dueño está escondido detrás de la hilera de coches aparcados, justo bajo su balcón.

Paula se asoma a su lado. Su vista pasa del conductor a la otra acera, donde hay otro hombre, vestido solo con unos calzoncillos y una camiseta de tirantes blanca, a pesar de que la temperatura es cercana a los diez grados. Está manchado de sangre. Grita de forma inteligible, enloquecido. La pistola que sostiene está apuntando hacia ellas.

—¡Al suelo! —grita Paula.

Pero la primera bala ya vuela hacia ellas. Roza el hombro de Macarena y se aloja en la pared tras ella. La joven emite un leve quejido y se lleva la mano sobre la herida, de la que emana un hilo de sangre a través de su jersey blanco de lana. El alcohol bloquea el dolor.

—¡A dentro! —exclama Paula, cambiando de idea, agachada.

Se adelanta a su amiga y se aleja lo máximo que puede de la zona de peligro sin mirar atrás. Mikel la sigue, y Macarena, que arranca un segundo después, tropieza con una maceta y se precipita contra el suelo. Decide que el lugar más seguro es allí mismo, tumbada, por lo que se queda completamente inmóvil, respirando pesadamente. En cuestión de segundos ha pasado de la excitación sexual al pánico más primitivo. La segunda bala se estrella en el cristal que separa el balcón del salón.

Hasta dos balas más atraviesan el cristal, que termina por desplomarse hacia el interior de la vivienda, destrozándose en miles de pedazos. Macarena sigue tumbada en el suelo, y siente los cristales rodar hasta ella tras romperse. Hace un gesto a Paula para indicar que sigue bien, pero su idea de reptar hasta el interior se desvanece: se destrozaría la piel con los cristales. La sangre sigue tiñendo su jersey, aunque el alcohol insiste en menguar el dolor.

—Deberíamos llamar a la policía —sugiere Paula, a lo que Mikel coge el móvil y llama.

El joven no tiene claro si lo que está viviendo es real o está soñando. Entre besar a Macarena y que les disparen en su propia casa, todo ello estando borracho, justifica sus dudas sobre su juicio de realidad. No obtiene respuesta por parte de emergencias. Repite la operación hasta dos veces más.

Los minutos pasan con una lenta agonía, sin que se escuche nada más que algún grito lejano desde la calle. Macarena gruñe levemente al intentar mover el brazo. La sangre ya gotea sobre las baldosas de la pequeña terraza.

—No lo cogen —dice Mikel.

—¿Emergencias no coge el teléfono? —pregunta Paula, dudando de Mikel—. ¿El 112?

—El 112. No lo cogen.

Paula siente un escalofrío. «Hay tantas emergencias en este momento que no dan abasto ni para coger el teléfono». Macarena les hace señas de forma exagerada, poco coherentes. Paula ve su jersey lleno de sangre y le devuelve un gesto con la cabeza, interrogante, para que se explique. Macarena hace más gestos y muecas, incomprensibles.

—Yo creo que podemos hablar en voz alta —dice Paula, cansada de no entender nada.

—¿Ves algo? ¿Se ha ido?

Se acerca pisando con cuidado los cristales, dispersos por todo el suelo del salón. Los crujidos constantes bajo sus zapatillas de estar por casa hacen que se le pongan los pelos de punta, aunque su sensación también tiene que ver con que está poniéndose en el rango del tirador de la calle. Conforme va ganando campo de visión, siente los latidos de su corazón con más y más fuerza. Se asoma, esta vez, con cautela.

La acera está vacía. Pasa por encima de Macarena con cuidado y logra visualizar el coche abierto, que sigue en el mismo lugar con las puertas abiertas, pero no se ve a ninguna persona. Comienza a tener dolor de cabeza de lo fuerte que le late el corazón. Contiene la respiración cuando se vuelve a asomar.

La calle está desierta. Da un paso atrás y mira al frente. Allí hay una anciana, que reconoce como la señora Flores. Le sonríe amablemente. Paula contempla como la mujer se pone junto a la barandilla del balcón.

—Un bonito día —le dice la anciana, con total naturalidad, señalando el sol radiante.

—Sí —responde Paula, sin poder evitar sentir que la situación es surrealista.

—Tan bueno como cualquier otro —dice la anciana, encogiéndose de hombros.

Antes de que Paula pueda entender sus palabras, la anciana se sube a la barandilla con una agilidad impropia de su edad y se deja caer con los brazos bien abiertos. La joven doctora hace un amago con el cuerpo de acercarse, pero las separan más de veinte metros.

El sonido del impacto contra el suelo es sordo y menos intenso de lo que cabría esperar en una caída de cuatro pisos, pero se aloja para siempre en el cerebro de Paula. Temblando, da otro paso atrás, y se encuentra entre los brazos de Macarena, que se ha incorporado y la abraza con fuerza desde detrás. Paula pone una expresión que su amiga interpreta como un grito de socorro. Se deshace del abrazo, conmocionada.

Macarena la empuja suavemente hacia dentro, ignorando el crepitar de los cristales bajo sus botas y el dolor de su hombro. Echa una última mirada a la señora Flores, que yace sobre el asfalto con brazos y cuello en un ángulo imposible. Traga saliva y vuelve a entrar en su casa, menos catatónica que Paula, ayudada por el vino a aplacar sus sentimientos.

Mikel ha encendido el televisor, pero Paula apenas escucha el ruido tras ella. Su cerebro se mantiene fijo en el sonido del cuerpo al golpear el suelo.

—¿Qué ha pasado? —pregunta él al ver a sus compañeras desencajadas. Se espera cualquier cosa, incluido lo que acaba de ocurrir. Nada es demasiado descabellado.

—La señora Flores acaba de saltar del balcón. Sin más —revela Macarena, sin conseguir ningún tipo de reacción en él.

—Hablaba del tiempo antes de saltar —susurra Paula. Quiere añadir algo más, pero no sabe el qué ni cómo.

El silencio deja paso a un corresponsal de voz excesivamente aguda y enérgica, que las saca momentáneamente de su oscuro estado mental:

—...caso aislado. En la comisaría de Getafe ha habido un tiroteo que se salda con siete agentes fallecidos y nueve más heridos, que están siendo trasladados con la mayor celeridad posible, a pesar de la falta de ambulancias, al hospital Doce de Octubre. No sabemos cuántos asaltantes había, aunque algunas fuentes apuntan que no era un asalto, sino una pelea interna. En cuanto tengamos más información, volveremos a pedir paso.

Tras el reportero, cuyo micrófono está cubierto por una tela de plástico y su boca por una mascarilla con el logo de la televisión, está la estación de Policía de Getafe, precintada. La pantalla se funde en negro y una presentadora muy joven agradece el trabajo del reportero.

—Dios mío, Maca, tu brazo —salta Mikel, demasiado borracho para ser capaz de ligar los problemas en la comisaría de Getafe con el virus o la situación que están viviendo.

Macarena tiene sangre por todo el costado, hasta casi la cintura, y hasta el codo por la manga. Al ser su jersey blanco, se tiñe con facilidad, pero la cantidad es importante.

—Ven, te lo coso —dice Paula, alcanzando el botiquín de uno de los armarios del salón.

Ayuda a Macarena a quitarse el jersey y los tirantes de ese lado, tanto de la camiseta que lleva como del sujetador. Mikel palidece y se da la vuelta, avergonzado. La enfermera encoge el brazo y ofrece el hombro herido sin quejarse. La herida es un corte amplio, pero parece que ya sangra poco. De todas formas, Paula decide que es mejor no arriesgarse y comienza a coser tras desinfectar la zona con una gasa.

—¿Qué vamos a hacer, Paula? —pregunta Macarena, señalando el marco de la puerta corredera que da al balcón, pero no refiriéndose en absoluto al cristal roto.

El sol ya se ha puesto y poco a poco va oscureciendo.

—Sobrevivir. Quedarnos aquí, aguantar el chaparrón y ver qué mundo nos queda.

Paula le sonríe levemente, pero ella no la devuelve. Mikel está completamente abstraído, con la vista fija en el televisor, aunque no procesa nada de lo que ve. La joven presentadora sigue conectando con diversos corresponsales ubicados en diferentes puntos de todo el globo. La situación es peor en Estados Unidos y Francia, donde la opacidad de sus Gobiernos ha desatado protestas que han terminado en violentas batallas campales. Otros lugares tienen menos caos y destrozos, pero la preocupación es la misma. Pocos países siguen sin casos.

Paula tiene claro que la señora Flores es víctima del Decem, y si no estaba infectada, seguro que el contexto la ha empujado a saltar. «Pero esa indiferencia antes de saltar... Tiene que ser Decem; ninguna persona cuerda lo haría con esa tranquilidad. ¿O sí? En realidad, ¿quién soy yo para decidir si alguien está cuerdo o no? ¿Acaso no es la cordura poco más que la adherencia a las normas sociales predominantes establecidas?».

Sabe también que lo ocurrido en la comisaría de Getafe no es ajeno al virus, ni la virulencia de las protestas en otros países.

No es coincidencia. «No puede serlo».

El Decem avanza.

19

El vehículo se detiene en uno de los amplios cruces del Eixample de Barcelona. La quietud es perturbadora. Darko se da toda la prisa que puede en abrir la consola del dron, y la conecta a su teléfono móvil. Durante el trayecto, se ha vestido. Marc duerme a su lado, pues ha cedido a las suaves y agradables garras de la morfina. Claudia Isabel se gira hacia Darko.

—¿Me da tiempo a bajar a por cuatro cosas?

—Haz, haz. Coge mucha agua y comida.

Darko le hace un gesto con la mano. No se había percatado de que Claudia Isabel los había llevado a su propia casa. Ella asiente y se baja del coche. «Más nos vale que esto funcione», se dice, mirando al dron. Su hermano le ha dicho que los controles de carreteras son competencia de los militares, mucho menos previsibles que los policías y menos sobornables. Como mínimo, los serbios, que son los que él más ha tratado.

Manipula el aparato para que pueda volar. Se lo regaló Paula por su aniversario. No lo ha utilizado mucho, pero lo sabe manejar. Marc tiene uno y es más experto, pero, en su estado actual, difícilmente lo hará volar. «Tendrá que valer con mi experiencia».

Una sirena se acerca a toda velocidad. Apenas escucha desde el interior del vehículo, pero es inconfundible en mitad del silencio abrumador de las calles. La escucha con cierta ansiedad, temiendo que pueda ser un coche de policía. Sería un contratiempo de lo más grave.

Nada más lejos de la realidad. Una ambulancia cruza a toda velocidad la intersección en la que están, desapareciendo de su vista tan rápido como ha aparecido. Darko termina de configurar el aparato y sale del coche. Lo pone sobre el techo del vehículo y lo hace volar. En su móvil, inmediatamente aparece lo que ve la cámara del aparato.

Sonríe, satisfecho, en cuanto el dron sobrepasa los edificios que los rodean y le dan visión aérea de las calles de Barcelona. Los árboles son un inconveniente, puesto que tapan parte de la vista de pájaro, pero en la ciudad no tiene intención de volar el dron a tanta altura.

Surca el aire en busca de controles, y encuentra uno a unas cinco calles. Es de la policía, encargada de las ciudades. No tienen ningún vehículo detenido. Sigue su búsqueda hasta encontrar un camino libre de controles hasta una autopista. Una vez trazada la ruta, devuelve el dron a sus manos y lo apaga. Ha cumplido su función.

Lo pone a cargar, puesto que la batería no dura más de dos horas. El sol está a punto de ponerse. «*¿Y si no saliéramos hoy?* —reflexiona lentamente, mirando a su amigo dormir con la ropa del hospital en el coche—. De noche, llamaremos mucho la atención. Puede que lo más inteligente sea esperar a primera hora y contar con Marc en plenas condiciones. Es el más inteligente de los tres y el que mejor sabe manejar el dron. Descansar para tener la mente clara y no tener que perder tiempo en la carretera. Sí, tenemos que dormir aquí hoy».

Toma la decisión por su cuenta, y llama a Claudia Isabel, que le coge el teléfono, muy sorprendida:

—¿Qué ha pasado?

—No vamos a salir ahora. ¿Podemos dormir en tu casa Marc y yo esta noche?

—Sí, claro, pero... ¿por qué este cambio de planes?

—Baja a aparcar el coche y ayudarme con Marc. Luego te lo explico con calma.

Darko agradece que Claudia Isabel no le haya discutido su decisión. Puede llegar a ser muy cabezota cuando quiere. «Espero que este retraso no sea determinante —se dice—, meditabundo. No me lo perdonaría nunca».

20

Giulia está enfadada. Lleva horas siguiendo una teoría que ha resultado ser otra vía muerta. El virus interacciona con su fármaco, pero para eliminarlo sin problemas. Golpea con fuerza la mesa en la que está comprobando los cálculos. El enésimo tratamiento prometedor que el virus sortea.

—Nada, las cuentas están bien.

Tiene una decena de científicos trabajando con ella, pero están todos en el laboratorio, en el que tienen muestras del Decem, el único con un nivel de bioseguridad cuatro de toda España. El único en el que se puede investigar con el Decem presente y vivo. Para entrar en la zona de trabajo, se tienen que poner un traje que se desinfecta a temperaturas elevadas y con detergente, que se ha demostrado eficaz para matar al virus. Ella está antes de esos mecanismos de seguridad, vestida con una camiseta negra de tirantes finos y pantalones de chándal estrechos. Es el primer descanso que hace en todo el día.

Se saca el móvil del bolsillo y ve otras dos llamadas perdidas de Adriana, pero esta vez no se acompañan de notas de voz. Desde que se fue de Barcelona, Adriana ha intentado llamarla muchas veces, pero solo han hablado en una ocasión. A cambio, han estado enviándose mensajes de voz para mantenerse al día. «Quiere que la llame —piensa, consciente de que acierta—. Debería hacerlo».

Su estómago le recuerda que hace demasiadas horas que no lo tiene en cuenta, y de inmediato repara en lo poquísimo que está durmiendo. Para acallar a los dos a la vez, se dirige a la máquina que hay en el pasillo central. Están en el sótano del edificio, como mecanismo de seguridad ante posibles fugas de material infectivo. Se compra un café con leche y una chocolatina.

El móvil vibra furioso en su bolsillo cuando recoge la taza. No tiene intención de responder, pero al ver el número de Goa, aprieta los dientes y se sienta en las escaleras.

—Dame una buena noticia —responde Giulia. Goa guarda silencio, es su forma de contestar que no será así—. No puedo más, estoy hasta el coño. ¿Qué ha sido esta vez?

—Esta mañana me he despertado con un dolor de cabeza horrible y espasmos en una mano. Me he hecho un TAC.

Goa va a añadir algo más, pero no lo hace. No es necesario. Sus manos tiemblan ligeramente y un escalofrío le recorre la espalda. A Giulia le pasa prácticamente lo mismo, aunque acompañado de la sensación de que le falta el aire. Con Goa infectada y la amenaza de que su rendimiento decaiga, sus opciones de vencer se reducen.

—Lo siento —musita, para dar paso a lágrimas silenciosas. Nunca se le ha dado bien apartar la parte emocional.

Las dos saben lo que le está sucediendo a la otra. Se permiten flaquear unos minutos. Cuando Goa vuelve a sentirse con fuerzas, sigue dando novedades:

—Lejeune parece que está curado, no hay rastro de Decem en su cuerpo, ni tampoco tiene síntomas. No se acuerda de dónde dejó el cuaderno. De hecho, no se acuerda de nada. Es como si fuera otra persona. El Lejeune que conocíamos ya no existe. Le he pasado unas pruebas de inteligencia y memoria y no ha pasado ni una. Le he diagnosticado demencia muy avanzada. No sé si es por la cirugía o una secuela del virus. El doctor Arnaiz dice que puede pasar y que puede que no sea permanente, que solo lleva unas horas de postoperatorio. Habrá que esperar. Ahora mismo está con Cornet.

Giulia resopla, forzándose a pensar que son buenas noticias. El silencio que se crea a continuación hace que sepa que Goa ha tomado una decisión en relación con ese método de cura, y decide preguntarle, todavía sin tener muy claro si quiere disuadirla o no:

—¿Estás pensando en operarte tú también?

—Mentiría si dijera lo contrario. Es la mejor opción que tengo ahora mismo.

Giulia no puede sino darle la razón, por lo que se limita a callar. Para ella es frustrante estar en esta situación, siendo una de las máximas esperanzas de todo el mundo y no obteniendo ningún tipo de resultados. «Es cuestión de tiempo que consigamos algo. Estamos avanzando —piensa, tratando de darse ánimos a sí misma—. El problema es que Goa no tiene tanto tiempo. Y el resto del mundo tampoco».

—Andrés ha dicho que, si todo va bien, podrá operar mañana mismo a Drew y Svetlana. Creo que podría ser yo la siguiente, dadas las circunstancias, aunque creo que intentaré apurar lo máximo que mi cuerpo me permita —Giulia mira su café, que ya no humea. Goa aprieta los dientes al no recibir respuesta—. Voy a seguir investigando hasta el final. Te lo prometo.

—No tengo ninguna duda. ¿Has podido validar lo de las aves?

—Sí —dice Goa, sorprendiéndose por el cambio repentino de tema, aunque lo agradece—. Cuadran las migraciones con los casos. Las aves han expandido el Decem por todo el mundo. Solo nos falta saber por qué una paloma madrileña ha decidido que era buena idea marcharse a morir a Siberia o China.

—Y cómo se han infectado todas a la vez sin tener ninguna relación entre ellas —añade, pensativa, Giulia—. A mí es lo que más me preocupa.

«Y lo que no encaja —se dice, alarmada—. El Decem causa alteraciones de comportamiento claramente desadaptativas, por lo que pueden hacer que una paloma vuele a miles de kilómetros de distancia, pero no tiene sentido que todas estuvieran infectadas sin haber pasado antes a los humanos. La clave todavía se nos escapa. A no ser...».

—Goa, ¿el primer animal infectado fue una rata?

—Sí, eso dijo Lejeune.

—Y está muerta, entiendo.

—Sí, todos los animales que se infectaron en el laboratorio lo están.

—¿Y el loro de Lejeune?

Goa guarda silencio un instante, sin terminar de saber a dónde pretende llegar.

—No lo sé, hace días que no voy a su casa.

Giulia siente una súbita calidez en el pecho, que identifica como emoción.

—¿Y si Lejeune llevara ya un tiempo probando con el genoma fluido y fuera él quien le diera la idea a tu otra compañera? Es algo que él haría.

—Y por tanto las aves ya tenían otra cepa cuando esta apareció.

—Y mutó de forma priónica al contactar con algún estímulo concreto.

Goa se queda en silencio, sopesando la teoría de su amiga, y consciente de que tiene que enviar a alguien a comprobar el estado del loro.

—Es improbable, pero posible. Y es lo mejor que tenemos hasta ahora.

—Dale una vuelta, a ver si podemos ajustarla para que nos encaje del todo.

—Eso haré —acepta Goa, con energías renovadas—. Ánimo, amiga. Lo sacaremos.

Giulia cuelga con un suspiro. En ese instante se da cuenta de que un café y una chocolatina no basta para alimentarse para todo el día, ni para paliar menos de tres horas de sueño. Ya son las seis y media de la tarde. Está agotada. «Un poco más. Sé que puedo». Da otro trago a su bebida y resopla. Tiene otra llamada que hacer. Al segundo tono, se plantea colgar, pero se obliga a aguantar.

—Adri —dice, con la voz amenazando con ceder—. Te echo de menos.

—Nosotras también… ¿Cómo estás?

Giulia rompe a llorar y le cuenta todas sus frustraciones a su pareja, que la escucha atentamente, interviniendo lo mínimo y confortándola todo lo que puede. Lloran juntas durante un buen rato. A veces se le olvida lo bien que le sienta hablar con ella. Siempre se siente mejor. A salvo. Ella es su lugar seguro, su hogar. Escuchar sobre su hijo también la ayuda más de lo que le duele sentirse lejos de él. Se maldice por no haberse permitido este descanso antes.

—Vete a casa —concluye Adriana, muy seria—. Duerme unas horas y cómete una buena pizza. Y mañana vuelves con más fuerza. Sabes tan bien como yo que más valen seis horas a tu máximo que doce al mínimo.

Giulia sonríe en silencio, reconfortada. Lo acompaña con un suspiro.

—Debería.

—Mañana volvemos a hablar, ¿vale?

—Sí. Te quiero.

Giulia cuelga sin esperar respuesta y mira al techo. Se seca las lágrimas y se suena la nariz. Da un sorbo al café, ya frío. «Tiene razón, el último rato ya no estaba rindiendo como debería —piensa, con una sensación de desrealización propia de quien está llevando a su cuerpo al límite—. Pero tengo que terminar esas PCR. Las dejo puestas y mañana compruebo el resultado». Se pone en pie y tira los restos de la bebida a la primera papelera que encuentra. Baja a la antesala del laboratorio para entrar en el laboratorio una última vez.

Una hora más tarde, se despide de sus compañeros y abandona el LCE por los túneles, utilizando el metro personal. Después realiza un trayecto de diez minutos por el exterior. No se cruza con nadie. El confinamiento está siendo estricto. La quietud de la entrada —custodiada por guardias de seguridad privada— la reconforta.

Abre con la tarjeta desde la distancia y utiliza su teléfono móvil para pedir una pizza a través de la aplicación del hotel. No está acostumbrada a ese tipo de lujos, pero Elena ha insistido en que lo haga si quiere. Aprovecha los diez minutos que le dice la aplicación que tardará para ducharse. Se come la mitad de la pizza que le han dejado y el resto lo deja en la nevera, para el día siguiente.

Finalmente, se tumba en la cama, agotada. Las lágrimas ruedan por sus mejillas hasta que el agotamiento puede más que la miseria que ha traído consigo el Decem, y se duerme.

Sudado y con los dedos agarrotados, Andrés suelta los mandos del robot operador. Está destrozado físicamente, tras dos operaciones casi consecutivas, pero está muy satisfecho, y se siente realizado. Ha extraído hasta el último centro de replicación del virus de los cerebros de los dos pacientes de París. El primero, al que ya han despertado, parece haber quedado muy afectado por las resecciones que le ha realizado, pero puede que sea por el *shock* inicial. «No suele ser del agrado de ningún cerebro que le quiten trozos», solía decir su maestro, el doctor Rius. Hace mucho tiempo que dejó de decirlo, cuando su enfermedad comenzó a devorar su propio cerebro.

Elena está en la misma sala, junto a él. Ha estado entrando y saliendo, pero presente de forma muy conveniente en todos los necesarios descansos que ha ido realizando.

—Ahora a ver cómo quedan —dice Andrés, más para sí mismo que para Goa o Elena, pero las dos lo escuchan y asienten.

—Os iré informando —dice Goa—. Por ahora Lejeune sigue sin cambios, sin memoria de ningún tipo. Gracias, doctor Arnaiz.

La científica se desconecta y se quedan solos.

—¿Este ha salido bien? —pregunta Elena, percibiendo que tanto él como Goa parecen satisfechos con el resultado.

—No lo sabremos hasta que despierte. De momento, en la última imagen parecía que estaba limpio. El problema será ver qué función cerebral le queda. Le he quitado mucho más que a cualquier otro que haya operado, pero mis instrucciones eran quitar todo lo que tuviera señal en el PET.

Elena asiente, pero sabe que no pertenece al mundo en el que se ha metido de lleno. No entiende de estas cosas, no entiende del cuerpo humano y sus funciones. No lo comprende como Andrés y prácticamente todas sus amistades.

—¿Ahora qué? —pregunta el neurocirujano, visiblemente de buen humor a pesar del cansancio.

—Volveremos al hotel. Debes estar reventado.

—No te voy a mentir. ¿Limusina?

Ella asiente con la cabeza.

Una lujosa limusina negra los recoge en la puerta del edificio. Durante el camino, hay momentos en los que Andrés siente que recuperan la conexión que antaño tuvieron y él confiaba que se mantuviera, pero ella enseguida rehúye bruscamente cualquier situación comprometida. Indaga sus motivos sin preguntar directamente, con preguntas dirigidas, pero no consigue las respuestas que busca. Ya en el hotel, Andrés abre la puerta de su habitación sin dejar de hablar con Elena. Él entra, pero, al ver que no lo sigue, la mira, extrañado.

—¿No pasas?

—No es mi habitación.

Se encoge de hombros. El tono de ella vuelve a ser frío y distante, como en la cafetería de Barcelona. Como si solo fuera uno más. «Pero yo no soy uno más —se dice—. Me niego a serlo».

—Pero es la mía. Pensaba que querrías hablar un rato —se queda parado, y se da cuenta de que está muy lejos de convencerla, así que decide que lo mejor es meter toda la carne en el asador—: La verdad es que me vendría bastante bien.

Elena mira al suelo. Parece nerviosa, inquieta. Y no por el contexto general en el que están viviendo, sino por la situación en la que él la ha puesto.

—Tienes que aprender a diferenciar lo que tú quieres de lo que quieren los demás.

—Me podrás reprochar muchas cosas, pero no que no me preocupe por ti.

Andrés se acerca mucho a ella. Pone su mano derecha en su cadera y ella lo aparta con más vehemencia de la necesaria.

—Voy a darme una ducha y poner en frío unas cervezas —dice él, obviando la fuerza con la que ella lo ha empujado—. Si quieres venir, en unos veinte minutos estaré.

—¿En serio tienes cervezas aquí?

—Lo dices como si no hubiéramos vivido juntos tres años.

Elena se sobrecoge y sonríe con tristeza. ¿O es sencillamente lástima? Tienen tantos recuerdos juntos... Tantos años juntos…

—Y cinco de novios —añade ella—. Pero la gente cambia.

—Te espero en media hora.

No le da tiempo a decir que no. Él le guiña el ojo y cierra la puerta. Elena se reprende por su cara embobada, por su falta de reacción. No puede evitarlo. Cuando Andrés está cerca, se pone nerviosa y vuelve a ser una cría de veinte años. No deja de pensar en lo bien que estuvieron juntos…, hasta que comenzó a trabajar con Rius siete años atrás. Sabe que los buenos recuerdos son reales, pero la tentación de volver a acercarse a él no es más que un engaño de su mente, un juego de volver a ser la persona que era. En realidad, su corazón ya está ocupado por otra persona, pero Andrés es y será siempre especial. Se marcha a su habitación y medita durante veinte largos minutos.

Su cuerpo le pide ir a verlo, charlar un rato como solían hacerlo. Su cerebro, aunque estimulado por la posible intensidad de la conversación, le pide a gritos que no lo haga. La avisa de que es una mala idea. Un error. Consciente de ello, se cambia de ropa —a uno de sus vestidos favoritos— y sale de la habitación, con la determinación de charlar de todo y de nada durante el rato que haga falta, hasta que logre olvidar la pesadilla del Decem.

Mientras Andrés operaba, ella ha distribuido junto a Miranda y Jaime los recursos movilizados por el Estado para combatir al enemigo invisible. Las cifras asustan. El caos en los hospitales era atroz. Profesionales y pacientes esquivándose, asesinatos y disturbios de la índole más diversa por todo el Estado, generados por individuos aislados, con los servicios de seguridad y protección completamente sobrepasados. Hasta los políticos se han trasladado al LCE para poder optimizar la seguridad. Incluso ha sido derrumbado un hospital por un ataque de una sola persona con Decem. El hospital de Andrés, en Barcelona.

En ese instante se da cuenta de que él no lo sabe y siente sudores fríos. En las noticias se ha tapado como buenamente ha sido posible, pero en las redes sociales… Aunque él no es de los que gastan su tiempo en eso. La garganta se le hace un nudo cuando golpea suavemente su puerta. Andrés abre, pero su rostro no tiene la sonrisa que esperaba, sino que está roja e hinchada de llorar. Y no se ha duchado.

—Claudia Isabel me ha llamado...

—Lo sé —lo alivia Elena, consciente de que hacérselo contar no ayudaría—. Lo siento mucho.

Lo abraza con fuerza, y la puerta se cierra a su espalda.

—¿Cómo está? —pregunta, tras unos segundos demasiado largos abrazándolo.

—Bien. A Darko ya le han dado el alta, solo tiene unas quemaduras. Marc estaba con ellos, aunque no se ha querido poner. Están bien.

Elena da un respingo, aunque ya sabía que los tres están bien. Le extraña que le hayan dado el alta a Darko, y todavía más a Marc. Quiere preguntar, pero se detiene a sí misma. Andrés siempre ha sido de pocas palabras, y ella lo respeta y no presiona. Con el suficiente tiempo, siempre termina contándoselo todo. O como mínimo, era así cuando salían juntos.

—No sé. Es muy raro. Si hubiera estado allí… No sé nada de la mayoría de mis compañeros de hospital…, no sé. Me siento mal. Culpable.

—No es tu culpa, y es lógico que tengas sensaciones raras.

Elena sabe que no tiene que decir nada más. Que lo único que tiene que hacer es abrazarlo con fuerza y darle a entender que ella está ahí para lo que necesite. Que sigue siendo una buena amiga en la que apoyarse a pesar de todo.

—Este puto virus... Va a acabar con todo.

Elena se sobresalta al escuchar esas palabras. No es la primera vez que las oye. Solo unas horas antes las ha pronunciado Miranda. Pero, en labios de alguien experto como Andrés, toman más importancia.

—No estoy de acuerdo —responde, con una llama naciendo en su pecho, y sobresaltando a Andrés, que no se esperaba en absoluto que se opusiera a él—. Estamos empezando una guerra que no esperábamos. Es normal que nos haya cogido a contrapié. La primera ofensiva siempre sorprende, pero tenemos a los mejores de nuestro lado. No tengo dudas de que venceremos. Ahora toca replegarnos y contraatacar.

—No lo sé, Elena. En la guerra ves al enemigo, puedes defenderte, combatir. Aquí no lo ves, y no hay forma de dañarlo. Tú lo llevas a tus seres queridos sin darte cuenta, le haces el trabajo sucio. Y si no los mata él, te hace matarlos a ti. Es lo peor que he visto jamás.

Elena escucha la reflexión sintiendo escalofríos, ya separada de él. Ambos están sentados sobre la cama, mirándose a los ojos. Están más cerca de lo que puede tolerar sin estar desinhibida por alcohol, por lo que se aparta unos centímetros. El hecho no pasa desapercibido para Andrés.

—Pero sí que podemos defendernos y combatirlo —apunta Elena, con convicción—. Es lo que estamos haciendo. El confinamiento, Goa, Giulia, sus equipos, tú… Todos estamos remando en la misma dirección. Vamos a crear balas en forma de medicamentos y bombas en forma de vacunas. Y ganaremos la guerra contra el enemigo invisible. Venceremos.

—Solo te ha faltado el unidos.

Elena le hace una carantoña que él interpreta como buenas noticias. A pesar de no querer estar demasiado cerca de él, la siente mentalmente mucho más próxima que en cualquier momento desde que se vieron en Barcelona. «No, no me odia. Y no soy solo uno más —piensa, convencido—. Pero hay algo que no me está diciendo. No quiere que me acerque de más porque no quiere que tenga la oportunidad de volver a estar con ella, aunque me sigue teniendo en muy alta estima. Tengo que descubrir qué le pasa. ¿Estará con alguien?».

—Te ha quedado un gran discurso de guerra —dice el neurocirujano, sacudiéndose de encima los pensamientos que lo atormentan—. Lástima que solo lo haya oído yo, que tengo la inspiración heroica y patriótica de un trozo de queso.

—¡Idiota!

—Deberías haber dado tú el comunicado de la presidenta.

Elena le da un golpe suave en el hombro, y ríe sin reparos. Andrés esboza una tímida sonrisa, sanadora. Se miran y saben que es el silencio perfecto. Ella enrojece. «Es el momento», se dice él, palideciendo. Ninguno de los dos está seguro de nada, así que se quedan parados cada uno en su lugar. Todo lo que puede ocurrir pasa de largo y ambos se dan cuenta. «Si tiene un motivo para alejarme, está en su derecho y no voy a invadir su espacio, aunque me duela —reflexiona Andrés, convencido de hacer lo correcto—. Pero voy a darle motivos para que vea que puede confiar en mí y sea ella la que quiera estar conmigo».

—¿Estás bien? —le pregunta ella, sin tener muy claro si quiere hablar o no todo lo que acaba de sentir.

—Lo estaré, supongo —responde él.

Ha sido un momento intenso. «Tal vez deberíamos comentarlo en voz alta —sopesa Elena—. Quizá tendría que explicarle los motivos por los que ahora mismo es imposible que tengamos nada». Se sorprende y reprende por incluir la expresión «ahora mismo» en sus pensamientos. Niega de forma imperceptible.

—Hoy has salvado dos vidas. Y puede que marcado el camino de salvar muchas otras.

Sus palabras han vuelto a recuperar la melosidad y tono amable a que él está acostumbrado.

—Hoy le he quitado a un hombre muchos trozos de cerebro. Veremos la utilidad.

—No seas así. Eres un héroe.

—No. Héroe es el que se queda en casa —se burla Andrés del discurso de la presidenta.

Elena sonríe levemente. Sus ojos evidencian que comparte la tristeza con él.

—Voy a irme a dormir. Mañana tengo que volver pronto.

Andrés asiente, con evidente decepción.

—¿Vendré contigo?

—No creo, yo tengo que estar ahí muy pronto —«y una reunión clandestina antes», se recuerda, con los escalofríos habituales que le provoca pensar en el impulsor inicial de su misión—. Goa se comunicará contigo.

Elena se levanta y va hasta la puerta. Andrés no la sigue. No tiene fuerzas para hacerlo.

—¿Sabrás llegar al LCE?

—Google maps me llevará.

—Enviaré a alguien que te enseñe a llegar de una forma que no dice el maps —contraviene Elena, con una sonrisa de circunstancias—. Estate listo sobre las ocho.

—Gracias, Elena.

—Buenas noches.

La puerta se cierra y los ojos de Andrés se humedecen. Elena coge mucho aire y suspira en silencio. Sus pasos resuenan por el pasillo.

Cuando se cierra la habitación contigua, Andrés se estira en la cama. Su cabeza da vueltas a mil temas diferentes, que, a pesar del papel central que tiene en ellos el enemigo invisible, siempre terminan en lo mismo: «Elena».

21

Un águila hambrienta sobrevuela el bosque en el interior de Cataluña. Lleva dos días sin probar bocado, y su instinto de caza la empuja a volar más y más alto. Desde las alturas, se sirve de su aguda visión para identificar presas. Este ejemplar se ha especializado en cazar aves más pequeñas como palomas y gorriones. No están acostumbradas a ser cazadas como los conejos, y son más confiadas. Sin embargo, en las últimas semanas, la ciudad y sus alrededores se han vaciado inexplicablemente de pequeñas aves, por lo que lleva varios días sin probar bocado y comienza a ser urgente que encuentre alimento.

En su majestuoso vuelo, identifica un pequeño cuerpo volador unas decenas de metros por debajo de él, y decide probar suerte. Sus garras lo aprisionan y, para fastidio del hábil cazador, el cuerpo metálico se parte en dos. No se molesta en alcanzarlo a media caída, consciente de que no es comestible.

El dron se estrella destrozado contra el asfalto, y solo unos segundos después, un vehículo se detiene junto a los restos.

—No deberíamos parar —susurra Claudia Isabel—. Podría pasar un camión y arrollarnos.

Solo han visto tres camiones circulando en su dirección desde que salieran de Barcelona dos horas atrás, coincidiendo con la salida del sol. Además de que el confinamiento es estricto, intentan circular por carreteras secundarias poco transitadas. Las autopistas están infestadas de controles.

—Pues métete en el arcén —espeta Marc, muy enfadado y con

un dolor de cabeza horrendo, al haber limpiado su cuerpo la morfina—. Darko, mira a ver si podemos rescatar algo.

Darko resopla consciente de que sin el dron su misión pierde posibilidades de éxito. Sin ojos en el cielo, tarde o temprano toparán con algún control. Baja del coche para recoger las piezas con las gafas de sol puestas a pesar de que las nubes tapizan el cielo. El siniestro es total, pero recoge los restos igualmente. Lleva las manos cubiertas por guantes para ocultar —y proteger— las frágiles ampollas que cubren sus palmas. Además, antes de ponerse los guantes, se ha envuelto las manos en algodón para suavizar el tacto hipersensible que tienen ahora mismo. Sube otra vez al coche, con la sonrisa menos intensa que de costumbre.

Marc está consciente desde hace unas horas, aunque es evidente que no estaba listo para salir del hospital. Mantiene la venda de la cabeza, que le tapa el ojo derecho por precaución. Aunque no esté dañado, sí lo está la región temporal de ese costado. Tiene el VAC conectado al muslo, y la herida sana de forma notoria. Por lo demás, las quemaduras que tiene son menos graves y se pone una pomada específica que Claudia Isabel le ha proporcionado. Le duele la cabeza y lo obligan a beber mucha agua, a fin de evitar la deshidratación.

—No hay nada que hacer —sentencia Darko, subiendo de nuevo al vehículo. Se sienta en la parte de atrás, pues Marc está en el asiento del copiloto.

—Y ahora, ¿qué? ¿Seguimos? ¿Volvemos? —pregunta Claudia Isabel, preocupada.

—Seguimos —responde Darko, convencido—. No nos vamos a quedar aquí.

—¿Y si nos paran?

—No nos pararán —comenta Darko, aunque todos saben que no es más que una suposición llena de positividad, clásica en él—. Y si lo hacen, yo los convenceré de que tenemos que llegar a Madrid. Ya veréis. Confiad en mí.

Darko acompaña sus palabras con una sonrisa, llena de seguridad, que hace que los demás sospechen que tiene un as bajo la manga. Siempre lo tiene. Las gafas de sol y la sonrisa confiada son suficientes para aplacar cualquier queja. Además, propone utilizar una aplicación que detecta los controles por los flujos de movimiento de vehículos. Aunque no es del todo fiable precisamente por la falta de otros conductores, es mejor que nada. Es lo mínimo que necesita Claudia Isabel para continuar.

El coche va acelerando y comienzan a recorrer kilómetros más rápido que cuando tenían que mantener la velocidad del dron. El optimismo comienza a apoderarse de ellos tras superar las afueras de Lleida, silenciosa y desierta. No han encontrado a nadie en la carretera secundaria que han elegido para apartarse de la ciudad.

Al girar una curva, cerca de la frontera con Aragón, ven lo que parece un control, y no policial, sino militar.

—¿Pone algo la app?

—No —reconoce Darko, chasqueando la lengua con evidente fastidio.

—No pasaremos —dice Marc, con voz trémula—. Gira. Tenemos que volver.

—Claro que sí —responde Darko, con el pecho hinchado—. Confiad en mí. Pasaremos. No es más que un pequeño contratiempo.

Conforme se van acercando a las furgonetas del Ejército, van reduciendo la velocidad y sube la tensión. Darko sonríe con toda la tranquilidad del mundo. El vehículo se detiene por completo entre dos furgonetas y muchas señales de *stop* con lucecitas intermitentes. Quien les da el alto es un fornido oficial militar vestido de camuflaje, con medallas colgadas del pecho. Lleva un rifle en su mano, que pone los pelos de punta a Claudia Isabel y Marc. Una mascarilla quirúrgica cubre su boca. El rostro de Darko se ilumina.

—Buenos días, capitán —dice el cirujano, al descifrar las tres estrellas de su uniforme.

—Buenos días —responde el militar, sorprendido por el reconocimiento y por el hecho de que sea la persona sentada en la parte de atrás del vehículo quien se dirige a él. Tampoco le pasa desapercibido su atuendo: gafas de sol y guantes—. ¿Quién es usted?

—Soy el doctor Darko Nestorovski.

El capitán hace una mueca de incomprensión al sentir, por su tono, que debería conocerlo.

—¿A dónde van?

—A Madrid —dice, con naturalidad, quitándose las gafas, destilando seguridad. El militar se vuelve a impresionar. Darko abre la puerta despacio, al ver que el soldado no tiene pinta de dejarlos pasar sin más. Tiene el detalle de ponerse una mascarilla quirúrgica para intentar minimizar su imagen de amenaza—. Si me deja que venga con usted a unos metros del coche, se lo explicaré todo.

El cirujano hace un gesto que apunta a sus compañeros de viaje, como si no quisiera que lo escucharan. El capitán recela de ellos. La cabeza vendada de Marc levanta sospechas. Sin embargo, da un paso atrás y permite que Darko salga del coche. De todas formas, no baja la guardia. Empuja la pestaña del seguro de su rifle, dispuesto a utilizarlo si le dan excusa.

Se alejan los dos juntos, y la cojera de Darko es evidente. El lenguaje corporal del capitán irradia escepticismo, por lo que Darko —veinte centímetros más bajo— gesticula exageradamente y hasta le toca el hombro. No parece que esas acciones gusten al militar.

—La va a liar —gruñe Marc, al ver que el rostro del capitán se endurece aún más.

—Todos lo hemos visto convencer de cualquier cosa a cualquiera —apunta Claudia Isabel—. Démosle un poco de confianza.

—No es lo mismo —insiste Marc—. Este es un militar entrenado, acostumbrado a enfrentarse a embaucadores como él. No picará.

A pesar de la poca confianza de su compañero de viaje, Claudia Isabel se mantiene firme en su opinión. Darko sigue sin borrar la sonrisa de su rostro, y eso invita al optimismo. El capitán no ha variado la expresión, pero asiente sin cesar y consulta la pantalla del móvil de Darko junto a un compañero.

Los dos encajan sus manos —a lo que Marc siente que no se están cumpliendo los mínimos sanitarios de distanciamiento social— y Darko se acerca solo hacia el coche. Se encoge de hombros y se retira la mascarilla, con una media sonrisa que no invita a pensar que haya conseguido nada.

—Hala, seguimos.

—¿Qué? —saltan Claudia Isabel y Marc a la vez, en cuanto se sienta de nuevo, con una sonrisa exuberante.

—Pues ya está, seguimos hacia Madrid.

Ambos se sienten tan sorprendidos que quieren darle la enhorabuena, aunque Darko no necesita que lo vitoreen.

—¿Qué le has dicho? —pregunta Marc, incrédulo, al ver que el capitán y algunos de los reclutas apartan los clavos del suelo y dejan espacio para que pasen.

—La verdad. Que necesitamos llegar a Madrid.

—¿Lo has sobornado? —pregunta Claudia Isabel.

—Jamás haría algo así —sonríe de tal manera que da a entender exactamente lo contrario. Aunque lo conocen lo suficiente como para saber que le gusta hacerse el interesante.

«Probablemente es un farol. Probablemente», piensa Marc.

Claudia Isabel tiene una teoría que prefiere reservarse hasta haberse alejado de los militares. Las preguntas aumentan mientras pasan entre los furgones militares, ante la atenta mirada de todos los allí presentes. Es el primer coche particular que permiten pasar desde que se plantó el control, la noche anterior.

—¿Por qué entonces tu cara sin sonrisa al principio? —salta Marc, nervioso.

—¿Sinceramente? —Marc asiente enérgicamente y la sonrisa de Darko crece. Bajo las gafas, una chispa de orgullo brilla en sus ojos—. Porque tengo las manos doloridas y me ha apretado duro.

Claudia Isabel rompe a reír a carcajadas, y Marc rueda los ojos. Se alejan despacio, mirando atrás, como si en cualquier momento los coches militares fueran a perseguirlos. Pero nada de eso ocurre, y se mantienen solos en la carretera, que indica los kilómetros hasta Madrid.

—¿Les has dicho que llevamos una cura? —pregunta Claudia Isabel, por fin, sintiendo que han superado el control.

—No exactamente.

—No me lo puedo creer —ríe Claudia Isabel—. ¿Y se lo ha creído?

Darko niega con la cabeza, evidentemente fastidiado por perder cierta magia de su gran acción. Pero enseguida vuelve a sentir orgullo por haber conseguido pasar. Es mérito suyo y de nadie más.

—Le he dicho que estábamos reclutados para investigar en el laboratorio de bioseguridad cuatro, el LCE, y que teníamos autorización del Gobierno.

—¿No te ha pedido acreditación? —pregunta Marc, escéptico.

—Sí. Y lo he disuadido de querer verla.

Saben que es mentira, pues Darko tiene la expresión que utiliza al mentir, pero nadie osa contradecirlo. No saben exactamente cómo lo ha hecho, pero eso no es lo importante.

«Lo importante es que hemos pasado y estaremos en Madrid antes del anochecer si no hay más imprevistos —piensa Darko—. Y, si los hay, solo tengo que repetir el proceso y mostrar la hoja con la firma de la presidenta que pone que somos personal esencial requerido en Madrid».

Evidentemente, la presidenta no ha redactado nada de lo que pone en el documento. La firma es real, pero Darko ha modificado el texto firmado a su conveniencia. Si ha funcionado una vez, no tiene por qué no volver a funcionar.

Convencido de que su aventura tendrá éxito, Darko sonríe, con los ojos puestos en una carretera que no parece acabar nunca.

22

Andrés termina su primera intervención quirúrgica del día antes de lo previsto. Unos militares lo han escoltado desde el hotel hasta el LCE, y no ha visto a nadie más. Han sido los mismos soldados quienes lo han llevado a la sala del robot. Ha hablado con Goa a distancia, pero echa de menos tener compañía en sus descansos. Echa de menos a Elena.

Revisa su teléfono, pero no tiene ningún mensaje de la consejera. Sí tiene de otras personas, pero los ignora. Le duele que no le haya escrito. Sabe que está hasta arriba de trabajo, pero no cuesta nada enviar un mensaje. O responder al que le ha mandado él. Ya vestido de calle, acude a la sala de videoconferencias para hablar con el hombre calvo que sustituye de tanto en tanto a Goa. El único miembro del equipo de París que todavía no muestra evidencias de haber contraído el virus. No es tan destacado como ella, pero cumple con lo que se espera de él y pasa el informe de sus pacientes.

Lejeune parece recuperar funcionalidad poco a poco, mientras que Cornet, el otro paciente que operó el día anterior, no ha despertado todavía. Puede que se pasara con el bisturí, pero seguía las indicaciones de Goa: eliminar todos los focos que hubiera, sin importar cuánto cerebro fuera necesario extirpar.

El hombre se despide brevemente y la pantalla se funde en negro. Tiene dos horas hasta la siguiente operación. Se siente un poco solo. Sus pensamientos vuelven una y otra vez a Elena. «Necesito despejarme», se dice, frotándose el rostro. Coge el bocadillo que le han dado los militares como almuerzo y se marcha de la sala sin un rumbo fijo.

Se sienta en uno de los sofás de la planta inferior, en la que está a solas con la mujer que controla el acceso a los tornos y un guardia de seguridad fornido. El ambiente está cargado, y la mascarilla quirúrgica lo agobia. Quiere quitársela, por lo que se levanta y camina hacia los tornos. La mujer lo reconoce y lo deja salir sin decir nada. Vestido con ropa de calle, él lo agradece con un gesto de cabeza.

Sale del edificio con una sensación extraña. Tiene el estómago revuelto y escalofríos. Duda por un instante que esté infectado, pero lo termina por achacar al agotamiento físico y mental que arrastra. La bocanada de aire frío al quitarse la mascarilla le ofrece alivio.

Se plantea volver a entrar al edificio y dormir un rato, pero decide que le urge más el contacto humano. Desoyendo el estado de excepción, que obliga a todos los ciudadanos a quedarse en casa, se pone a caminar en dirección a la casa de Paula. Necesita hablar con ella, compartir todo lo que lo atenaza.

Cuando apenas ha caminado dos manzanas y acaba de abrir el bocadillo, se detiene en seco al identificar un cuerpo sobre el asfalto, en mitad de la carretera. Está rodeado de salpicaduras de sangre y en su mano derecha empuña un cuchillo. Por la postura que ha adoptado, difícilmente siga con vida.

Mira a su alrededor despacio, buscando algún signo que le indique que la situación está controlada, sin éxito. El silencio es abrumador. Se acerca con cautela, no sin antes ponerse su mascarilla antipartículas. Examina el cuerpo desde una distancia prudencial de unos dos metros. Los labios del cuerpo están morados, y su piel está más macerada de lo que debería para una persona viva, llena de pústulas rosáceas. También el olor lo delata.

Se retira conmocionado, mirando a su alrededor. La quietud sigue siendo absoluta. «Tal vez nadie lo haya visto, tal vez sea yo el primero en encontrarlo», se dice, tenso. Pero hay algo que no cuadra. Con el frío que hace, esa persona lleva muerta más de un día, y destaca sobremanera en mitad de la calzada. Llama a emergencias, pero nadie le responde. Niega con la cabeza y lo vuelve a intentar, pero sintiendo que la tranquilidad de la calle, que antes le ofrecía consuelo, ahora le oprime el pecho.

—Emergencias, dígame —dice una voz de mujer.

—Soy el doctor Arnáiz, acabo de encontrar un cadáver en la calle…

—Disculpe —interrumpe la telefonista, aprovechando que Andrés vacila para buscar el nombre de la calle—. En este momento los servicios están desbordados. Si dice que la persona ya ha fallecido, no podemos considerarlo una emergencia.

—¿Cómo? —Andrés se da cuenta de que proyecta su perplejidad en su voz.

La operadora chasquea la lengua con evidente fastidio.

—Lo siento, señor. ¿Ha dicho que ha encontrado un cadáver?

—Sí.

—¿Y no hay ninguna persona en riesgo de muerte?

—Bueno, realmente, no.

Andrés siente que la situación se le escapa de las manos. «*¿Qué está pasando?*».

—Entonces, discúlpeme, le voy a colgar para poder priorizar emergencias en las que se puedan salvar vidas. Gracias por su llamada.

Y la llamada se corta. Andrés se queda unos segundos escuchándolo, petrificado, mirando al cadáver con incredulidad. «*¿Qué demonios estoy haciendo? ¿Cómo se me ha ocurrido salir del LCE? Soy idiota*», se reprocha. Da dos pasos atrás, regresando a la acera. El miedo comienza a apoderarse de sus actos.

Uno de los brazos del cuerpo parece vibrar. Se aleja un poco más, sintiendo que la situación lo supera. Y entonces, con un sonido similar al que produce un pedo, el brazo del cadáver estalla hacia el lado opuesto al que está Andrés. Un polvo fino de color rosa llena el aire en esa dirección. El neurocirujano recuerda la simulación que le mandó Goa. Son virus altamente contagiosos. Antes de huir, le echa una última mirada al cadáver. Solo la piel del brazo ha explotado, dejando visibles e intactos los músculos del antebrazo.

Incapaz de hacer otra cosa, vuelve sobre sus pasos, acongojado, de vuelta al laboratorio. Camina rápido, mucho más que a la ida, espoleado por los miles de escenarios macabros que su cerebro imagina, y sabe que después de lo que acaba de ver no podrá volver a sentirse a salvo. Una vez que pasa los tornos del LCE, se dirige al guardia de seguridad:

—He visto una persona muerta en la carretera. Está infectada.

El guardia, un hombre alto y fuerte, con una espalda descomunalmente ancha, parece dar un respingo.

—¿Un cadáver?

—Sí.

—¿Como un zombi?

Andrés hace una mueca de incomprensión, más desagradable de lo que debería.

—¡No! Una persona muerta, en el suelo, a dos manzanas de aquí. Pero infectado.

—Ahh —el guardia parece aliviado—. No se preocupe, doctor Arnáiz. Nosotros nos encargamos.

Andrés quiere protestar, pero el guardia de seguridad lo empuja levemente para acompañarlo hasta el sofá, y se da por vencido.

—Estaba a dos manzanas, saliendo a la derecha. Id con cuidado. Está infectado.

—Muchas gracias. Ahora daremos parte. Iremos con cuidado.

El guardia deja al neurocirujano en el mismo sofá que se había sentado unos minutos antes. Él niega con la cabeza y trata de alejar sus fantasmas. No es fácil. Llama a Paula en busca de consuelo:

—¡Andrés! —exclama ella, descolgando casi al instante. Tenía el móvil en la mano.

—Necesitaba verte, pero he encontrado un cadáver por el camino y he decidido volver. La calle se está volviendo peligrosa.

—Oh, no. Me sabe fatal. Nosotras… también hemos tenido incidentes, pero estamos bien.

Paula decide no contar que les han disparado o que su vecina se ha tirado por la ventana. Andrés tampoco le pregunta al respecto:

—Estuve hablando un rato con Elena ayer... Hubo un momento, pero fue extraño…

El silencio de Paula es bastante elocuente. Macarena está frente a ella, haciendo muecas de dolor al mover el hombro herido, que más o menos moviliza completamente. La bala le rozó de forma más superficial de lo que en un principio parecía. Mikel está junto a ella, acariciándole el cabello. Desde el disparo, no se han despegado el uno del otro.

—Andrés…, ¿te liaste con ella? —pregunta Paula, despacio, conteniendo la respiración.

Macarena se interesa en la conversación por primera vez, pero Paula se aleja para mantener la intimidad y no se molestan en seguirla.

—No, no nos liamos.

—Entonces... —dice Paula, tumbándose en su cama y haciéndose la imagen en su cabeza, a fin de sacar una conclusión—: ¿Estabais bien, como antes, pero había algo que la frenaba?

—Sí, exacto. Cada vez. Cuando había un momento adecuado, se apartaba.

—Pero sin embargo no parecía que no quisiera.

—Todo lo contrario.

Paula se queda en silencio, con cierto recelo a las palabras de su amigo. «Debería contárselo —se dice, pensativa—. Pero, por otra parte…».

—¿Has pensado que tal vez ella no quiere que le vuelvas a hacer daño? —resuelve, reservando parte de la información que posee. «No es el momento».

—Ella fue la que se marchó —resopla Andrés, poniéndose claramente a la defensiva al sentirse avergonzado y culpable—. Ella me dejó, no yo.

—Dejar a alguien no es la única forma de hacerle daño. Se fue porque no tenías tiempo para ella ni te preocupabas por sus problemas. Y no protestes —se adelanta, sofocando cualquier intento de queja de Andrés—. Me lo contaste tú.

—Ya, ya —Andrés se lleva la mano libre al cabello y la deja en la nuca, donde la frota.

—¿Qué harás?

—No lo sé. ¿Qué harías tú?

Paula duda un instante, que se permite a sí misma para dar una buena respuesta. «En mitad de todo lo que está ocurriendo, con la responsabilidad que él tiene y acabando de ver a una persona muerta en la calle, es increíble que el caso que le haga Elena pueda afectarlo tanto —piensa Paula—. Nervios de acero para quitar trozos de cerebro de personas, pero tiembla como un flan ante una chica que no le corresponde. Qué curioso cómo somos los humanos...».

—A mi parecer... —comienza ella, despacio, manteniendo su atención—, deberías dejarlo correr y olvidarte de ella. Fue bonito en su momento, pero se acabó.

A Andrés no parece convencerle la respuesta, pues frunce el ceño de forma extraña. Pero, como casi siempre que Paula le da un consejo, lo toma como verdad única y absoluta.

—Gracias —responde él—. Creo que volveré ya al trabajo.

Andrés se pone en pie, sin intención de hablar más, pero dispuesto a darle a Paula la oportunidad de despedirse. No le ha ofrecido ninguna información nueva y no le ha gustado su consejo. Si hace un rato necesitaba contacto humano, ahora necesita estar solo.

—Vale, Andrés, no te preocupes. Hablamos cuando quieras, yo estaré en casa.

—Solo hemos hablado de mí —dice él, como si súbitamente se hubiera acordado de que ella también tiene sus problemas—. ¿Cómo te encuentras del embarazo y eso?

—No te preocupes —Paula no tiene ni fuerzas ni ganas de ponerse a explicar que cada mañana deja el alma y la bilis en el retrete antes de desayunar—. Lo llevo bien. Cuando lleguen Darko y los demás, será más fácil.

Andrés asiente. Habló con Darko la noche anterior, después de que Elena se marchara, y lo puso al corriente del largo camino que pensaban emprender. Si todo va bien, llegarán a la capital esta misma noche.

—¿Dónde planean quedarse?

—No lo sé. Aquí no. Lucharé para que pueda venir Darko, pero el resto... No sé. Mis compañeros de piso se han liado. Tal vez podría conseguir una habitación más para ellos, pero no sé. Aunque supongo que tendrán dónde alojarse.

Tiene que morderse la lengua para no hablar de más. Otra vez.

—En el hotel podría quedarse uno conmigo. Incluso los dos si consigo irme con Elena.

Paula se altera al escuchar las palabras.

—No te olvidarás de ella, ¿verdad? —lo pregunta de forma cansada, triste por su significado.

—No puedo. La quiero, siempre la he querido.

—Lo sé. Pero creo que ahora es solo una obsesión —opina Paula, con cuidado. El equilibrio en el que está la situación es tan frágil que es imposible que alguien no salga mal parado. Y Andrés tiene casi todos los números—. Ten cuidado y reflexiona mucho antes de hacer ninguna tontería.

—Gracias, lo haré. Mantente a salvo. Por los dos.

Paula sonríe, pero el latigazo que siente en el cuello y el pinchazo en el estómago es tal que le cuesta mantenerse sentada en la cama, con un agujero negro en forma de bebé en su vientre y otro de preocupación por la criatura y su padre sobre su cabeza.

23

Giulia golpea con los nudillos la puerta del despacho de Jaime, suave, un poco nerviosa por todo lo que tiene que contar.

—Adelante —se escucha, aunque la voz parece indicar todo lo contrario.

Jaime está acomodado en su silla, frente a Elena, que sonríe al verla. Giulia se da cuenta de que está interrumpiendo una conversación importante.

—Siento molestar —se disculpa, a lo que Jaime mueve la mano y la cabeza en señal de aceptación—. Pero dijiste que subiéramos cada vez que tuviéramos novedades.

—Así es —a Jaime se le ilumina la mirada.

—No es una cura —se anticipa Giulia, causando una ligera decepción en los dos funcionarios, reflejada en sus rostros—. Es un test rápido.

Recibe dos cabezas asintiendo, aunque menos emocionadas que si hubiera anunciado que sabía cómo acabar con el virus. «Pero para matarlo, primero hay que saber dónde está, así que vamos en la dirección correcta». Entiende la decepción, pues sabe lo bien que quedaría poder decir que ya saben detenerlo. Y lo importante que es.

—¿Cómo funciona?

Giulia los valora, dudando qué nivel de detalle ofrecer. Se decanta por un término medio, pues tanto uno como el otro son personas competentes y muy capaces:

—Hay que aplicar un líquido sobre la piel. Al tener tropismo cutáneo, aunque en cantidades pequeñas, cuando nuestro reactivo contacta con una piel infectada, por pequeña que sea la cantidad de virus, se vuelve azul.

—Disculpa, ¿tropismo es como atracción? —pregunta Elena.

Antes de ascender a jefa del equipo contra el Decem, sus conocimientos científicos se limitaban a lo que oía y Andrés le explicaba cuando estaban juntos. Esa época ya pasó.

Giulia asiente y Elena se da por satisfecha.

—¿Podemos producirlo en masa? —le pregunta Elena a Jaime.

—Lo pondremos en marcha. Se lo entregaremos a Coordinación, que se encarguen de hacerlo posible. Pero la prioridad absoluta debe ser la cura.

—Esa es la idea —dice Giulia, intentando que se note lo mínimo la indignación que siente con el vicepresidente, que parece insinuar que no se centran en lo que deben—. Hemos avanzado en la estructura genética, identificando una forma de detener la fluidez de sus genes, pero lo único que haríamos con eso sería detener la mutación, no curar ni evitar la transmisión. Pero es un primer paso hacia la cura.

—Bien, bien. Son buenas noticias —afirma Jaime, relajando su semblante—. Creo que las primeras desde que empezó todo esto.

—¿Qué pasa? —se aventura a preguntar Giulia, consciente de que no quiere saber la respuesta a su pregunta. Pero al final gana la curiosidad.

—La presidenta está indispuesta y se ha marchado a casa. Me tocará a mí elaborar el discurso con su ayudante para la ministra de Sanidad. Estoy un poco agobiado.

«Y la situación es catastrófica», evita añadir el vicepresidente, que está sin corbata y con el primer botón de la camisa abierto.

—Más que nada porque no dejan de subir los casos... y los muertos —continúa Elena, sin entender muy bien por qué su compañero ha comenzado por lo de la presidenta—. Estamos muy por encima de nuestros peores escenarios. Y eso que es imposible contar todos los casos.

—¿En qué números estamos ahora mismo? —pregunta Giulia, tras dudar de nuevo si quiere saberlo o no, pero decidiendo que debe conocer los hechos por desalentadores que sean.

Elena toma aire y mira a Jaime, que no parece dispuesto a responder.

—Es imposible saberlo —reconoce ella—. Los hospitales están ya desbordados y los servicios de emergencias no son capaces de atender ni a la mitad de las llamadas que reciben. Hay cadáveres por las calles que no somos capaces de recoger. Los casos confirmados que tenemos son ínfimos en relación con los que en realidad son. Este virus avanza demasiado deprisa. Nos está superando.

—La situación es límite —resume Jaime, con el rostro serio—. Y que sean pacientes agresivos lo complica todo más.

—Como el hospital de Barcelona... —musita Giulia. No deja de sorprenderle que por los canales oficiales de televisión no se haya ni mencionado. «Libertad de expresión lo llaman», se dice Giulia, tragándose sus palabras una vez más.

—Lo peor es que no parece que vayamos a mejorar. Ni siquiera las predicciones más catastrofistas imaginaban esta situación tan pronto.

—Esa actitud es la que tengo que apartar del discurso —gruñe Jaime, que mira a su compañera rodando los ojos, y confirmando que ninguno de los dos pondrá en valor el ataque oculto de la científica—. No podemos dar ese mensaje.

—El problema es que es así —sentencia Elena.

—El doctor Arnaiz está obteniendo resultados en sus cirugías —apunta Giulia, huyendo de sus propios fantasmas. No se le escapa que Elena da un respingo al escuchar su nombre. Una oleada de teorías la asalta, pero las aparta para concentrarse en lo realmente importante.

—Pero son cirugías muy costosas que no podemos generalizar como tratamiento.

—Eso es cierto —acepta Giulia, con lo que Elena se encoge de hombros. Una nueva idea emerge entre la maraña de pensamientos negativos que llenan su mente—. ¿Cuántos casos confirmados tenemos?

—Unos quince mil.

—Eso significa que ahora ya hay suficientes datos. Podríamos analizar grupos..., podríamos obtener conclusiones, grupos inmunes o menos vulnerables, o incluso asintomáticos. Quizá eso arrojaría luz sobre la cadena de contagio.

—¿Conclusiones de qué? ¿Qué más da si uno es menos vulnerable? ¿No era que era culpa de los pájaros todo esto? —Jaime no termina de entender el mundo de las ciencias y sus ideas. Se vuelve a sentir abrumado.

—No, a ver, el virus se ha creado en un laboratorio —responde Giulia, mecánicamente, con la mente volando ya muy lejos de allí—. Los pájaros lo han esparcido, de eso no tengo dudas, pero hay que saber cómo se han contagiado ellos. Lo de los grupos nos serviría para identificar características que nos guíen hacia posibles curas. Los asintomáticos son importantes para ver la tasa de contagio. Necesito conexión con un equipo de epidemiología cuanto antes.

—Yo me encargo —asiente Elena, que sí ha seguido el hilo de sus pensamientos—. Tienes plenos poderes, ya lo sabes. Te avisaré cuando lo tengamos preparado.

—Exacto —confirma Jaime—. Confiamos ciegamente en ti.

—Gracias.

Giulia abandona la estancia con chispa de furia en su interior. Totales poderes y reconocimiento constante. «Ahora que me necesitan. Si no hubieran recortado en ciencia y científicos durante décadas, habría muchas más personas cualificadas poniéndose a disposición del Gobierno. Muchos cerebros que estarían en primera línea y ahora están en casa, encerrados, sin saber lo útiles que podrían ser».

La sangre le hierve.

Se apunta pedir más fondos para investigadores jóvenes y no tan jóvenes en la infinita lista de cosas de las que no tiene que olvidarse cuando pase la crisis. «Cuando pase esta crisis —se dice a sí misma, varias veces al día—. Si es que pasa, porque al ritmo que vamos…», se responde siempre. Una de las cosas que tiene claro que hará es irse de viaje lejos; con cuantas menos personas, mejor. Una isla desierta sería ideal.

«Cuando pase la crisis…».

24

El coche sigue avanzando kilómetro tras kilómetro. El sol se pone frente a ellos, y la carretera oscurece por completo cuando cruzan el paso fronterizo a la provincia de Guadalajara. La falta de visión es más notoria de lo normal. El aire parece cargado. Claudia Isabel siente como si fuera a ocurrir una desgracia. Como si estuvieran en el periodo de calma antes de una tormenta. Hace horas que no se encuentran con absolutamente nadie. La ciudad de Guadalajara destaca en el horizonte como un faro de luz. Pensaban que llegarían a Madrid antes del anochecer, pero un coche volcado en mitad de la carretera los ha obligado a modificar la ruta. No había personas junto al coche accidentado, solo restos de sangre.

—Tengo un mal presentimiento —musita Marc, con una sensación similar a su compañera. Sigue llevando el vendaje en la cabeza, pero Darko se lo ha modificado para liberarle el ojo. Aunque sigue siendo muy aparatoso, mostrar los dos ojos mejora su aspecto.

Siguen avanzando despacio. Unas horas después de entrar en la provincia, una sombra se cruza fugazmente ante las luces del turismo. No son capaces de saber qué es, pues al iluminarla con los faros se aparta velozmente de su trayectoria. Lejos de las luces, no ven más que una silueta borrosa desaparecer entre la vegetación. Los tres se miran inquietos, buscando confirmar que lo que han visto es real.

—¿Qué era eso? —susurra Claudia Isabel, con el corazón desbocado y el vello erizado.

—¿Un ciervo? —aventura Darko, consciente de que no tenía cuatro patas.

Claudia Isabel reduce la velocidad del coche, tensa.

—Parecía... humano —apunta Marc, con la sangre helada.

Distraídos en sus propios temores, no advierten un claro de luz en la lejanía hasta que es demasiado tarde.

—Es un control —indica Marc, sumido aún en el trance que le ha causado la figura—. Hay que retroceder.

—Nos han visto —apunta Darko, que observa los soldados ordenarse para recibirlos—. Lo pasaremos.

Mantiene la confianza del anterior control, con la diferencia de que esta vez ninguno de los demás se opone a él. Que se le pongan en contra y luego superarlos le encanta, pero se conformará con sencillamente pasar el control.

—Es justo la salida de la provincia de Guadalajara a Madrid —revela Marc, comprobando la ubicación en su móvil—. Estamos cerca.

—Después de esto, ya estamos. Avisa a Paula —dice Darko, autoritario.

—Espérate a pasar el control.

Pero Darko, cuyo móvil está en modo avión para ahorrar batería hace horas, insiste:

—Avísala de que estamos saliendo de Guadalajara —su tono es fiero, y Marc obedece, no sin protestar bufando. No tiene ganas de discutir, pero deja claras sus reticencias.

Se detienen junto a una oficial que Darko identifica como teniente. Es bastante baja y no infunde temor a pesar de que es musculosa. Viste con el traje de camuflaje y una mascarilla blanca y redonda, que contrasta con el color marrón claro de su piel. Lleva guantes de látex. Darko baja la ventanilla despacio, sin prisa y destilando confianza. Se pone su mascarilla y saca la cabeza por la ventanilla trasera.

—Buenas tardes, teniente. Soy el doctor Nestorovski —anuncia en tono solemne, volviendo a colocarse la mascarilla, repitiendo el proceso del anterior control.

—Y yo la teniente Miranda Alaoui —el tono de Miranda es mucho más agresivo y menos dócil que el del militar de Cataluña. Darko se da cuenta, pero sonríe sin alterar su estado. Le encantan los retos—. ¿A dónde se supone que van?

—Si me permite bajar del vehículo, se lo explicaré...

Miranda no se mueve ni un pelo, sino que examina los rostros de los demás ocupantes del coche en la penumbra. Los focos del control son más bien reducidos. Darko hace el amago de abrir la puerta, pero ella se la cierra con más fuerza de la necesaria. El cirujano traga saliva. «Puede que sea más complicado de lo que pensábamos».

—No necesita bajar.

Miranda es el enlace directo del Ejército en los controles fronterizos de la Comunidad de Madrid. No está entusiasmada por haberse tenido que marchar del centro de control y alejarse de Jaime, pero está supervisando que todo funcione correctamente. Debe cumplir lo que se le ordena. No lleva fusil en sus manos, pero ya ha logrado intimidar exactamente igual que el capitán de Lleida.

—Mis compañeros no...

—El delito lo están cometiendo todos juntos, así que no veo por qué la defensa debe ser individual.

Darko aprieta los dientes. Marc parece a punto de colapsar. Deja de mirar a la militar, incapaz de mantenerse firme. Comienza a juguetear con la venda del brazo derecho, nervioso, respirando pesadamente. Siente que los ojos se le nublan y va a perder el sentido, pero logra mantenerse recto. Está pálido y las heridas le duelen sobremanera.

—Vamos en dirección al LCE, donde nos esperan para que ayudemos al equipo que está trabajando noche y día por encontrar una cura —dice Darko, en un tono serio que evidencia lo buen mentiroso que es.

Agita las manos, cubiertas por unos guantes. Miranda lo mira con escepticismo.

—Entonces supongo que llevarán la documentación pertinente.

—Sí, señora. Firmada por la presidenta a fecha de ayer.

—Baje y enséñemelo.

Miranda sonríe. Es una sonrisa difícil de catalogar, pero sin duda de una persona que tiene la situación bajo control. Darko se acerca a la teniente, que ha retrocedido varios pasos para que pueda abrir bien la puerta del coche.

—Esto no me gusta —susurra Claudia Isabel—. Me perturba esta mujer.

—Porque sonríe —espeta Marc, más relajado—. Creo que tenemos que empezar a confiar más en Darko y ser...

No termina la frase, porque Miranda, tras coger el móvil de Darko, ejecuta una impresionante llave con la que le da la vuelta en el aire al cirujano y lo estrella contra el suelo. Toda una demostración de fuerza.

Se sienta sobre él y le pone unas bridas atando sus manos a la espalda, para después quitarle los guantes. Las manos de Darko están completamente peladas, las ampollas se han roto. Se encuentra tan perplejo —y dolorido, pues el impacto contra el asfalto ha sido considerable— que no es capaz de reaccionar ni defenderse de ninguna forma.

Miranda indica a un compañero que vigile a Darko y se acerca al coche. Lo más duro para Claudia Isabel y Marc es la impotencia de ver que se acerca lenta pero inexorablemente, conscientes de lo que está por suceder y las repercusiones que eso puede tener en sus vidas.

—Bajen del vehículo —les ordena Miranda, con voz suave pero implacable.

Ninguno osa protestar. Obedecen, aunque Marc tiene problemas. Al apoyar la pierna derecha, el dolor en el muslo es demasiado y se dobla. Apoya ambas manos sobre el capó y trata de erguirse, pero la piel le tira en demasiados lugares. Solo quiere huir corriendo, pero su cuerpo no se lo permitiría.

—Están detenidos por incumplir las restricciones de movilidad y falsificar un documento oficial.

Impotentes, asisten a cómo les atan las manos con bridas a la espalda. Marc siente mucho dolor al apretarle el plástico rígido a la muñeca herida, pero no hace más que apretar los dientes. No quiere empeorar la situación.

—¿Cómo has sabido que era falso? —le pregunta a Miranda un militar no mucho más alto que ella, y menos condecorado, que está mirando la pantalla del móvil de Darko. También lleva mascarilla y guantes desechables.

—Lleva la firma de la presidenta. La presidenta no firma estos documentos desde que se impuso el estado de excepción. Los firmaba yo.

Darko siente sudores fríos. Tumbado sobre el frío asfalto boca abajo, pone la frente contra el suelo, resignado al fracaso. Aprieta los dientes, con mucha rabia. Su plan solo tenía una debilidad. Y ha ido a topar directamente con ella.

—¿Qué nos va a pasar? —pregunta Claudia Isabel, sintiendo vacío y vergüenza a partes iguales.

—Calabozo —dice el militar con el móvil de Darko—. Hasta que sepamos qué hacer con vosotros.

—Nosotros no hemos hecho nada —salta Marc, ante la atenta y preocupada mirada de Claudia Isabel—. No podemos ir a la cárcel. Por favor, no.

Su fuerza se va apagando ante el imperturbable rostro de Miranda, que niega con la cabeza suavemente.

—Han incumplido las restricciones de movilidad.

—Pero eso es solo una multa —suplica Claudia Isabel.

Miranda se burla.

—No se preocupe, la multa no se la quitará nadie.

La sangre se le hiela a Marc, que se da cuenta de que no tiene ninguna posibilidad de convencer a Miranda de nada. La teniente hace un gesto a sus compañeros, que los dirigen hasta la parte de detrás de uno de los furgones militares. Es abierto, sin posibilidad de cerrar el maletero. Al subir, Darko se plantea la posibilidad de saltar por el camino y escapar, pero la misma Miranda sube junto a ellos.

Los nervios y la tensión aumentan —si es posible— ante la frialdad con la que Miranda los mira. Se ha cambiado los guantes desechables por otros de goma dura, del mismo tono de color que el traje de camuflaje. Lleva el fusil entre sus manos.

—Tengo que ver a mi novia —suplica Darko—. Está embarazada y...

—Me da igual —corta Miranda—. Puede contarme lo que quiera si lo hace sentir mejor, pero no cambiará su destino. Si dejáramos pasar a cualquiera, no nos respetarían.

—No tiene sentido restringir de esta manera. Los casos siguen subiendo. Tendríais que estar combatiendo los destrozos de los infectados, no encerrar a médicos que pueden ayudar a salir de esta situación.

Darko habla muy seguro de sus opiniones. Tanto que Miranda lo escucha a pesar de que no se caracteriza precisamente por charlar con los detenidos.

—Yo no soy médica. Pero soy precavida. Y hasta que no confirme que no están infectados, para mí ustedes son posibles riesgos. Además, no han cumplido con las restricciones de movilidad. Por ser médicos no están por encima de la ley.

Miranda acompaña sus palabras con un gesto que los aterroriza: levanta levemente el fusil y se encoge de hombros. Claudia Isabel y Darko intercambian una mirada llena de significado. Y están de acuerdo en que escapar es imposible.

No vale la pena arriesgarse.

25

Giulia se pone el traje de protección y entra al laboratorio de nuevo. Primero a la antesala, donde se la rocía de detergente vaporizado. Luego pasa a la zona de trabajo, en la que hay una decena de personas haciendo sendas pruebas. La noche anterior fue tranquila, y la primera que durmió una cantidad de horas aceptables. Lo nota en su rendimiento. Las ideas fluyen en su cabeza, y sus manos se mueven ágilmente. El consejo de Adriana ha sido clave. Por primera vez desde que le hablaron del Decem, es optimista.

Tiene el microscopio apartado, y junto a ella hay diversas placas de Petri llenas de hongos mohosos, el cultivo que están utilizando para replicar el Decem sin que pueda mutar. En el espacio que hay en la mesa bajo sus manos, hay uno de los pequeños tubos con plástico de seguridad que utilizan para guardar las muestras del virus.

Sin embargo, los avances son muy lentos. Para cuando consiguen una sustancia eficaz contra una cepa de virus, ya ha mutado y se ha hecho resistente, por lo que primero tienen que bloquear el genoma fluido.

Otra sustancia más fracasa en su misión de acabar con el Decem, que ha matado durante la noche su cultivo. «Cuanto menor es el nivel de complejidad del organismo, más rápido lo destruye», garabatea Giulia en una libreta que tiene dentro del laboratorio. Conforme va llenando páginas, las arranca y las pega en el cristal que da a la zona de descanso, para poder releer las ideas que tiene cuando hace pausas y sale de la zona de máxima seguridad.

Se pone en pie, molesta con el nuevo fracaso, y otea con la mirada el laboratorio. Han llegado a ser veinte científicos a la vez. Ahora mismo hay diez, pues se toman turnos para poder descansar. Ella lleva la voz cantante, y el resto siguen sus instrucciones.

El busca de Giulia vibra sobre la mesa. Lo tiene cubierto de un plástico para evitar que se contamine. Tiene otro con su ropa, al otro lado de la ducha esterilizadora. Deja el vial que tenía en la mano y coge el aparato.

—¿Elena?

—Creo que deberías mirar tu ordenador. Te he enviado los datos de los epidemiólogos.

Su voz está salpicada por una excitación nueva para la científica. «*¿Quizá ha descubierto datos realmente sorprendentes? Es posible*», piensa Giulia, con un halo de esperanza. Sabe bien que la formación científica de Elena es escasa y que sea emocionante para ella puede no significar nada, pero hoy su humor es diferente al de otros días. Cambió tras la conversación con Adriana. Las horas de sueño también la ayudan. Todo se ve diferente.

—¿Qué es?

Giulia les hace un gesto a los demás para que detengan lo que están haciendo, quizá prematuramente. Su propia excitación la traiciona. Todos la miran.

—Hay menos mujeres que hombres infectados. No es exagerado, pero sí es estadísticamente significativo. Siguiendo esa línea, me he dado cuenta de que no hay ni embarazadas ni recién nacidos infectados. Sí bebés, a partir de cinco meses, no menores. Seguiré buscando, cotejando ahora enfermedades crónicas y agudas varias. Pero esto creo que es importante.

—Lo es. Gracias. De verdad.

Giulia siente que se le corta la respiración, pero no se detiene. Cuelga y comprueba que tiene la atención de los demás. Descarta los pensamientos negativos que intentan influenciarla.

—Bien. No hay ni embarazadas ni bebés infectados. Quiero que terminéis con lo que estéis y nos reunamos en la sala para buscar factores que las puedan inmunizar. ¡Vamos, nos estamos acercando!

Media hora después, los veinte miembros del equipo están reunidos. Discuten durante horas, proponiendo y rebatiendo las ideas de unos y otros sobre los factores que pueden proteger a las embarazadas del Decem.

En realidad, es una constante lluvia de ideas de lo que ocurre en el cuerpo durante el embarazo, que es diferente respecto a una mujer no embarazada, con especial interés a los factores que pueden prolongarse en un recién nacido. «Esto es espectacular —se dice Giulia, observando el elevado nivel de la discusión—. Las mejores mentes del estado. No estaban exagerando».

Apuntan varias teorías y se reparten las más prometedoras para profundizar en ellas. Giulia disuelve la reunión y da una hora de descanso antes de ponerse de nuevo en marcha. De las veinte personas que componen el equipo, solo ella y dos más deciden aprovecharlo. El resto vuelve al laboratorio, con una emoción por investigar que solo da el amor por el conocimiento. Aunque esta vez el premio de los descubrimientos es salvar el mundo.

Giulia se estira y va a por otro café. Llama a Goa para verificar que ha recibido la información de Elena, pero no obtiene respuesta. Tiene un mal presentimiento al respecto, pero hoy ha decidido mantenerse entera. No sabe nada de ella desde primera hora de la mañana, y por ahora no tiene nada que apunte hacia malas noticias. Podría estar sencillamente trabajando sin el móvil. Le deja un mensaje y llama a Adriana, pero tampoco tiene suerte.

Una nueva oleada de malestar la asalta. No es físico, pero tampoco solamente psicológico. Es una mezcla extraña de abatimiento y soledad, que no había sentido antes. Una sensación causada por la presión en forma de muertes e infectados en aumento exponencial, y al constante fracaso. Porque, por mucho que trate de mantener el ánimo alto, sabe que están fracasando. «Pero ahora tenemos una nueva línea que seguir. Nos estamos acercando —se obliga a creer, salvando su optimismo—. Podemos conseguirlo».

Niega con la cabeza, buscando el buen humor de unos minutos antes. No lo encuentra.

«Pero también es cierto que no hemos conseguido nada. No tenemos ningún avance determinante. El virus cada vez está más expandido y causa más problemas».

Siente que su ánimo se desploma y su mente amenaza con sumirse en las tinieblas. Es muy consciente de lo que le costará salir del agujero si se deja llevar. Se obliga a detener esa línea de pensamiento. Respira hondo y decide acallar su malestar con más trabajo. Termina el café de un sorbo y tira el cartón a la basura.

Nota una descarga extraña que le recorre la espalda, suficiente para devolverla a la realidad. Aparta los sentimientos negativos y el abatimiento. Decidida a encontrar el arma definitiva en la guerra contra el Decem, se pone en pie y avanza hacia el laboratorio. «Por mucho que se esfuerce este virus, nosotras somos más fuertes. Y lucharemos hasta el final.

»Hasta que lo derrotemos…

»O nos mate».

La perspectiva de haber descubierto una nueva línea de investigación para su equipo parece haber animado un poco a Elena, pero no en exceso. Entra en el nuevo despacho de Jaime, y se lo encuentra con los codos clavados en la mesa y la cara enterrada entre las manos.

—¿Qué ha pasado ahora? —pregunta, con la voz exhausta de alguien que sabe que le esperan malas noticias y no está ni de humor ni preparada para oírlas. Se pellizca la nariz para aliviar su propia tensión.

Jaime se quita las manos de la cara y revela su rostro, en el que destacan unas bolsas negras bajo los ojos, de falta de sueño ya crónico. Incluso demacrado es uno de los hombres más guapos que ha visto jamás.

—Qué no ha pasado es la pregunta.

Elena resopla. Le ofrece un bollo, que él acepta, y al que da un bocado antes de comenzar a hablar. Han desarrollado una cierta camaradería y simpatía el uno por el otro. Al final, gestionar una crisis de tales dimensiones solo puede acabar así u odiándose. Ambos agradecen tener una persona trabajadora pero cercana y agradable aun bajo presión.

—¿Qué prefieres primero? ¿El desastre, la catástrofe o el cataclismo?

—No tengo muy claro cuál es peor —sisea Elena, tratando de levantar una sonrisa.

—Iré en orden creciente de lo grave que me parece a mí —responde el vicepresidente, a lo que Elena asiente, preparándose para lo peor—: La presidenta está infectada e incapacitada. También la ministra de Sanidad y otros siete de su equipo principal.

Elena lo mira con pánico, dando un paso atrás instintivamente, pero él niega con la cabeza.

—Hace unos días que no tengo contacto con ninguno de ellos. Desde el discurso. De todas formas... —sigue Jaime, con gravedad—. Deberías estar muy atenta a cualquier cambio de humor, por lo que pueda ser.

Elena asiente con gravedad, sin tener claro si se refiere a ella o a él, pero se apunta ser crítica con todos los comportamientos que la rodeen.

—La presidenta ha decidido trasladarse a este edificio. Quiere, si hay cualquier avance, ser la primera en saberlo. Se ha ofrecido como sujeto experimental.

—Vaya forma de abusar de su poder —espeta Elena, a lo que Jaime se encoge de hombros.

—Quiere que le pongamos línea directa con Giulia, pero le he dicho que no. No quiero arriesgarme a que dé una orden irracional. Está incapacitada, así que yo tomo las decisiones ahora.

Elena asiente despacio. «*¿El Jaime que yo conozco hablaría así? Supongo* que, ante esta situación, puede ser —piensa, sopesando posibles incoherencias en su compañero—. Como empiece a fijarme tanto en todos sus comportamientos, me volveré loca».

—¿Qué más?

—Parece que los antivirales efectivamente aumentan el tiempo hasta que el virus da síntomas, así que lo estamos dando a todo el que muestra el mínimo signo de Decem o ha tenido contacto directo con un infectado, por lo que estamos consumiendo unas cantidades elevadísimas. No tenemos existencias suficientes y la producción es lenta. Al ritmo actual, pasado mañana no quedará ninguno de los dos antivirales en la mayoría de puntos del territorio.

Elena frunce el ceño.

—¿Y no podemos acelerar la producción?

—Sí, ya lo hemos hecho, pero también faltan materiales, transportistas… No es tan fácil movilizarlo con todo el mundo confinado. Las fábricas están en marcha, pero la producción está centralizada en Barcelona y Valencia. Tardaremos unos días en tener suficientes dosis aquí para mantener el ritmo de consumo.

—¿Y qué haremos?

—No lo sé. Esto es un fracaso detrás de otro. Y aún falta lo peor.

—No sé si quiero oírlo.

Jaime remueve sus papeles para buscar las cifras que le han pasado.

—¿Exactas o aproximadas?

—Creo que quiero dejar de saberlas —dice, intentando acallar la parte de su cuerpo que lo quiere saber todo siempre.

Siente que se le tensan todos los músculos de la cara, incluida la mandíbula. Se vuelve a pellizcar el puente de la nariz, esta vez con demasiada fuerza. Le duelen los dientes de apretarlos tanto últimamente.

Los números hasta ahora se le han clavado como astillas, que con cada muerte se hunden más y más en su piel. La noche anterior, en sus sueños las cifras se convertían en rostros que le dolían como si los conociera. «Estoy obsesionada y tengo que parar», se dice, sin dejar de apretar los dientes. Jaime la mira en silencio.

—¿Las cifras son el cataclismo?

Jaime cierra los ojos y se hunde en su sillón. Las peores noticias. Lo que sabían que ocurría, pero no querían ver. Se toma un segundo de respiro.

—No. Está relacionado, pero no lo es. Por las cifras que manejamos... —Jaime intenta encontrar la forma menos mala de decirlo, pero no existe.

—Suéltalo. Si no, me matarás de tensión antes que el puto virus.

El vicepresidente se frota la frente y toma aire hondo:

—Por los datos de muertes en los últimos días, por cada persona que muere con los síntomas del Decem, otros doce no infectados mueren también.

—¿Qué dices? —Elena nota que se le hiela la sangre. Si ha entendido bien lo que le está diciendo Jaime, la situación es mucho peor de lo que imaginaban.

—El Decem te vuelve violento. Se han disparado los números de altercados, peleas y asesinatos, y eso que se supone que la gente está en casa sin salir. Dos hospitales han ardido hasta los cimientos y otros diez han tenido que ser evacuados también. Quince supermercados han sido saqueados. No quiero entrar en centros de salud. Hay provincias en las que hemos perdido más de una décima parte. La estimación dice doce por cada uno, pero claro, eso es solo con muertes certificadas. No tenemos ni idea realmente de la magnitud de este factor. Y no hay forma de saberlo. No tenemos capacidad para rastrear ni siquiera las muertes. Estamos completamente sobrepasados. Y solo hace cinco días que descubrimos este virus.

Elena enrojece. Ella hace más de una semana que conoce la existencia del Decem. «Pero es cierto que hace poquísimo —piensa, incómoda—. Ni siquiera un ataque nuclear o terrorista lograría semejante caos. Jaime tiene toda la razón del mundo para catalogar la información como un cataclismo. Estamos jodidos».

—¿A partir de qué tasa de muerte colapsaría el sistema?

Jaime la comprende, y le preocupa que pregunte por ello. Principalmente, porque sus analistas le han planteado la posibilidad, por mucho que él lo vea lejano. La descomposición del sistema sería el fin del Estado.

—Veinte por ciento.

«Diez millones de muertos», calcula Elena, de forma aproximada, en silencio.

—Es una barbaridad. ¿Cuándo llegaríamos a esos números si seguimos así?

—Solo tengo predicciones de los próximos tres días…

—¿Por qué?

—Porque es el día en el que colapsará el sistema sanitario. A partir de ahí, sería todavía peor —Jaime tiene el rostro ensombrecido—. Además, eso es utilizando modelos de virus normales, así que puede ser menos.

Se miran con inquietud, y se crea entre ellos un silencio de todo menos agradable.

—Ah, por cierto, el virus ya ha llegado oficialmente a todos los países del mundo de los que disponemos de datos.

Lo dice como si fuera irrelevante. En cierta manera, así es. La situación ya es crítica, y poco importa lo que esté ocurriendo en la otra punta del mundo.

El teléfono de Elena vibra en su bolsillo. Se plantea silenciarlo y dejarlo estar, pero necesita desconectar del virus. Se sorprende inmensamente al ver que el nombre de quien la llama no es otro que el de Paula, la amiga de Andrés. Su rostro evidencia la extrañeza, alertando a Jaime. Respira hondo. No se ve capacitada para enfrentarse a otra mala noticia.

—¿Quién es?

—Una amiga... creo. Desde luego, no tan amiga como para llamarme.

—Querrá un favor —aventura Jaime.

Elena se limita a rodar los ojos y contestar. «Está la situación como para pedir favores…».

—¡Elena! —Paula hace una pausa, pues iba a lanzarse directa al grano, pero recuerda los protocolos sociales—: Hola, ¿cómo estás?

—Cansada... —responde ella, curiosa—. ¿Qué pasa?

—Necesito un favor.

Elena sonríe y le hace un gesto a Jaime para hacerle ver que tenía razón, seguido de otro para que se calle justo después de que, entre carcajadas, exclame:

—¡Lo sabía!

—Estoy hasta arriba de trabajo... No sé cómo has conseguido este número, pero...

—Me lo ha dado Marc —su tono serio y confiado le causa casi tanto sobresalto como el nombre, extinguiendo su intento de protesta. Decide escuchar—. No tienes ni idea de dónde está ahora, ¿verdad?

—¿Y por qué iba a saberlo? —Elena comienza a sudar, y ve como su castillo de naipes está a punto de derrumbarse. Si no se ha derrumbado ya.

—No finjas. Me lo contó todo. Seré muy amiga de Andrés, pero Marc también es de mis mejores amigos.

Elena deja ir el aire y cierra los ojos. Se lleva la mano a la frente y se frota la nariz.

—¿Se lo has dicho a Andrés?

—No. Y no quiero hacerlo. No te juzgo, no sé qué se te pasa por la cabeza y lo debes hacer tú, o Marc, si lo consideráis oportuno. Yo no me voy a meter ahí.

—Ya —Elena es seca y borde, consciente de que Paula la está juzgando, aunque diga que no lo hace. Niega con la cabeza, dispuesta a firmar la paz—. Siento que te hayas encontrado en esta posición, tan en medio...

La disculpa es sincera, pero aviva el fuego interno de Paula:

—¡No me hagas hablar! Ayer me llamó Andrés. Para hablar de ti.

—No lo estoy mareando, te lo juro.

—A mí no me tienes que jurar nada. Cada una sabe lo que se hace con su vida.

Elena siente el tono lleno de condescendencia de Paula, pero lo deja correr. Nunca le ha caído especialmente bien, siempre tan cariñosa y atenta, siempre tan cerca de Andrés.

—No me llamas por eso —cambia Elena, deseosa de apartar el tema de Andrés.

—No. Marc, Darko y Claudia Isabel están en un calabozo en Guadalajara.

—¿Perdona?

Elena se envara y pierde el control de su tic, por lo que vuelve a pellizcarse el puente nasal inconscientemente.

—Los detuvieron en el control militar de la frontera con Madrid. Te he estado llamando a tu móvil personal, pero lo tienes apagado. En la llamada que les dejan hacer a diario me han dado este número, que al ser oficial no les dejaban marcarlo. ¿Puedes sacarlos?

—Mierda. Por eso no me hablaba —Paula asiente desde la distancia. El cerebro de Elena se pone a analizar sus posibilidades—. Puedo pedir favores. Los sacaré. Pero las cosas en palacio... Y más con el confinamiento. Te informaré cuando sepa algo.

Elena cuelga, consciente de la cantidad de trabajo con la que se acaba de cargar. Mira a Jaime, que parece distraído mirando algunos de los infinitos papeles que tiene sobre la mesa, pero ella sabe que ha escuchado la conversación entera.

—¿Qué ha sido? —levanta la mirada, fingiendo expresión interrogante.

—Los militares han detenido a mi... ehm...

—¿A Marc? —pregunta él, a lo que Elena asiente, aliviada e incapaz de poner un nombre a su relación—. ¿Qué harás?

—Llamaré a Carreño y le pediré el favor, él los podrá sacar —Jaime frunce el ceño, desaprobando su idea. Se pasa ambas manos por el cabello. Es de lo poco que mantiene la pulcritud en él. La barba, en cambio, lleva varios días sin encontrarse con la cuchilla. Elena se encoge de hombros—: Es lo que hay. ¿O se te ocurre otra forma?

—Quizá podrías llamar a Miranda. Aunque no tiene tanto poder.

Elena niega con la cabeza.

—Llamaré a Carreño, lo conozco mejor.

—A Carreño solo le manda el rey —advierte Jaime, con lo que Elena siente un incómodo cosquilleo en la espalda—. Y ni eso. Acuérdate de que es el jefe de Estado Mayor del Ejército de Tierra. Lo tienes que llamar por excelentísimo señor o ni siquiera se molestará en responderte.

«Si tú supieras —piensa Elena, suspirando—. Ojalá no tuviera que interaccionar con él. Solo con pensar en él me entran escalofríos. Pero es mi jefe. Él ha confiado en mí para conformar un equipo para enfrentarnos al Decem. Supongo que no le importará que le pida un favorcillo…».

—Sí, eso ya lo sé.

—Bienvenida al mundo de la política, guapa. Lo serás de pleno derecho cuando pidas tu primer favor y te pongan en apuros para devolverlo.

La sonrisa de Jaime se ensancha a la vez que se hunde en la silla y se le ensombrece el rostro. Elena se limita a rodar los ojos y marcharse, mentalizándose para pasar el mal trago y llamar al jefe de Estado Mayor del Ejército de Tierra, el general Carreño, que es también la persona que la ha contratado y le ha dado plenos poderes para enfrentarse al Decem antes de pasar a formar parte del equipo estatal.

Por suerte, no solo le pedirá favores. También le podrá dar buenas noticias gracias al análisis epidemiológico. Con un poco de suerte, Giulia y su equipo darán con una cura pronto. Están en la dirección correcta.

Y, sin embargo, le sigue pareciendo un mérito escaso para legitimar sus peticiones.

26

Marc está sentado en el suelo de la celda en la que llevan desde la noche anterior. Tiene la pierna herida estirada, aunque la cicatriz prácticamente está cerrada ya. Mantiene el vendaje de la cabeza, que le han permitido cambiarse, así como el del antebrazo, donde le queda la herida más fea. Se ha mantenido ambos ojos fuera del vendaje.

La comisaría es amplia y tiene seis celdas individuales, ubicadas en dos hileras y un pasillo central. No hay más que un cojín mohoso sobre un lecho de piedra, que parece más una repisa que una cama. Además de los tres viajeros llegados de Barcelona, hay una cuarta persona, uno de los borrachos habituales del pueblo. Un militar de barba gris y buen porte está sentado en una mesa en dirección a ellos. En ocasiones les presta atención, pero no les ha dirigido palabra en las seis horas que lleva ahí con ellos. Solo se ha movido para acompañarlos al baño, manteniendo las distancias.

Otro militar —mucho más joven que el hombre de barba gris que los custodia— entra en la sala y susurra al oído del primero, que se sobresalta y mira hacia los detenidos.

—Ellos —señala con la cabeza, a lo que su compañero levanta la vista.

No parece excesivamente convencido con la respuesta, por lo que vuelve a susurrar sin que puedan oírlo.

—Que sí, que sí lo son. Pregúntales.

El militar recién llegado asiente y se acerca a las jaulas con cierto temor. Es muy joven, no debe tener más de veinte años, alto y espigado, con marcas de acné y el cabello bien rasurado. Tiene la misma mirada que un cervatillo ante un lobo, aunque ellos estén desarmados y encerrados. «Debe de estar empezando», se dice Darko. Está tentado a intimidarlo con gestos, pero se contiene, consciente de que no los ayudaría en nada.

—¿Sois médicos de verdad?

—No sé cómo se es médico de mentira —responde Darko, con naturalidad, levantando las cejas. Es un maestro utilizando las palabras y el lenguaje corporal.

—¿Y qué demonios habéis hecho para estar aquí dentro y no combatiendo el virus?

La pregunta hace que el joven soldado haga una mueca de incomprensión. Realmente no lo comprende. Para él, el médico es el máximo exponente del escalafón social, y no cabe en su cabeza que estén encerrados en lugar de ayudando en los hospitales.

—Venimos desde Barcelona —salta Claudia Isabel, desde su celda, obviando que ella no es médica, ni siquiera sanitaria. Sospecha que le reportará ventajas que crean que sí lo es.

—¿Qué? ¿Solo por eso? —las explicaciones no lo convencen, por lo que se dirige a su compañero—: ¿Es eso cierto?

—Por lo que yo sé, sí. Pero es que fueron a topar con la teniente Alaoui. Nadie había salido de su provincia hasta ellos. No hay protocolo.

El joven espigado se envara y emite un sonido que evidencia que lo ha entendido todo. La teniente Alaoui, su jefa de escuadrón, le da miedo. Es una mujer implacable y feroz a pesar de su rostro amable y su baja estatura. Ella misma es la que lo ha enviado a buscarlos.

—Está bien. Necesito doctores. Os ofrezco…, uhm..., venid conmigo.

—¿A dónde? —se anticipa Darko al ver que el rostro de Marc se ilumina.

—A la central nuclear de Trillo.

Claudia Isabel palidece. Antes de trabajar para el hospital, vigilaba una central nuclear. Sabe que necesitan un mantenimiento humano especial y, sin el cuidado apropiado, son un grave riesgo. Un infectado en la central podría llegar a causar una explosión nuclear con consecuencias devastadoras no solo para Trillo, sino para todo el Estado. Si es el caso, la situación es límite.

—¿Por qué? —pregunta, sin duda la más familiarizada con el tema—. ¿Qué pasa allí?

—Hemos recibido un aviso... confidencial —termina diciendo el joven, tras dudar un instante, mientras se pasa la mano por la calva—. Y no hay médicos disponibles. Puede haber heridos.

Si tienen una ocasión para escapar, es esta. Marc le niega a Darko, y él de inmediato se vuelve hacia Claudia Isabel. Ella asiente.

—Muy bien —responde, confiada, para reafirmar a Darko—. Cuenta conmigo y con él.

El joven militar vuelve a levantar la ceja, sorprendido. No han dicho ni una sola palabra y ya lo han decidido. «Sin duda, se nota que son personas inteligentes», piensa, impresionado.

—¿No queréis discutirlo ni un poco? —musita Marc, sentado en el suelo, pero sin intención de ir a ninguna parte. «No, yo debo quedarme aquí —se dice, manteniendo la calma—. Elena me sacará de aquí enseguida que pueda. Solo tengo que esperar».

—¿Qué quieres discutir? —espeta Darko, visiblemente molesto, haciendo un gesto que claramente alude al vendaje de su cabeza. Y tiene razón.

—Yo no vuelvo a dormir aquí —se queja Claudia Isabel—. No hay más que hablar. Yo voy.

Marc traga saliva. «Confío en Elena y Paula —se repite—. No nos ha abandonado, es cuestión de tiempo que llegue la orden y nos saquen de aquí». No hay motivo para irse a Trillo. Pero no lo dice en voz alta. Hay cosas que es mejor callarse.

—¡Perfecto! —exclama el militar—. Tengo que poneros las bridas, por ahora.

Darko asiente, y justo cuando saca los dos brazos entre los mismos barrotes, el militar se queda petrificado. El estado de sus palmas es deplorable, con la piel levantada y con un color rosa salmón intenso. Por suerte, todavía puede moverlas bien.

—Me gustaría recuperar los guantes —aprovecha para decir Darko—. Son para que no me duelan tanto.

—Por supuesto.

Le hace un gesto al otro militar mientras pone unas bridas atando las manos a Claudia Isabel. Se los lleva a los dos fuera de la sala tras recoger los guantes de Darko. Marc los observa marcharse.

«Elena me sacará de aquí —se insiste. Pero sus certezas se tambalean cuando sus compañeros de viaje salen de la comisaría—. ¿Y si no puede? ¿Qué pasa si no tiene suficiente poder? ¿Me quedaré aquí atrapado?».

Salen de la comisaría del pequeño pueblo de Azuquera de Henares, tomada por los militares. El Ejército mantiene el orden en los pueblos y carreteras, mientras que la Policía lo hace en los grandes núcleos poblacionales, principalmente capitales de provincia. Suben a la parte de detrás de un todoterreno que no parece en absoluto un coche oficial, con las bridas aún negándoles movimientos naturales.

La cara de Darko es suficiente para que el joven decida dar una breve explicación:

—¿Qué? Los del cuerpo están movilizados. Yo voy en el mío. Es lo que tiene ser el nuevo.

Efectivamente, cuando suben, se dan cuenta de que tiene que ser un coche personal: papeles por todas partes, libros de texto, envoltorios de chocolatinas y de patatillas...; nadie tendría un coche oficial tan sucio.

—No es una dieta especialmente aconsejable —apunta Claudia Isabel.

—Lo sé, lo sé, tengo que ordenar mi vida. Cuando pase la pandemia.

No se da cuenta de que provoca un silencio perturbador en Claudia Isabel y Darko, que buscan los ojos del otro con preocupación. «Cuando pase la pandemia. Unas palabras tan inocentes que significan tanto… —Claudia Isabel siente un escalofrío—. ¿Cuántas personas lo habrán dicho en los últimos días? ¿Cuántas de esas promesas ligadas a ellas se cumplirán?». Ella misma tiene tanto pendiente todavía...

Darko tiene el reflejo de llevarse la mano al bolsillo.

—¿Nuestros móviles?

—No los necesitáis.

—Por favor —suplica Darko, que justo en ese momento ve una foto en el parasol del asiento del piloto, que el joven abre. Se da cuenta que es un hilo del que tirar para conseguir lo que quiere—. ¿Es tu hija?

La foto es un bebé con evidente sobrepeso y un pijama rosa oscuro feísimo. Los ojos del militar se iluminan.

—¡Sí! ¿Verdad que es preciosa?

Les acerca la foto, y Claudia Isabel tiene que hacer un esfuerzo por no hacer algún comentario obsceno. Los bebés no son lo suyo. Por suerte, jamás podrá tenerlos. Su enfermedad la privará de ello. Darko, en cambio, dibuja una sonrisa que no le cabe en el rostro, y es lo único en lo que se fija el joven.

—Yo voy a tener un bebé en unos meses.

—¡Enhorabuena!

—Mi novia está en Madrid... Necesito el móvil para llamarla y decirle que estoy bien... Debe estar tan preocupada por mí...

—Oficialmente sigue confiscado y no hay nada que yo pueda hacer —revela, con rostro claramente decepcionado—. Pero te puedo dejar el mío si sabes el número.

Darko asiente y sonríe con picardía. Levanta sus manos, todavía atadas, con el claro objetivo de que el recluta lo libere. Pero él se encoge de hombros.

—Órdenes de la teniente Alaoui. No os puedo desatar.

Darko hace una mueca de comprensión, mostrando su desacuerdo, pero aceptando el móvil del chico, consciente de que, sin excesivo esfuerzo, puede conseguir concesiones por su parte.

Siempre y cuando no contravenga las órdenes de la teniente. Marca el número mientras el coche comienza a avanzar.

Cuando Paula escucha la voz de Darko, cree que su llamada a Elena los ha liberado. Pero al conocer la situación, lo reprende y le dice que no vaya a Trillo, que es peligroso. Que Elena los liberará. Discuten durante un buen rato, hasta que él se cansa y decide dar por concluida la conversación:

—Voy a colgar. ¿Quieres que cuelgue estando enfadados?

—No —responde ella, deteniendo el aluvión de reprimendas. Es consciente de que no puede imponer su opinión, por lo que cambia de estrategia—: Ten cuidado. Y haz el favor de llegar. Lo antes posible. Te echo de menos.

—Siempre llego, ya lo sabes.

—Siempre tarde —corrige ella, visiblemente irritada.

—Te quiero —concluye él.

—Y yo.

Pulsa el icono rojo y deja el móvil sobre el asiento del conductor.

—¡Gracias!

—¡De nada! Siento que os hayáis peleado.

—¿Eso? —ríe Darko—. Eso no es un enfado. Es que está preocupada por mí. A veces soy un poco impulsivo y me dejo llevar demasiado.

—¿A veces? —sonríe Claudia Isabel, por primera vez desde que los detuvieran.

Contra todo pronóstico, el viaje se hace ameno. Cruzan varios controles, en los que el joven militar, que se presenta como Héctor Hens, enseña un distintivo. Un tiempo después, se distingue la central nuclear de Trillo al final de la carretera, tras subir una pequeña colina.

Lo primero que ven son dos chimeneas, blancas y enormes, que escupen vapor de agua, denso y blanco. Solo indica que la central está operativa. Desde su posición, aparenta normalidad.

Una carretera rodea las chimeneas. Llegan a un edificio circular con una claraboya blanca que le da aspecto de pelota. Tiene hasta tres columnas exteriores que lo soportan y diversas naves industriales. Hay además dos piscinas de dimensiones considerables y un aparcamiento.

Héctor se niega a revelarles más sobre la misión. Aparca a unos metros de distancia del coche más cercano, y baja sin decirles nada más. Claudia Isabel y Darko lo siguen. La teniente Miranda Alaoui es quien los espera. Lleva un cuchillo en la mano, cubierta por el guante de plástico duro. Se dirige a ellos:

—¿Sin rencores?

Darko le levanta las manos atadas. Miranda, sin apenas pestañear, desliza el cuchillo entre sus muñecas y corta con facilidad las bridas. Repite el proceso con Claudia Isabel, que la mira reticente. La teniente les tiende una mano.

—Sin rencores —la encaja Darko, que contiene la quemazón de sus palmas. Ni siquiera el dolor puede apagar su sonrisa.

Claudia Isabel acepta el saludo a continuación, pero menos enérgica y sin perder el ojo de la central. Es mucho más rencorosa que su compañero, y no está dispuesta a olvidar el miedo que le ha causado la teniente. «Aunque en realidad, solo hacía su trabajo —se recuerda, intentando apartar todas las horas que ha estado sentada en el suelo del calabozo—. No, no puedo perdonarla todavía».

—¿Qué es lo que pasa? —pregunta al ver que solo están Miranda y otros dos hombres, que parecen tranquilos.

—Han hecho sonar la alarma desde dentro. No sabemos por qué, pero no responden y ya hemos mandado un equipo. Pronto informarán.

Como si la estuvieran escuchando, el estático de la radio del vehículo militar de al lado cesa para dar paso a una voz grave y profunda:

—¿Teniente Alaoui? ¿Está ahí? Cambio.

Miranda se apresura a coger el micrófono de la radio, que es un transmisor unido por un cable negro y rizado a la radio del todo terreno militar.

—Recibido, cambio.

—No hemos encontrado todavía ninguna señal de vida. Pero sí hay sangre como si hubieran arrastrado un cadáver por el suelo. Nos hemos dividido siguiendo los dos rastros, pero parece que aquí ha habido problemas. Cambio.

—Nuestra especialidad —musita Miranda, con evidente fastidio—. Buen trabajo, coronel Martínez. No baje la guardia ni deje que los toquen si hay supervivientes. Cambio.

—Entendido. Cambio y corto.

La radio vuelve al estático, y Miranda observa a los recién llegados. Hens se ha unido a los otros dos soldados, a los que escucha sin intervenir, mientras que Darko y Claudia Isabel evalúan las chimeneas humeantes.

—Si los de ahí dentro están muertos, convendría detener el reactor —dice Darko, empujado por la mirada urgente de Claudia Isabel.

—¿Eres experto en centrales nucleares? Creía que solo llevabas la cura del Decem.

Darko tiene que mirar a la teniente para darse cuenta de que está bromeando. Al ver la sonrisa en su rostro, rompe a reír a carcajadas. Claudia Isabel lo mira negando con la cabeza.

—Sí. Soy experto en lo que quieras.

—Por ahora me basta con que seas experto en silencio —espeta la teniente, a lo que Darko pone cara de ofendido.

Lo señala con el dedo, y él hace como si el dedo le hubiera lanzado una flecha.

Claudia Isabel vuelve a negar, incrédula. «Es terrible. ¿Cómo se lo puede tomar todo tan poco en serio? ¿Con todo lo que nos ha pasado? ¿Qué se supone que está haciendo? ¿Está flirteando con ella? ¡Parece que se haya olvidado de que nos detuvo!».

Miranda sonríe y se aparta de ellos. Llama a Jaime. Hablan un buen rato, y como siempre, se siente reconfortada. Lo echa de menos. Cada momento que pasa tiene más claro que, en cuanto pase la crisis actual, intentará reconciliarse con él. Siguen teniendo la misma química que tenían cuando estaban casados.

No le gusta la misión que le ha asignado personalmente el general Carreño. Se sienta en el suelo, viendo como el sol desaparece detrás de la colina. En menos de una hora, será noche cerrada, y a su alrededor no hay ninguna farola, por lo que quedarán completamente a oscuras.

«Genial. Misiones nocturnas con novatos —se dice, resignada—. Lo que me faltaba».

27

Macarena cruza por enésima vez el pasillo central de urgencias, lleno de camas paralelas a la pared. Va protegida con guantes desechables, una bata de tela fina, que se cambia después del contacto con cada paciente, y una mascarilla especializada, que no se ha quitado en todo el día a pesar del agobio que le causa.

El corte de la bala apenas le duele, y aunque lo lleva bien vendado, no le limita los movimientos. No se lo ha comentado a nadie del hospital, primero por vergüenza, segundo porque no ha podido parar a descansar ni un instante. El hospital está completamente desbordado.

Varias decenas de heridos por bala han llegado al hospital, y otra docena ha fallecido antes de llegar. Incluso dos sanitarios han tenido que ser atendidos por herida de bala, recibida en la misma puerta de urgencias por un paciente con Decem. «Y eso que las armas están prohibidas en España —reflexiona—. No me puedo ni imaginar el desastre que debe haber en Estados Unidos u otros países donde portar armas de fuego es legal».

Además de los heridos, tendría dificultad para relatar todo lo que ha visto en las últimas horas, desgracias que nunca había podido siquiera imaginar en sus peores pesadillas. En lo más alto, y grabado en su retina para siempre, un paciente esparciendo las tripas de otro tras apuñalarlo con un cúter. Ese ataque resta fuerza a otras salvajadas.

«No debería haber venido —piensa, frustrada, viendo a unos camilleros llevarse dos cuerpos más tapados con sábanas. Visten unos trajes amarillos de protección, de plástico—. Y yo con la piel al aire. Esto es un error. Ojalá me hubiera quedado en el sofá con Mikel».

Se sobresalta al pensar de nuevo en él. Antes de liarse tras volver de la discoteca, jamás había pensado en él de ninguna forma que no fuera compañero de piso. Siempre le ha parecido atractivo, pero nada más. Después de esa noche, ha empezado a tener sentimientos muy fuertes y difíciles de explicar por él. Y ahora no se lo puede sacar de la cabeza.

«No debería haber venido». En realidad, su argumento de ayudar a los demás ha caído. Los pacientes mueren sin remedio, y la mayoría, con terribles dolores. Aunque ha intentado mantener sus principios y ser coherente, empieza a sentir que sus últimas decisiones no han sido acertadas. «Esto es un error».

Muchos sanitarios no se han presentado, y el descontrol es todavía mayor de lo esperado. Un grito desgarrador hace que se le pongan los pelos de punta. Guardias de seguridad y sanitarios se arremolinan a partes iguales en torno al *box* del que proviene. Ella no se acerca.

«Se matan entre ellos. El depósito está lleno —piensa Macarena, perturbada, al ver que los camilleros han dejado los dos cuerpos que transportaban en una sala que no es la morgue—. Nunca había visto morir a tanta gente en tan poco tiempo. Paula tenía razón… No estoy marcando la diferencia. Esto no es otro coronavirus. Es infinitamente peor».

Se detiene frente a la sala de descanso de enfermería, exhausta. Se quita los guantes y la bata de protección, bajo la que lleva un pijama blanco. Arroja el material usado a una rebosante basura habilitada para ello. Casi a la vez, uno de los enfermeros más veteranos se desploma y convulsiona en el suelo, en el centro de la sala, rodeado de otros profesionales. La situación parece congelarse a su alrededor.

—¡Trae EPIs! —exclama una doctora mayor que ella, la primera en reaccionar. No le ha dirigido la palabra jamás y va vestida de calle. No lleva ni mascarilla.

Ella obedece, en *shock*. Comienza a notar que le palpita la cabeza y en la periferia de su visión aparecen destellos sospechosos. Tiene muchísimo calor.

Para cuando coge las bolsas que contienen los equipos de protección, pierde el equilibrio y todo el material termina desparramado por el suelo. Pasan unos segundos hasta que recupera la conciencia. No entiende lo que pasa, y nadie ha acudido a socorrerla. Se incorpora, llenando de nuevo sus pulmones. Se quita la mascarilla y se desabrocha la bata que lleva sobre su ropa interior, buscando bajar la temperatura de su cuerpo, sentada en el suelo. La venda que le cubre el torso y el hombro derecho también le da calor.

Suda a mares y le falta el aire. Su mano derecha tiembla y le duelen los músculos de brazos y piernas. Mira las bolsas individuales tiradas en el suelo, sin entender lo que ha ocurrido. Las recoge temblando e incapaz de cambiar la cara de pánico. El aire parece volver correctamente a sus pulmones, y trata de recuperarse. Pasan los minutos y consigue ponerse en pie. Despacio, probando sus piernas, comienza a caminar. Se pone la mascarilla de nuevo y se vuelve a abrochar la bata. Nadie le ha prestado atención.

Como si nada hubiera pasado, lleva los equipos de protección individual, o EPIs, a la sala de personal médico, y la doctora que la ha mandado se limita a cogerlas de sus brazos y distribuirlas entre los allí presentes. No le hace ninguna pregunta ni comentario. Siempre ha odiado a los médicos que piden y luego ni miran de cara al personal de enfermería. El enfermero que convulsionaba ya ha sido atendido y está recuperándose en una esquina de la sala.

Comprueba el reloj de la pared y se da cuenta de que lleva ocho horas sin descansar ni comer, atendiendo heridos y manejando a infectados. La vorágine de trabajo y caos la ha atrapado. Una repentina sensación de hambre mezclada con sueño la invade.

Sin indagar más en el nerviosismo alrededor del enfermero recuperado, sale de la sala y cruza otra vez el pasillo de urgencias, regateando personal sanitario correteando de un lado para otro, tratando de respirar lo mínimo. Ha tomado una decisión, que no comunica a nadie. El desmayo ha sido fundamental. «No puedo seguir aquí. No hago nada, los pacientes se mueren igual. No puedo cogerles la mano como cuando morían de coronavirus. No puedo más». Y tiene razón. Lo ha intentado, y la respuesta que ha recibido es un intento de estrangulación. Las imágenes de las últimas horas se agolpan en su mente. Gritos, sangre, cadáveres. Nervios y tensión, sensación constante de peligro. «No puedo más. Paula tenía razón. Aquí no hago más que ponerme en riesgo».

Se ducha y cambia de ropa en los vestidores lo más rápido que puede, aunque se frota a conciencia. Después, vuelve a sentirse mareada y se come una chocolatina. Parece que el azúcar sirve para devolverla a la realidad. Agradece que no haya nadie más en los vestuarios. La herida del hombro sigue destacando, pero duele menos de lo que pensaba. No se vuelve a poner el vendaje.

Cuando está segura de estar mejor, sale del hospital por el aparcamiento, a la oscuridad parcial de la madrugada, interrumpida por las farolas. La paran en dos controles, y tiene que enseñar el papel impreso que lleva en la guantera que la acredita como personal esencial. Los policías verifican el QR que da veracidad al documento.

Llega a casa extremadamente cansada, a lo que achaca el temblor de su mano derecha. Aparece y desaparece de forma anárquica. En casa el silencio es sepulcral, pero hay luz. Se filtra por debajo de la puerta de Mikel. Valora el pasillo, dubitativa. Camina despacio, sigilosa. Al pasar por delante de la habitación de Mikel, escucha susurros, y decide detenerse.

—...lejos de aquí.

—No tanto. En coche es un momento —responde Mikel, con la voz que pone cuando hace una oferta.

Escucha un siseo, que es la respuesta, pero quien está con él susurra bastante mejor. Se ve obligada a pegar todavía más la oreja. Ni se plantea la intromisión que está haciendo. «*¿Con quién estará?* ¿Está con otra?». Una sensación terrible de inseguridad y celos toma el control de sus actos.

—Yo me estoy ofreciendo —insiste Mikel—. Nos vamos al amanecer.

—¿Por qué no ahora? —la voz es femenina, pero demasiado débil para identificarla.

Macarena se plantea que pueda ser Paula, pero no le cuadra mucho que estén juntos en la habitación, de madrugada. «*¿Acaso son tan amigos? ¿O tal vez están…?*». Traga saliva, malpensando los motivos por los que Mikel y Paula podrían estar en la misma habitación. Otra punzada de celos hace que se enfurezca.

—Porque Macarena no ha vuelto y me gustaría poder avisarla.

Al escuchar su nombre, se sobresalta, y se le cae al suelo el móvil, que lleva horas sin batería.

—Mierda —gruñe entre dientes, de forma inaudible.

Un pico de adrenalina la devuelve a la realidad. Se da cuenta de lo violento que es lo que estaba haciendo. Golpea la puerta con el puño, dispuesta a fingir que no estaba espiando. Su capacidad de razonamiento está mermada. La mano derecha vuelve a sacudirse sin que ella se lo ordene.

Escucha un silencio incómodo, seguido de un movimiento de edredón que hace que se alarme todavía más. Darko nunca ha sido de sus favoritos, pero Mikel es suyo. Mikel es su chico. «Y Paula y Darko van a tener un bebé —se recuerda, sintiendo que su cerebro no funciona como debería—. Dios mío, van a tener un bebé con todo este follón». La puerta se abre casi al instante, y la situación que ella imaginaba nada tiene que ver con la realidad. Paula le ha abierto la puerta, y Mikel está sentado en la cama, con la tableta electrónica en la que dibuja frente a él. Mikel lleva el pijama, y Paula, ropa de calle.

—¿Ya has vuelto? ¿Cómo te encuentras del disparo?

—¿Qué ocurre? —pregunta al ver que ninguno de los dos parece haber dormido en toda la noche, pero ni remotamente por los motivos que imaginaba. Los rostros de ambos evidencian preocupación—. ¿¡Qué pasa!?

Macarena siente cómo una nube de furia descontrolada se apodera de ella. Quiere golpearlos hasta que se lo cuenten. El frenesí destructor hace que su rostro se encienda y apriete los dientes. Y entonces, las piezas encajan.

Consigue detener sus impulsos a tiempo y da un paso atrás. Contiene el temblor de su mano derecha agarrándola con la izquierda. Sigue dando pasos hacia atrás, aterrada. Sus ojos parecen haber perdido vitalidad y se han quedado fijos en Paula. Reflejan fielmente el terror que siente.

—No toquéis la puerta —les dice, muy despacio—. Puede que esté infectada.

No sabe cómo reaccionar. Su espalda toca con la pared y se hunde lentamente, deslizándose, hasta que toca el suelo. Sus manos entierran su rostro, que se llena de lágrimas. Acaba de colapsar.

Mikel y Paula se miran, sin saber muy bien qué hacer. Ella tiene el automatismo de abrazarla, pero sabe que no debe y se queda plantada en el umbral, arreactiva, manteniendo las distancias. Siente que se le retuercen las entrañas.

—¿Por qué piensas eso? —pregunta Mikel, que tampoco sabe reaccionar. Quiere acercarse y besarla, decirle que todo estará bien. Pero no quiere contagiarse. «Aunque lo más probable es que, si ella lo está, yo ya lo esté», se lamenta, recordando los besos y abrazos que se dieron antes de que se marchara al hospital.

—Estoy furiosa, me tiembla la mano, estoy tomando decisiones que no son lógicas para mí… —lloriquea Macarena, frotándose los ojos y sorbiéndose la nariz—. Me siento mentalmente muy lenta…

—Eso puede ser el agotamiento. Duerme un rato —sugiere Paula, a lo que ella asiente y se vuelve hacia Mikel—. Si recogemos a Darko de Trillo, luego podemos acercarnos al laboratorio central en el que trabaja Andrés. Si realmente estás infectada, donde antes habrá una cura es ahí.

—Jaime también trabaja allí —añade Mikel—. Si hay cura, la tendremos.

Paula asiente, pero Macarena niega con la cabeza. Se siente halagada, sobre todo por el hecho de que Mikel se ofrezca a interaccionar con Jaime por ella, pero sabe que el Decem es una condena a muerte. No hay noticias, ni siquiera rumores, sobre una posible cura. Lleva horas en el hospital y nadie sabe nada. Dan los antivirales, pero la gente muere igual.

Entonces comienza a sentirse culpable por haber llevado el virus a sus compañeros. Les quiere sugerir que se vayan y no vuelvan, pero tampoco tienen a dónde ir. El lugar más seguro es aquel en el que no haya Decem, pero, como han ido viendo en los últimos días, puede estar en cualquier lugar.

Y no han sido capaces de reconocerlo a tiempo.

28

Es noche cerrada sobre la central nuclear de Trillo. Darko y Miranda juegan a cartas mientras hacen la última guardia de la noche. Claudia Isabel ha intentado hacerla con él, pero tanto la teniente como el doctor han decidido que lo mejor era mezclar el grupo. Claudia Isabel ha hecho un último intento desesperado mencionando de forma abrupta a Paula y su embarazo a la hora de hacer el reparto, pero sin conseguir más que una mirada de fácil interpretación por parte de Darko.

—¡Toma! ¡Te he vuelto a ganar! —exclama Darko, tirando sus cartas sobre las de Miranda.

—Desde luego, se te da bien. No quiero perder más.

Darko asiente con arrogancia. Miranda lo mira con una expresión extraña.

—¿Sabes disparar?

—¿Con una pistola? —Miranda asiente y él hace una mueca—. Mis abuelos en Serbia tenían varios fusiles. Alguna vez íbamos de caza.

Miranda asiente, se levanta de un salto y se estira. Estaban jugando sentados en el suelo, junto al coche. Para evitar el frío, han hecho un fuego con leña que los reclutas han ido a buscar.

—¿Cuántos años tenías cuando viniste a España? —pregunta la teniente.

—Tres.

—Por eso hablas sin acento. Tengo más acento yo, que nací aquí.

Lo dice como respuesta al misterio que le lleva rondando la cabeza durante un buen rato. Le sonríe de nuevo con su expresión extraña, y Darko se siente deseado. Asiente convencido a dejarse querer.

—¿Tus padres de dónde son?

—Mi madre es de Melilla y mi padre de Nador, de Marruecos —su sonrisa es casi tan constante como la de Darko—. Pero me criaron en Santander.

«Es extraño —se dice Darko—. O no sabe ligar o es demasiado buena con el lenguaje corporal. Sus palabras son de una conversación intrascendente, pero sus gestos son de seducción». No tiene muy claro cómo continuar. Al fin y al cabo, no tiene interés romántico en ella, que tendrá unos veinte años más que él, pero le encanta sentirse deseado. Todavía no ha tomado ninguna resolución cuando el estático de la radio suena con fuerza para dar paso a una voz desesperada:

—¡Teniente Alaoui! ¿Está ahí?

La impaciencia y pánico de la voz contrasta con la tranquilidad que tenía la llamada de apenas dos horas antes. Miranda se apresura a coger el transmisor.

—¿Qué pasa?

El estático pone a Darko de los nervios. Mientras escucha con el corazón en un puño, ordena las cartas, lo que parece aliviar un poco el nerviosismo. La oscuridad es completa salvo por la hoguera y las estrellas del cielo. No hay luna y el frío lo ha obligado a ponerse otra capa incluso de guantes.

—Nos han atacado. Tienen perros.

—¿Qué? ¿Quién?

—No lo sé. Yo estoy en el sector siete. Me ha mordido uno de los perros...; son enormes, parecen salidos del infierno... Lo he matado, pero estoy herido...

—¿En qué parte del sector siete estás?

—No lo sé —dice, intranquilo. Hace una pausa, buscando puntos que le puedan servir para ubicarse—. Puede que bajo las chimeneas.

—Vale, vale. Tranquilo, Pina —Miranda mira instintivamente hacia el furgón en el que duermen sus compañeros, y luego a las chimeneas humeantes, para endurecer y severizar su tono—. Quiero que seas muy sincero conmigo. ¿Qué ha pasado?

El recluta, muerto de miedo, sabe que, hasta que no hable, no irán a por él.

—Martínez nos pidió separarnos para encontrar antes a los seis trabajadores que deberían estar aquí. Él y Lucía siguieron uno de los rastros de sangre, y Pezzo y yo nos fuimos hacia el origen. Llegamos hasta lo que hemos deducido que era la sala de mandos. Y ahí..., ahí...

Darko siente cómo la imagen se va formando en su cabeza, cuando se rompe la voz del recluta. Miranda arruga la frente.

—¿Qué? ¿Qué había? —el deje de impaciencia es evidente.

—Cuatro brazos... —Darko ve como los ojos de Miranda se abren, y siente un escalofrío que recorre toda su espalda. El recluta traga saliva y añade—: Izquierdos. Cuatro brazos izquierdos.

Darko nota la sangre abandonar su rostro. Las náuseas se abren paso por su garganta. Tiene que reprimir un grito de horror. Miranda no varía el gesto, mantiene la calma:

—¿Cuatro brazos izquierdos?

—Sí. Y otros tres rastros de sangre relativamente frescos. Lucía ha aparecido corriendo y los perros han saltado sobre ella. Nos han perseguido, han alcanzado a Pezzo y cuando lo he intentado ayudar…, nos han disparado. Estoy solo herido, pero Pezzo…

Pina no dice más. El estático de la radio se convierte en constante, a la espera de que Miranda responda. Se lo piensa un poco, hasta el punto de desesperar a Darko, que la mira vacilante, esperando sus órdenes. «Con lo impaciente que soy, no podría ser militar», resuelve el cirujano, de los nervios.

—¿Os han disparado?

—Sí. No estamos solos aquí dentro.

—Enseguida vamos a por ti. Aguanta.

—Venid rápido, por favor. Estoy sangrando mucho.

—Aguanta. Cambio y corto.

Miranda coloca el transmisor en la pestaña habilitada para aguantarlo y mira a Darko. Le ofrece un fusil.

—Espero que te acuerdes de disparar. Porque te toca salir del banquillo.

—Yo...

Va a objetar algo, pero no lo hace. Toma el arma en sus manos y respira hondo. El tacto con los guantes es extraño, pero se siente cómodo con sus dedos alrededor de la empuñadura. Miranda despierta a los soldados y a Claudia Isabel haciendo sonar una potente bocina. Darko se acerca a su amiga con el fusil colgado del cuello. Al verlo, la joven se incorpora rápidamente, a pesar de la maraña legañosa que cubre sus ojos.

—¿Qué haces con eso? —susurra, mirando de reojo a Miranda gritarles a sus reclutas.

—Me la ha dado la teniente. Hay un problema dentro y tenemos que entrar.

—¿Tú? ¡No!

—Sí, yo. Hay un herido que necesita que lo cosan urgentemente. Miranda llevará el botiquín.

—¿Y Paula?

Darko la mira sin entender.

—¿Qué tiene que ver ella con esto?

—Es peligroso. No creo que le haga mucha ilusión criar a un bebé ella sola.

Él asiente, planteándoselo por primera vez. Pero no tarda en contraatacar:

—¿Qué sentido tiene la vida si no la vivimos al máximo?

—Si te han dado una pistola no es para vivir la vida. Es ponerla en peligro. Y lo sabes —la cara de Claudia Isabel es suficiente para aplacar su intento de insistir—. Iré yo en tu lugar. Tengo infinita más experiencia que tú con las armas.

—Pero no sabes de medicina. No hay discusión. Voy a entrar. Tú haz lo que quieras.

—Yo no voy a tener hijos nunca, porque me estoy muriendo —espeta Claudia Isabel, cansada de fingir. Suelta una risita resoplando al ver el cambio de expresión de su amigo, y lo empuja levemente—. Tengo una leucemia. Hace casi dos años que estoy con el tratamiento dirigido, y desde hace un mes en fase blástica. El tratamiento ya no sirve. Tengo un pronóstico horrible.

Darko se queda callado, primero intentando decidir la veracidad de sus palabras, y como es evidente que son reales, trata de ofrecer consuelo, pero es incapaz. Su lengua, normalmente confiada y llena de recursos, se ha quedado helada. Tartamudea sin poder articular.

—No tienes que decir nada. Yo lo he aceptado. Si no puedo impedir que entres, voy a bajar contigo y te protegeré lo mejor que sepa.

Claudia Isabel aparta a Darko y sale del coche. Pone la mano sobre su hombro y le sonríe. Él no logra responder como quiere. Se queda plantado en el mismo sitio mientras ella se acerca a Miranda, de nuevo en la radio, y mucho más alterada que antes. Cuando Claudia Isabel llega a su altura, es evidente que la situación ha empeorado.

—Tenemos cuatro heridos allí dentro y el reactor se quema. Hay que pararlo. ¡Ya!

Claudia Isabel se pasa las manos por el cabello, perfectamente consciente de que, si el reactor se quema, la explosión no será solo problema suyo. Esconde sus sentimientos, sorbiéndose la nariz.

—Necesito que vengáis conmigo los dos. Hens se quedará aquí para comunicarse con Madrid, desde donde nos pasarán las instrucciones para detener la central.

—¿Los dos? —Claudia Isabel mira a Darko con pánico.

«Se cree que los dos somos médicos. Claro». Darko se muerde el labio inferior, pensando la forma de explicarlo sin que salgan mal parados. No la hay.

—Sí, los dos. Se me mueren cuatro soldados. ¡Vamos!

«Si no están muertos ya», se dice Miranda, que se aleja del recluta Hens junto a sus dos soldados de confianza. La siguen sin reticencias. Darko y Claudia Isabel hacen lo propio.

—Tenemos que decírselo —le susurra Claudia Isabel—. Yo no soy médica.

—Tú tranquila, ¿vale? Ya se me ocurrirá algo. Como mucho, tendrás que hacer un torniquete.

Siguen avanzando, conscientes de que es posible que tengan que disparar, tal y como indican las armas en sus manos. Además, la situación del reactor y el riesgo de explosión es tan real que, por un momento, se olvidan de que el Decem sea probablemente el culpable de la situación.

Un militar entra en el calabozo de Azuquera de Henares con evidente cara de fastidio. Mira a Marc, en la celda más cercana y durmiendo con la boca bien abierta, pero sin hacer ruido, espalda apoyada en la pared y las piernas despatarradas.

El militar, un hombre de unos cincuenta años y el cabello plateado claramente artificial, resopla pesadamente. Se acerca a su jaula con paso cansado, lo que hace que Marc abra los ojos. Todavía es noche cerrada.

—Te liberan —le dice, poniendo la llave en la cerradura. Marc no sabe cómo reaccionar, está entre dormido y contento—. Enhorabuena.

Él sale de la celda con la garganta seca y las piernas completamente agarrotadas. Puede caminar, aunque cojea ostensiblemente, porque la herida del muslo todavía le duele. Estira la espalda y mira a los demás presos. Ninguno tiene aspecto amenazador: el borracho duerme —o finge dormir— en la repisa de piedra, mientras que una mujer que han traído durante la noche lo evalúa en silencio. Marc ve en sus ojos una expresión que conoce bien: desconcierto. No es para menos. Lo liberan.

—Le debes una a una tal Elena Torres —dice el soldado de cabello plateado, entregándole un papel plastificado que Marc identifica como una autorización para moverse libremente por todo el territorio, acreditado como personal esencial. «*¡Lo sabía! No me ha fallado*».

El militar recién llegado le entrega tanto sus pertenencias como las de Darko y Claudia Isabel. Entre ellas, las llaves del coche, que alguien ha aparcado frente a la puerta de la comisaría.

Marc está en una nube. Solo ve una cosa: conducir hasta Madrid y reunirse con Elena. Va a arrancar el vehículo cuando una vocecita en su cabeza le recuerda que Darko y Claudia Isabel están en Trillo. En la dirección opuesta.

«Ellos se han ido y me han dejado atrás. Es peligroso ir a Trillo. Pero tengo sus cosas, ellos lo harían por mí…».

Se cambia de ropa y se aplica desodorante, sintiéndose sucio, tanto literal como figuradamente. Todavía no ha puesto el coche en marcha y ya se siente culpable por sus compañeros. Comprueba su teléfono. Elena le ha mandado dos ubicaciones: la del hotel y la del LCE. Decide que, por la hora que es, lo más probable es que la encuentre en el LCE.

Ignora los pensamientos de culpa, que lo quieren llevar hacia la central nuclear, y abandona el pueblo en el que ha pasado una noche y media en dirección a Madrid, con las estrellas brillando sobre su cabeza.

«Ya voy, Elena».

29

—Alfafetoproteína y beta HCG. Nuestras finalistas.

Su compañera asiente. Giulia le sonríe bajo el traje de aislamiento. Ahora mismo solo están ellas dos en el laboratorio. Hace dos días que no salen del LCE, desde que descubrieron que las embarazadas no se contagiaban de Decem. Duermen en una habitación específica habilitada para ellas, pero pocas horas por noche. Giulia sabe que puede forzar un poco más, y se siente tan cerca de encontrar la solución... Los demás se marcharon a dormir en sus casas y ninguno ha vuelto todavía.

—¿Cuál quieres de las dos? —pregunta Giulia, mirando las dos placas de Petri que conservan hongo verdecillo.

A su alrededor, los otros continentes apenas tienen restos ennegrecidos, que el día anterior eran iguales que los vivos. El Decem los ha matado.

—Me da lo mismo. Coge la que más rabia te dé.

Su compañera, Inés Díaz, es una gran científica de importante renombre internacional. Tiene unos sesenta años y ha dedicado su vida a la ciencia. Es una de las mejores del mundo. La mujer asiente y toma una de las dos muestras tras encogerse de hombros.

Giulia coge la otra placa y se separan. Cada una en una punta del laboratorio, con varios ratones en jaulas. Trabajan sin interrupción ni descanso hasta que han inoculado tanto el virus como el posible tratamiento a los ratones en diferentes tiempos: a la vez, unos el virus primero y luego la hormona, y viceversa. Incluso dejan algunos con solo el virus para ponerles el tratamiento cuando desarrollen los primeros síntomas.

Salen del laboratorio y se quedan sentadas en la antesala, leyendo y descansando, mayormente en silencio. Giulia se quita hasta la mascarilla, pero Inés no. No se la ha quitado en ningún descanso, y para beber o comer se retira a su espacio privado. Es, con diferencia, la más prudente del grupo científico.

El teléfono de Giulia suena, y rápidamente responde. Es Goa.

—Hola, amiga —dice, con un tono de voz más apagado que de costumbre, y Giulia la deja hablar, consciente de que no es necesario que diga nada—. No me encuentro muy bien. He pasado muy mala noche, con fiebre y dolores musculares. Siento que me cuesta pensar, casi como si estuviera borracha. Pero tengo buenas noticias. Las operaciones del doctor Arnaiz son efectivas, todos han eliminado el virus por completo. No tienen rastros de Decem.

—¿Cuántos han despertado?

—Cuatro de seis. Aunque Lejeune ha perdido toda su memoria y parece incapaz de aprender, los otros tres parece que están bastante bien, sin efectos adversos mayores destacables.

Hace un silencio que Giulia interpreta como que es su momento de cambiar de tema:

—Por aquí también tenemos buenas noticias. Nos quedan dos candidatos finales: la alfafeto y la HCG. Estamos cerca. Muy cerca.

—Como encontremos la cura, será la hostia.

Giulia asiente, dirigiendo su mirada a los ratones, que todavía corretean por sus jaulas. «Ojalá no haya que matar a demasiados», piensa, apenada. Siempre le han gustado los animales y le parece una barbaridad las formas con la que se les trata en ciencia. «Pero es lo que tenemos. No es momento de pensar en esto ahora».

—Hay algo más —añade Goa, bajando la voz—. Hemos confirmado que las aves son el vector de contagio, y lo han hecho a través de sus heces. El Decem se multiplica en sus tractos digestivos, y al defecar, se libera en forma de aerosoles infectivos que se multiplican, capaces además de contaminar hasta mil litros de agua potable con solo una deposición —hace una pausa, en la que Giulia asimila la información—. Pero no es solo eso. Estoy de acuerdo contigo en que quizá sus movimientos se rigen por algún patrón específico que todavía desconocemos. Tengo a un equipo en ello, pero me preocupa que los movimientos no sean aleatorios.

—¿A qué te refieres?

—No lo sé todavía, pero he encontrado patrones demasiado perfectos para esparcir el virus. Todo indica que eran atraídos, porque se detenían en las grandes ciudades el tiempo exacto para que la cadena de contagio se saturara. Y luego seguían avanzando.

Giulia no necesita más. Los pelos de sus brazos se erizan.

—Además —insiste Goa, con gravedad—, es cierto que los pájaros ya estaban contagiados antes, pero el virus cambió, como si se hubiera activado de repente, como si se hubiera encendido un interruptor.

«Exactamente lo mismo que me parecía a mí —piensa Giulia, mirando sus garabatos pegados al cristal, donde tiene escrito ¿INTERRUPTOR? en mayúsculas, ocupando un folio entero. Está tachado, por la inverosimilitud de la teoría—. Pero si Goa ha llegado a la misma conclusión... No, no puede ser. Hemos investigado la secuencia genética, no parece haber nada que pueda hacer de interruptor en todos los lugares de mundo a la vez. A no ser...».

—¿Y si fuera externo? —salta Giulia, que con la idea que acaba de tener se pone en pie, en parte por la emoción, en parte aterrorizada.

Inés le presta atención.

—Como un pulso electromagnético.

—Como un pulso electromagnético —repite Giulia, sintiendo que están en la dirección correcta—. O un pico radioactivo o incluso un tipo de ondas de radio de frecuencia concreta. ¡Eso podría activar las cajas TATA de Lejeune!

Giulia siente un cosquilleo de emoción que la hace jadear. No tiene claro si sentirse rebosante de confianza o aterrorizada. Sabe que tiene razón. Es un descubrimiento muy importante, pero de confirmarse, sus implicaciones son fatídicas.

—Y comenzar la transcripción de moléculas para activar el genoma fluido —finaliza Goa, con una mezcla de sentimientos muy similar a la de su compañera—. Me pongo ahora mismo a ello. Un impulso así dejaría rastro, porque tendría que ser a gran escala.

—Goa, ten mucho cuidado. Si tenemos razón...

—Lo sé.

—Una cosa más —salta Giulia, previendo que su compañera está a punto de colgar—. Tienes que inocularte mis dos finalistas. Parece que evitan la infección, pero podrían ser también la cura. Por favor.

—Lo tendré en cuenta.

Goa cuelga sin añadir nada más, y su amiga tiene dudas de que vaya a hacerle caso. Se sacude el miedo y pone al corriente de su conversación a Inés. Ella está de acuerdo con sus teorías, y le sugiere que le cuente todo lo que han descubierto a Elena cuanto antes. Al fin y al cabo, ella tiene muchos más recursos para llevar a cabo una investigación tan delicada. Marca su teléfono, un poco más nerviosa que antes. No es lo mismo hablar con Goa que con Elena, a pesar de que con la consejera ya comienza a tener una cierta complicidad.

—Contigo quería hablar —salta Elena, con voz seria.

Inmediatamente cambia la mentalidad de Giulia, que deja sus noticias en segundo plano a pesar de la importancia que tienen.

—¿Qué pasa?

—La presidenta ha estado tirando bolígrafos por la ventana... Asumimos que está ya en alteración de comportamiento, y pidió tratamiento tan pronto como lo tuvierais. ¿Lo tenéis? ¿O avisamos al doctor Arnáiz?

Giulia mira a Inés, sentada a su lado, que le devuelve una expresión interrogante, y, a continuación, a los ratones. «Parece que el periodo de incubación se está acortando —piensa, viendo a uno de sus ratones colgado boca abajo de las rejillas superiores de su jaula—. Tanto en los animales como en las personas. ¿Otro interruptor? ¿O solo la evolución natural del virus?».

—Es posible que tengamos un tratamiento.

—Tráelo, por favor.

—Elena… —dice Giulia, antes de que cuelgue, dispuesta a contarle lo que han descubierto junto a Goa—. Es posible que la forma en la que se ha contagiado el virus no sea natural.

—¿Qué? —pregunta Elena, atónita, sin tener del todo claro si comprende lo que le están intentando decir—. ¿Cómo…? ¿Qué?

No sabe muy bien qué decir. Giulia tampoco, pero intenta ceñirse a los hechos que la han llevado a concluir la artificialidad de la pandemia: una estructura creada, con posibilidad de esconder un interruptor para activar el cambio del genoma para contagiar a otras especies, las aves moviéndose de forma perfecta para esparcir el virus, casi controlada, una reducción del periodo de incubación cuando ya se ha expandido… Demasiadas casualidades para la naturaleza. O por lo menos, demasiado precisas.

—Todo apunta a que el virus ha sido activado y los pájaros guiados.

Se hace un leve silencio. Elena termina resolviendo:

—Sube. Dale lo que tengáis a la presidenta y luego pasa por mi despacho. Esto es gravísimo. Informaré de inmediato.

Cuelga sin decir nada más, aunque no fuera ella quien ha llamado. «Desde luego, la ha perturbado muchísimo —piensa la científica—. Tiene buen criterio. Me preocuparía si no perdiera los nervios ante una información de tal magnitud».

—La presidenta ha empeorado —le dice a Inés, que está hojeando una revista científica y resopla—. ¿Probamos?

—El periodo de incubación se está acortando —asiente Inés, que parece más pálida de lo normal—. No sé si…

—Si no le damos nada, morirá.

—Joder, que bruta eres —se resigna la científica, a lo que Giulia sonríe porque sabe que la ha convencido—. ¿Le damos las dos? Se supone que son bastante inocuas ambas. Y por probar… Lo que tú has dicho: si no le damos nada, morirá.

Giulia asiente. Entra al laboratorio, lo cual le supone casi cinco minutos de descontaminaciones, y toma una jeringuilla cargada con cada una de las dos hormonas. Inés le señala un tercer vial, que ella coge también. Sale del laboratorio de nuevo, quitándose las protecciones y desinfectando todo su cuerpo.

—Para evitar que mute durante el tratamiento —se justifica Inés—. Seguiré con ambas líneas mientras tanto. —Mira su reloj de muñeca, son ya casi las nueve de la mañana—. No creo que tarden en volver los demás.

En el momento en el que Giulia desaparece escaleras arriba lo más rápido que le permite respirar en su mascarilla FFP2, Inés entra en el laboratorio, pero sin utilizar las precauciones necesarias. Con el corazón latiendo mucho más fuerte de lo habitual, comprueba que nadie la esté viendo mientras carga jeringuillas con los mismos tratamientos que se ha llevado Giulia. Respira pesadamente, con la ansiedad desbordándola. Toma las jeringuillas en su mano. Traga saliva y respira hondo. Vuelve a mirar a su alrededor.

Y se inocula las dos potenciales curas a sí misma.

Cuando Giulia llega a la planta baja, escucha unos gritos que la detienen. Puede que esté a punto de probar una cura, pero su curiosidad la supera. El alboroto proviene del otro lado de los tornos, en la misma entrada principal, donde un guarda de seguridad discute con un joven de baja estatura, de aspecto dejado y sucio, con una venda que le cubre por completo la cabeza, aunque hábilmente doblada para que no le tape los ojos. No lleva mascarilla. Gesticula mucho, agitando un papel plastificado, aunque por la cara del guarda, no parece coherente. «Quizá sea un vagabundo —piensa Giulia—. ¿Pero qué es ese papel?».

Andrés está plantado junto a los tornos, y parece que no le presta atención al altercado, aunque en realidad sí que lo está haciendo. Entrecierra los ojos para ver quién está discutiendo, porque como siempre, no lleva las gafas. Giulia se acerca a él y pregunta, sin reconocerlo.

—¿Qué ocurre?

—No lo sé, la verdad es que acabo de llegar

Andrés y Giulia se miran. Y en ese momento se reconocen. Una sensación extraña flota entre ellos, que se mantienen en silencio unos instantes, pero el gesto de sus rostros es suficiente para que lo entiendan. Ambos guardan un buen recuerdo del momento en el que se conocieron. «Si no estuviera tan liada con esto de salvar el mundo, quizá me gustaría conocerlo un poco más», se dice Giulia, que retira la mirada y sonríe. Andrés también siente que las mejillas se le calientan y desvía su atención hacia el hombre del vendaje. Le es vagamente familiar. Le recuerda a alguien. Le recuerda a...

—¡MARC!

El neurocirujano, para sorpresa de Giulia —y horror de la mujer encargada de controlar las entradas y salidas—, salta los tornos rápidamente para ponerse entre los dos hombres y apartar al guardia de seguridad. Ignora deliberadamente los gritos que lo reprenden.

—Desde luego es una persona especial —susurra Giulia, para sí, negando con la cabeza y recordando que lleva la potencial solución al Decem en sus manos.

—¡Andrés! —exclama Marc, haciendo el amago de abrazarlo. Se detiene, pero el rostro se le ilumina para a continuación ensombrecerse un poco.

—¿Qué haces tú aquí? —pregunta Andrés, completamente anonadado—. ¿Qué te ha pasado? ¿No deberías estar en el hospital?

«Debería», se dice Marc, más divertido ya que preocupado.

—He venido con Darko y Claudia Isabel...

Andrés niega con la cabeza e interrumpe de forma grosera:

—Lo sé, lo sé, digo aquí, en el LCE.

—Nos habían detenido...

—¿Qué me estás contando? —insiste, incapaz de dejar que Marc termine sus frases, cerrando los ojos de incredulidad—. ¿Detenidos? ¿Pero qué haces aquí?

Andrés está confuso. No entiende, en primer lugar, el motivo por el que su amigo se ha cruzado la península durante el estado de excepción. Marc no tiene ninguna intención de resolverle el enigma por ahora.

—¿Lo conoces? —pregunta el guardia de seguridad, relajando su postura.

—Es Marc Martí. Trabaja conmigo en Barcelona —se da cuenta de lo impersonal y austero que suena, y decide añadir—: Somos amigos.

Marc sonríe levemente, asintiendo. La mujer de los tornos abre las puertas a regañadientes, tras la indicación del guarda de seguridad, y Marc y Andrés llegan hasta la posición de Giulia. Andrés se dispone a hacer las presentaciones, pero Giulia se adelanta tras rebuscar en su bata. Le tiende una mascarilla quirúrgica:

—Toma, anda.

Al joven doctor se le ilumina la mirada.

—¡Muchas gracias! Llevo desde que me he bajado del coche sintiéndome como expuesto. ¡Y eso que no hay nadie por la calle! Pero es como ir desnudo...

Giulia esboza una media sonrisa. Parece un poco disperso, pero de eso no se le puede culpar en exceso. La situación es para estarlo.

Se presentan brevemente. Ella asiente y enfila los ascensores. Marc parece aliviado tras ponerse la mascarilla. Andrés lo mira de forma extraña.

—¿Y los demás?

—En la central nuclear de Trillo. Se han ido con los militares para nosequé misión secreta. Yo me he quedado igual —añade al ver la cara de incredulidad de su amigo.

Giulia comprueba su teléfono móvil, y tiene un mensaje de voz de Goa, pero lo que más le sorprende es que no tiene cobertura. «Qué raro. En este edificio hay siempre cobertura. Aunque quizás sea por el ascensor».

Jaime los alcanza con las puertas a medio cerrar. Andrés las abre de nuevo para que pueda subir. Él le agradece el gesto.

Su aspecto no es el mejor. Viste una camisa azul marino con una mancha probablemente de café sobre el pectoral derecho, con un botón de más desabrochado. La corbata la ha perdido hace horas y está sudado.

—¿Estás bien? —pregunta Giulia, apartándose un poco más de él.

El ascensor es grande, con capacidad hasta veinte personas, pero es difícil mantener la distancia de seguridad apropiada.

—Estresado —responde él, reparando por primera vez en Marc.

Su rostro parece decir que se debate entre curiosidad por la venda de su cabeza e indiferencia. Giulia duda si mencionarle que van a inocular la cura a la presidenta, pero decide que tiene suficientes problemas y preocupaciones en marcha.

—Este es Marc Martí, uno de mis mejores amigos —dice Andrés al adivinar los pensamientos de Jaime, que parece iluminarse para de inmediato reprimirse.

A Giulia no le pasa por alto que tiene una información que no comparte. Efectivamente, al escuchar el nombre, el vicepresidente lo reconoce y se da cuenta de la situación. Ha pasado muchas horas con Elena en los últimos días. Muchísimas.

—¡Ah! Por supuesto. Bienvenido.

Jaime le da una palmada en la espalda como si fueran amigos y el propio Marc se incomoda, aunque se imagina sus motivos. El ascensor sube en silencio. «Aquí hay una tensión muy rara», se dice Giulia, que vuelve a chequear su móvil. Sigue sin cobertura. Va a escuchar la nota de voz de Goa, que le ha llegado diez minutos atrás, pero entonces el ascensor se detiene y Jaime trunca la calma:

—Ven conmigo, te llevo con Elena.

Y las piezas parecen encajar en la mente de Giulia. «*¡Marc! ¡Este es el chico de Elena!*».

—¿A mí? —pregunta Andrés, que, en cuanto se da cuenta de que no le habla a él, busca con quién habla. Para su sorpresa, tampoco es con Giulia, sino con su amigo.

«*¡Y Andrés y Elena! ¡Y son amigos entre ellos!*». La excitación de sus pensamientos traiciona a Giulia, que abre mucho los ojos y siente que la curiosidad morbosa la aparta de las tareas fundamentales que debe realizar. «En menuda te has metido, querida Elena. ¿Está con los dos a la vez?».

No hay que ser excesivamente inteligente para darse cuenta de lo que está pasando dentro de la cabeza de Andrés; es sencillo seguir el hilo de sus pensamientos. Marc lo mira de reojo, mientras Jaime trata de retirar sus palabras con escaso acierto. Su cara de circunstancias no ayuda. Las puertas del ascensor ya están abiertas. El cirujano está rojo y aprieta los puños.

—¿Estás aquí para ver a Elena? —pregunta, en un tono amenazador.

—Sí.

Marc no se ve capaz de mentir. Pero no da información de más, prefiere que lo vaya encajando él poco a poco. Comienza a sudar.

—¿Por qué ibas a venir desde Barcelona a Madrid para verla a ella?

Marc sabe tan bien como Jaime y Giulia que Andrés es perfectamente consciente de lo que ocurre, pero quiere escucharlo de sus labios. Giulia siente un cosquilleo de emoción en el estómago. Nunca había pensado que, en un contexto tan dramático como el actual, pudiera precipitar situaciones tan surrealistas. Tan de otro tiempo.

—Porque... porque... La quiero.

Andrés mira al suelo primero, y luego a su amigo, que le sonríe de forma muy incómoda. La rabia hierve en su interior. Completamente descontrolado y fuera de sí, se ve superado por sus emociones. Agarra a Marc por sudadera y lo lanza con todas sus fuerzas fuera del ascensor. La fiereza con la que lo hace es perturbadora.

Marc se levanta varios centímetros del suelo, pero aterriza bien, clavando las plantas de los pies. Sin embargo, se trastabilla por la inercia y termina derrumbándose unos metros más allá. Se revuelve rápidamente, para ponerse en pie. No le da tiempo: Andrés se acerca demasiado rápido. Retrocede gateando instintivamente.

—¡¡¡Cómo te atreves a no decirme nada!!! ¡¡¡Debería caerte la cara de vergüenza!!!

Giulia, que tiene las tres jeringas todavía en sus manos, se limita a observar la escena, con la boca ligeramente abierta y totalmente atónita. «Este brote de violencia injustificada… —piensa, con cierta inquietud—. Puede que sea solo un problema personal de Andrés, pero…».

Pensar en el Decem le recuerda que tiene que aplicar la cura a la presidenta. Sin embargo, la situación es demasiado absorbente para marcharse. Niega con la cabeza ante la innecesaria exhibición de testosterona y celos, propiciados por el tóxico sentimiento de posesión. Jaime agarra a Andrés del brazo para detenerlo.

Él se vuelve y se encara con Jaime, que aguanta el pulso visual. Sus ojos están muy cerca, apenas a unos centímetros. El vicepresidente sí que tiene un tamaño similar a Andrés. En sus ojos se intuye la ira que guía sus actos, pero no hay ni rastro del rojo típico de los infectados por Decem. La tensión entre ambos es máxima.

—¿Sabes lo que me ha hecho? —susurra Andrés, aparentemente aplacado, pero sintiendo el fuego interno muy vivo.

Jaime se mantiene impasible a pesar de que parece que, en cualquier momento, puede ser agredido.

—Está con una persona a la que quiere. Eso no lo puedes controlar.

—¿Qué insinúas? ¿¡Que ella lo quiere!? ¡Yo también la quiero!

Jaime traga saliva. Andrés es peligroso. Tiene que calmarlo como sea, por lo que abandona su intento de discurso para cambiar el paradigma y alejarlo de Elena:

—Estamos en una situación en la que no podemos permitirnos estas rabietas. Estamos juntos en esto. Todos. Él no es tu enemigo. Nuestro enemigo es el Decem, que nos está matando a todos. Las personas tenemos que apoyarnos entre nosotros, no enfrentarnos.

Las palabras de Jaime confunden a Andrés, que no sabe muy bien cómo reaccionar. Termina por apretar aún más la mirada, ardiendo de rabia.

—Tú no lo entiendes.

Desplaza a Jaime con un contundente empujón, encolerizado de nuevo, y se abalanza sobre Marc, que se ha puesto en pie. Lo tumba de nuevo con facilidad, aunque recibiendo un contundente puñetazo en la ceja. El impacto lo deja unos segundos desorientado, por lo que tarda un instante más de lo esperado en soltar una patada. Pero la da con fuerza sobre las costillas de Marc.

—¡Eres un cobarde! —espeta Andrés, casi escupiéndole encima, cuando su amigo se tapa la cara con las manos.

Marc jamás había visto a Andrés así en diez años de amistad.

—¡La quiero! —grita Marc, rodando por el suelo, huyendo de las patadas que tratan de alcanzarlo.

De no estar recibiendo una paliza por parte de uno de sus mejores amigos, valoraría que es la primera vez que dice que quiere a una pareja suya sintiéndolo de verdad.

—¡Yo también!

La ceja de Andrés sangra abundantemente, molestando su visión. Se quita la sangre del ojo con el dorso de la mano, y se sorprende al ver la cantidad, pero sigue lanzando patadas tras Marc. La última encuentra costillas y hace que deje de rodar.

—¡Ella me quiere a mí! —exclama Marc, al que parece que le falte el aire.

Está totalmente expuesto a la merced de su amigo. Cierra los ojos y parece que se deja ir, agotado de intentar escapar y con el dolor del costado irradiándose por todo el cuerpo.

Cuando Andrés va a golpear la cara de su oponente con un puntapié, Jaime lo tumba con un placaje digno de jugador de rugby. La caída de Andrés es aparatosa, contra el cristal del pasillo, con el rostro por delante. El impacto es tremendo, y Jaime teme que no se levante. Por un instante, Andrés se queda completamente inmóvil. El resto parece contener la respiración.

Pero vuelve en sí. Se da la vuelta despacio y se queda sentado, con dolor en las cervicales y la nariz convertida en un torrente de sangre, igual que la ceja. Observa a Marc, en trance. Parece conmocionado. Al recordar que su amigo está con Elena, el amor de su vida, la rabia vuelve a su cuerpo, pero esta vez, la alivia gritando con fuerza.

30

Las entrañas de la central nuclear son mucho más oscuras de lo que esperaban. Las paredes tienen focos, pero están apagados, por lo que sus linternas son la única luz. Los reclutas caminan despacio pero decididos, marcando un ritmo fácil de seguir. Miranda cierra la comitiva. Se vuelve cada pocos segundos, para comprobar que no los persigue nadie… ni nada. Trata de aparentar calma.

Las paredes son de ladrillo, rugosas y pintadas de blanco. En cuanto bajan a las plantas subterráneas, se convierten en planchas de metal aislante. Sus pasos resuenan en la tétrica construcción. Parece llevar años sin recibir limpieza.

—Cuidado en la esquina —susurra Miranda. Le parece escuchar un sonido que no son sus propios pasos—. Preparaos para cualquier cosa.

Caminan con la misma decisión que antes, como, si en vez de estar a punto de enfrentarse a un enemigo, fueran a la compra. Claudia Isabel está exultante, sintiendo la adrenalina empujarla hasta casi ponerse entre los dos reclutas. Darko tira levemente de su camiseta. Su rostro, pálido y alumbrado por la luz mortecina, que rebota en las paredes, evidencia que no está tan a gusto como ella. Tiene erizado todo el vello del cuello.

—No te adelantes tanto —musita, fingiendo confianza sin éxito.

—¿Quién iba a decirnos que iba a ser yo la valiente de los dos?

Su afirmación se clava como una daga en el corazón del cirujano, que la fulmina con la mirada y se muerde el labio. Siente la necesidad de responder, pero se da unos segundos para no parecer tan ofendido como realmente está:

—Ser valiente no es ser suicida.

Claudia Isabel se ríe negando con la cabeza, en silencio.

—Lo que tú digas —sisea, confiada en sí misma y disfrutando del momento.

El final del pasillo está a solo unos metros de ellos. Es una bifurcación perpendicular. Uno de los lados lleva a las chimeneas, mientras que el otro desemboca en la zona de las piscinas de refrigeración.

Los dos reclutas se paran, provocando que el resto los imiten. Uno de los dos se vuelve y espera el gesto afirmativo de Miranda para proceder. Respiran hondo y ambos saltan, cada uno hacia un lado, fusil amartillado por delante e índice en el gatillo. Pero ninguno de los dos dispara, sino que relajan la posición corporal. Darko deja ir un sonoro suspiro, con el que se gana la reprobación de Miranda:

—Mantén el silencio. Seguimos.

Claudia Isabel no puede evitar sentir una profunda decepción al no haber encontrado nada. Sabe que es un sentimiento irracional y egoísta, movido por su situación personal, por su necesidad de emociones fuertes. Y por el hecho de que ella no carga con ninguna responsabilidad. Miranda avanza hasta la intersección y mira al grupo, que espera órdenes con paciencia. Darko admira la forma en la que la respetan. Morirían por ella si fuera preciso.

—Valero, acompaña a la doctora... —Miranda hace la entonación para decir su nombre, pero al darse cuenta de que lo desconoce y que la frase no desencaja, sigue—: a buscar a Castro y Martínez, que no sabemos dónde están. Suárez, el doctor y yo iremos a por Pina y Pezzo.

—Sí, teniente —dice el recluta que está junto a Claudia Isabel y ha ido delante de ella todo el camino, que lleva grabado Valero en el traje.

—Ve con cuidado —le susurra Claudia Isabel a Darko, al oído—. Piensa en tu bebé.

El joven asiente, con evidente perturbación. Siente una punzada en el pecho. «No soy un cobarde. Solo valoro la vida», se repite varias veces, hasta que cambian de pasillo y, por mucho que se gire, ya no ve a Claudia Isabel. Aunque sus palabras se repiten una y otra vez en sus pensamientos. «Espero que no tenga que hacer mucho más que un torniquete. Fuera del quirófano, pierdo mucho —se recuerda, incómodo—. Esto es demasiado peligroso. Es posible que haya sido imprudente venir aquí».

—Te noto tenso —susurra Miranda, haciendo que se sobresalte. Ella ríe—. No te preocupes. Suárez y yo te cubrimos.

Le guiña un ojo, pero él no es capaz de sonreír siquiera.

«No lo entiendo —reflexiona, molesto consigo mismo—. Esto no es para tanto. He buceado a pulmón en cuevas en las que no sabía si tenían salida, he esquiado por colinas llenas de socavones e incluso he saltado en paracaídas. Y nunca había tenido miedo como lo tengo ahora.

»Puede que sea por el hecho de no saber qué esperar, o sencillamente que el embarazo de Paula me hace tener miedo a morir, me carga de responsabilidades. Puede que la enfermedad de Claudia Isabel o el derrumbe del hospital, que han puesto de manifiesto lo frágil que es la vida humana. Lo fácil que es morir. O, tal vez, que mi seguridad no depende de mí, sino de acciones de otros».

Hay un aura en el silencio sepulcral de los pasillos que lo pone en un estado de trance negativo. El corazón late despacio pero fuerte, y el estómago se retuerce sobre sí mismo. El pecho parece cerrarse. La camiseta lo aprieta. Agarra su fusil con fuerza.

Siguen avanzando, con la agonía aumentando, pero tratando de ocultarlo. Se detienen frente a otro cruce. Miranda da su aprobación y Suárez vuelve a saltar. Esta vez, junto a Miranda. La reacción es bien distinta. Ella dispara orientando el arma hacia abajo, mientras que Suárez grita y sus disparos se estrellan en el techo entre gemidos de dolor.

Un dóberman negro y ágil lo ha tumbado y ha hundido sus dientes en su cuello. La carne se desgarra con facilidad, y las mandíbulas del animal se mueven a uno y otro lado con fuerza, sin soltar a su presa. Un segundo perro de la misma especie ladra y salta también sobre el recluta.

La sangre salpica las paredes metálicas y los zapatos de Darko. Los perros muerden centrados en Suárez, ignorando a Miranda y Darko. Los ataques son demasiado violentos para ser naturales. «Un perro cazando mata a la víctima y luego se la come, no se pone a desgarrar la carne para escupirla —se dice el cirujano—. Hay algo que está mal en estos animales…».

Miranda se revuelve sobre los talones y apunta a los animales, pero esta vez no aprieta el gatillo. Darko tiene el cañón en dirección a Suárez, que ya no se mueve. No es capaz de disparar. La mano le tiembla, y consecuentemente, también el arma, lo que le impide apuntar correctamente. No se ve capaz de moverse. El pánico se apodera de sus músculos, hasta que Miranda le susurra:

—Darko, vamos.

La mira con incomprensión, incapaz de dejar de mirar la ferocidad con la que los canes despedazan la carne del cuerpo de Suárez. Los violentos giros de cuello, los afilados dientes desgarrando la carne como dagas... La sangre salpica las paredes y comienza a crear un charco en el suelo. Ha visto morir a gente como cirujano, y está muy acostumbrado a ver sangre y vísceras, pero no así. Le impresiona.

—Darko, venga.

Reacciona, volviendo a la realidad. Atiende a Miranda y avanza sigilosamente hasta ella. Ve que Miranda ha disparado a un tercer perro, que estaba en su pasillo. Yace abatido con un agujero de bala en mitad del cráneo. Los sonidos de los animales desgarrando la carne, con más violencia de la necesaria, le ponen la piel de gallina. Miranda levanta de nuevo su arma y ejecuta a los dos animales con disparos precisos como el que ha abatido al otro perro, directos a la cabeza. Sin comentar nada de lo que acaba de suceder, la teniente continua la marcha.

Caminan a paso ligero por un camino marcado por huellas de perro cada vez más densas. Saben que se están acercando a lo que puede ser un escenario de pesadilla.

—¿Nos habían preparado una emboscada? —pregunta Darko, unos minutos después, cuando mentalmente logra volver a la realidad.

Miranda decide hacer una breve pausa para tomar aire. Trata de ocultar sus emociones. Acaba de perder a un amigo.

—Parecían furiosos —dice Miranda, esquivando la pregunta de Darko. Ella también cree que era una emboscada, pero le causa incomodidad verbalizarlo. Solo animales criados específicamente son capaces de alcanzar un nivel de estrategia tan elevado. Aunque se le ocurre otra explicación, casi igual de perturbadora—: Tenían los ojos rojos, puede que estuvieran infectados.

—¿De dónde salen? ¿Qué hacen aquí?

—No lo sé. Tenemos que encontrar a Pina y Pezzo ya. Ya he perdido a uno de los míos.

No tardan en encontrar el comienzo de las huellas. Es un charco de sangre muy grande, de unos dos metros de diámetro y los bordes secos, coagulados. Las huellas, tanto de perro como de humano, comienzan en él, aunque van en diferentes direcciones, de forma anárquica. Hay salpicaduras alrededor. En el centro, hay restos de carne y órganos inidentificables. Junto al charco, hay un cuerpo humano vestido de militar, pero empapado de sangre y mutilado. Le falta el brazo izquierdo y la cabeza. El cuello coincide con el borde de la mancha, revelando su origen.

«Esta persona estaba viva cuando le extrajeron los órganos, y también cuando la decapitaron», piensa Darko, aterrado. El sudor frío empapa su espalda. El cuerpo tiene un corte de lado a lado del vientre, por el que se han extraído los órganos que coronan el reguero de sangre. Tanto el corte del cuello como el del brazo son muy rectos, lo cual significa que no son mordiscos. «Esto no lo ha hecho un perro. Esto lo ha hecho una persona».

Junto al cuerpo, hay un perro, cubierto de sangre e inmóvil. Miranda asume que está muerto, pues también tiene el vientre abierto en canal. Se acerca en silencio al cadáver, con el rifle en alto. Retira el doblado de la chaqueta, con lo que se revela el nombre del uniforme.

—Es Pablo Pezzolano. Pina tiene que estar cerca.

—Eso no son mordiscos... —sisea Darko, asombrado con la frialdad con la que Miranda está asumiendo las muertes de los miembros de su equipo.

—Lo sé —ataja Miranda—. Encontremos a Pina.

Darko asiente y sabe que Miranda se siente culpable por cada hombre que pierde, aunque no lo demuestre. Sigue junto a la teniente uno de los rastros de pisadas de botas. Hay varios, pero se deciden por el que corresponde a la suela que es idéntica a la de Miranda. Son huellas bastante separadas, por lo que Pina huía a la carrera. Un zumbido creciente los pone en alerta. La temperatura sube.

—Son las turbinas. Estamos cerca del reactor, bajo las chimeneas.

—¿No deberíamos llevar traje de protección o algo? —pregunta Darko, mientras se quita el jersey y se lo ata a la cintura.

—No lo sé. Este sitio es una pesadilla.

Darko asiente, convencido. Miranda también está sudando, pero sabe que no es prudente bajar el fusil. En cualquier momento pueden atacarlos y tendrá que reaccionar. Se van sucediendo múltiples salas cerradas con máquinas, que ninguno de los dos reconoce. Las pisadas de Pina siguen a la carrera más allá. El calor comienza a ser agobiante. Miranda nota como las gotas de sudor perlan su frente.

Darko se detiene en seco al ver sangre tras una puerta de metal diferente a las demás. Es totalmente opaca y parece una taquilla vertical. Un hombre encogido podría caber. El rastro de botas se detiene allí tras múltiples pasos en el mismo sitio y salpicaduras. Hay pisadas humanas que se alejan. No son las botas.

Miranda aparta a Darko con un gesto, y se encarga ella de abrir la puerta de metal. Da un salto atrás para tener buen ángulo, pero su linterna enfoca el mortecino rostro de un hombre de mediana edad y rapado. Tiene los ojos abiertos y una mueca de dolor grabada en las facciones. En sus manos ensangrentadas sostiene su pie descalzo y seccionado. La radio cuelga de su cintura, tan inerte como él.

El cuerpo cae de cara y a peso muerto frente a ellos. Se estrella contra el suelo. No es necesario, pero Miranda susurra:

—Pina.

Darko no puede apartar la vista del pie mutilado, separado del cuerpo con cortes irregulares y roído en diversos puntos. «No tiene sentido —se dice, con escalofríos constantes—. Si un perro —u otro animal— le ha cortado el pie a mordiscos, ¿por qué tiene el pie en las manos y no se lo han comido o llevado? ¿Qué demonios está pasando con los animales en esta central?».

Miranda niega con la cabeza. A pesar del calor sofocante y el siseo constante de turbinas y máquinas que no comprende, la teniente tiene una misión. La primera parte ha fracasado con estrépito y ya ha perdido —como mínimo— a dos compañeros, pero todavía tiene la segunda y más importante.

—Tenemos que apagar el reactor. Pero eres libre de marcharte. Es mi misión, no la tuya. Ya no eres necesario.

El joven, que estaba encorvado, se envara, hinchando el pecho tanto como puede. Se plantea la situación. Unos ladridos lejanos le advierten que salir tal vez no sea tan fácil. Y lo tiene muy claro:

—Yo no me voy de aquí sin ti.

Miranda esboza una sonrisa. Mientras ella llama por la línea de radio a Hens para que le dé instrucciones para alcanzar el reactor, él sonríe orgulloso porque ha aparentado que se quedaba por valentía y no por cobardía de marcharse solo. «Concéntrate, Darko —se insiste—. No tengas miedo. Tú puedes. Lo sabes, eres el mejor».

La teniente deja de hablar, y su rostro no invita a pensar que la situación vaya a mejorar. Cuando sus miradas se cruzan, sonríe incómoda.

—Última oportunidad para rendirse.

—No tengo esa palabra en mi diccionario.

Miranda quiere responder con algún comentario mordaz, pero termina fiándolo todo a su expresión facial, de admiración y reconocimiento.

—No va a ser fácil, pero confío en ti. Han encontrado a Castro y a Martínez y ya los han sacado. Ella está herida, pero parece que sobrevivirá. Los perros la atacaron, pero luego perdieron el interés —niega con la cabeza, tratando de apartar su incomodidad a los extraños comportamientos de los animales—. Nos reunimos con Valero en la planta menos tres. Vamos.

Sin más dilación, dejan atrás el cuerpo sin vida de Pina y bajan unas escaleras. El ruido de turbinas sigue en aumento y la temperatura aumenta otro grado más. Escuchan un ladrido lejano seguido de una carcajada humana. Miranda apaga la linterna para no llamar la atención, pero no reduce el paso.

Darko es consciente de que se han metido en la boca del lobo y salir de ella no será sencillo. «Ojalá me hubiera quedado con Marc», piensa, con pesar. La misión que ha aceptado es mucho más peligrosa de lo que pensaba.

Y ya es tarde para echarse atrás.

31

Hace casi un cuarto de hora que Elena no consigue conectar con nadie. No tiene wifi ni funciona ningún teléfono. Solo unos minutos antes de perder la conectividad, ha podido informar al general Carreño de que su equipo científico tiene una potencial cura, así como sus sospechas sobre la intencionalidad del virus. La secretaria le ha dicho que todo el edificio está sin conectividad.

Al no poder contactar con el exterior, se concentra en planificar que los antivirales producidos en Valencia y Barcelona sean transportados en menos de un día a todos los hospitales del Estado. Otro tema que ocupa su tiempo es ubicar los cadáveres. Cada pocas horas, los servicios de emergencia recuperan decenas de ellos, muertos en los diversos disturbios callejeros.

«Peor que una guerra —piensa, apenada—. Y eso que nuestros datos son buenos en comparación con otros países». En Francia, el Gobierno está completamente desarbolado, mientras que en Estados Unidos se ha declarado la ley marcial y se ha permitido el uso de armas de fuego en defensa propia sin límites. Con todo lo que ello implica. «Es la anarquía».

Unos gritos en el pasillo alteran sus reflexiones. Dubitativa, valora la puerta, temiendo lo peor. Le parece escuchar a Andrés. Efectivamente, cuando abre la puerta, lo ve, con la cara ensangrentada. Jaime se lanza contra él y lo tumba. Elena no sabe cómo reaccionar.

Andrés cae contra el cristal del pasillo con una fuerza desmesurada. El cuello se dobla en exceso. Aterrada, ve como se da media vuelta y se queda sentado en el suelo, con la cara ensangrentada y la expresión atónita. El alarido de dolor e ira que emite hace que Elena corra hacia él. Jaime se aparta, suplicando perdón de forma desesperada. No presta atención al hombre que está en el suelo.

—¡Andrés! ¿Qué pasa? ¿Qué hacéis?

Él gimotea, enfocando a Elena frente a ella. Un súbito sentimiento de vergüenza lo asalta, aunque eso no evita la mirada de desprecio que le dedica a Marc. Él se levanta renqueante y dolorido, con las manos en el costado, allí donde las patadas de Andrés han hecho más daño. La expansión del dolor al respirar le indica que quizá tenga alguna costilla rota. Elena repara en Marc y de inmediato enrojece. Pone su rostro entre sus manos.

—Me ha atacado —espeta Marc, con un gesto de dolor claro, pero ya en pie. Intenta controlar su beligerancia y mirar solo a los ojos de Elena. Una sensación de calidez lo invade.

—¿Por qué? —pregunta Elena, todavía cogiendo a Marc.

Andrés mueve el cuello a un lado y a otro, comprobando que los huesos de la columna cervical siguen en su sitio. El dolor que siente en la cara hace enmudecer el ligero cosquilleo de la nuca. La ceja sigue sangrando abundantemente. La camiseta ya comienza a estar empapada. Saborea la sangre que le sale de la nariz.

—Dios. Alguien tiene que verte eso —salta Giulia, conteniendo una arcada. La sangre siempre le ha causado aversión.

Todos los ojos se clavan en Marc, que se siente aludido de inmediato. A Elena no le pasa por alto que nadie ha respondido a su pregunta. Ni siquiera Marc.

—Estáis de coña. —gruñe el joven médico. Lo último que quiere es ayudar a su agresor, pero la mirada de Elena es suficiente para que cambie su actitud, aunque ella no sabe lo que ha pasado—. Joder. Me cago en todo.

Se arrodilla junto a Andrés, notando intensamente el dolor sobre el puntapié que le ha regalado en las costillas. Siente un odio irracional crecer en su interior. Andrés lo mira con ojos llorosos, pero su expresión es sombría y está llena de rabia. «Ni una disculpa», piensa Marc, que siente que se le eriza hasta el último de sus pelos. Sabe que a Andrés le duele más que lo ayuden que la propia herida. Su expresión cambia.

—No tiene buena pinta —se limita a decir Marc—. Deberíamos coser o grapar esta herida.

—No me digas.

Marc aprieta los dientes. «Incluso en posición de desventaja tiene que sentirse superior, necesita dejar su huella —piensa—. ¿Cómo podía ser este tío mi mejor amigo?».

Mira a su alrededor nervioso por sus propios pensamientos. Están en mitad del pasillo, y media docena de ojos curiosos los están observando de la forma más discreta que pueden. Giulia le tiende unas gasas a Andrés, que recoge y presiona contra su maltrecha ceja.

—No me conecta el móvil —anuncia Jaime, visiblemente preocupado, tras varios minutos intentando pedir ayuda—. ¿Podéis probar?

—Yo, desde que estábamos abajo, no tengo cobertura —Musita Giulia, nerviosa.

—Hace más de media hora que estamos así. Es como si todo el edificio hubiera perdido la conexión —revela Elena, mucho más pendiente de Andrés que del problema de las comunicaciones. Se da cuenta de que Giulia parece intranquila, y añade—: Pero pude informar antes de que cayeran.

Se hace un silencio que pone a Elena en alerta.

—Informar… ¿A quién? —pregunta Giulia, visiblemente agitada. Ha atado cabos y tiene un presentimiento que la preocupa especialmente.

—A quien nos contrató para enfrentarnos al virus.

Jaime da un respingo:

—¿No fue la presidenta?

Elena niega, consciente de que es el momento de confesar. Mira a los demás, valorándolos. No tiene sentido seguir ocultándolo. La presidenta está enferma y el Gobierno en descomposición.

—Nos contrató el jefe de Estado Mayor del Ejército de Tierra. El general de más alto rango del Ejército. El general Carreño.

—¿Lo sabe la presidenta? —pregunta Jaime, descolocado.

—No. El general insistió en que así fuera.

Giulia traga saliva despacio, sintiendo su corazón palpitar con fuerza. No le gusta nada el secretismo con el que Elena ha llevado la identidad de su superior, y menos aún que fuera una orden. «*¿Qué motivo podría haber para hacer algo así?*». Todo lo que se le ocurre es demasiado tenebroso, condicionada por su antimilitarismo, cierto, pero temiendo lo peor.

Giulia y Elena se miran con gravedad e intercambian una expresión muy elocuente.

—Deberíamos llevar la cura a la presidenta —dice Elena, sintiendo una sensación de urgencia que antes no sentía—. Nos deben estar esperando.

Giulia asiente, y Elena se arrodilla un momento junto a Andrés. «La miran los dos de la misma manera», se fija Giulia, observando a Andrés y Marc. Ella tiene una mirada de ternura hacia Andrés, pero no es la misma que él tiene hacia ella. Siente lástima, consciente de lo complicada que es la situación.

—Yo la acompaño —dice Jaime, dirigiéndose a Elena—. Quédate con ellos.

Elena se limita a asentir y sonreírle. Giulia y Jaime se alejan apresurados. La científica aprieta las jeringas en sus manos. El sudor de sus palmas se pega a ellas.

El pasillo se le hace más largo que nunca, consciente de la importancia de que los tratamientos tengan éxito. Comienza a respirar más rápido bajo la mascarilla. Está cerca de tener un ataque de ansiedad que no se puede permitir. Trata de bloquearlo. Los nervios la atenazan y no es capaz de escuchar a Jaime, que le está hablando. Está demasiado concentrada manteniéndose recta y caminando. «*¡Qué bien me vendría ahora poder hablar un rato con Adriana! O con Goa* —piensa, apenada—. *Tengo que escuchar su nota de voz*», se recuerda. Súbitamente, ese mensaje parece tener más importancia.

Jaime no se da cuenta de que no está siendo escuchado, porque Giulia le sigue el ritmo dándole la razón sin palabras. Pero termina una frase con pregunta. Y no parece que Giulia pueda responder con un sí o un no.

—No lo sé —dice, aventurándose, consciente de que la alternativa es reconocer que no está prestando atención.

—Es que claro. Cómo lo ibas a saber.

Giulia no sabe a qué se refiere. Jaime sigue con su cantinela, y esta vez sí escucha, lo que la ayuda a volver a la realidad, más tranquila. Nada de lo que haga podrá cambiar el trabajo que ha hecho hasta ahora, así que no tiene sentido preocuparse más.

Al parecer, Jaime le preguntaba por la posibilidad de que hayan caído los satélites. Frente a la sala en la que la presidenta ha estado trabajando desde que se confirmó que padecía Decem, hay dos personas vestidas con trajes aislantes preparadas para entrar.

—¿Dónde estabais? —pregunta la más baja de las dos, que aun así es tan alta como Giulia.

Es una mujer de piel negra y cabello rizado, que asoma bajo la cabeza del traje, totalmente cerrado. Su compañero es un hombre blanco unos centímetros más alto.

—Hemos tenido... Dificultades —se decide Jaime, mirando de reojo a Giulia.

—Está muy agresiva —dice el hombre—. Hemos intentado sedarla, pero nos ha lanzado la pantalla del ordenador. —Señala el cristal, que parece intacto—. La caja la ha lanzado por la ventana. Por suerte, no le ha dado a nadie.

Giulia se asoma. Ve en el suelo los restos de circuitos y cristales rotos. Las ventanas parecen íntegras y solo se abren un poco, por lo que el riesgo de que pueda saltar es inexistente.

—¿Estáis preparados? —pregunta Jaime, mirando a la presidenta fijamente.

Está sentada encima de la mesa, con las piernas cruzadas bajo su trasero y las manos haciendo círculos con el pulgar y el índice, como si meditara. Tiene los ojos cerrados y da una sensación de paz de lo más perturbadora.

—¿Algún consejo? —pregunta la mujer del traje aislante.

Giulia se sorprende al ver que se dirigen a ella.

—¿Yo? —Las cabezas afirmativas hacen que reaccione. «Claro que es a mí. ¿A quién si no? Para ellos soy la persona que ha creado una cura en menos de una semana, para ellos soy la hostia»—: Quizá, id uno por delante y el otro por detrás. ¿Habéis conseguido sedarla?

—Por la dosis que lleva, debería estar KO —dice el hombre pálido—. Pero ya ves.

—Parece tranquila —apunta Jaime, sin poder dejar de mirarla.

Las dos personas que han entrado en la sala lo fulminan con la mirada, pero él las ignora activamente.

Giulia abre la puerta muy despacio, y sus compañeros entran sigilosamente tras ella.

Camina hacia la presidenta con paso decidido, pisando cristales. No parece causar ningún efecto en ella, que sigue en la misma posición. «Si no supiera que está infectada...». Una maraña de sensaciones la avasalla, y tiene que respirar profundamente para alejarlas. Resopla con dudas de poder llenar los pulmones completamente bajo el traje aislante.

—Presidenta Rodríguez.

Sus ojos se abren lentamente, y baja los brazos también muy despacio. Le cuesta enfocar a la científica, pero lo hace. «Es como si sus pensamientos estuvieran aletargados —razona Giulia—. ¿Será por lo que le han dado para sedarla o tendrá que ver con el Decem?». En el rostro de la presidenta aparece una mueca de incomprensión.

—Te he dicho que me llames Mar.

Giulia arruga la nariz, pero asiente. «En ningún momento me ha dicho que la llame por su nombre de pila. ¿Me ha reconocido? ¿O me confunde con otra persona?».

—¿Qué haces aquí? —pregunta la presidenta, con lentitud. Incluso su expresión parece ir despacio.

—Quiero salvarte la vida.

—Para qué.

Giulia no termina de entender si es una pregunta o una afirmación. No sabe cómo responder. Nunca se le ha dado bien dar charlas motivacionales. Sus dos compañeros mantienen las distancias.

—El mundo se termina —musita Mar Rodríguez, tranquila, desenfocando sus ojos, que se van en dirección a la ventana—. ¿Qué sentido tiene sobrevivir?

—Eres la presidenta de España. Te necesitamos —susurra Giulia, cambiando de estrategia y más cerca de lo que debería a pesar del traje de aislamiento. Solo unos metros la separan de la mesa. Si la atacara, quizá no tendría tiempo a reaccionar—. Necesitamos que nos guíes.

Mar Rodríguez se vuelve hacia ella carente de expresión. La imagen de persona poderosa que Giulia tiene de ella se esfuma. Las facciones de la mujer parecen tener más edad de la que aparentaba unos días antes, más acorde a los cuarenta años que tiene. Hasta su cabello parece brillar menos. No la ve como presidenta, ni siquiera como persona en una posición de poder, sino como una persona corriente, sobrepasada por la situación.

Sencillamente, como Mar Rodríguez.

—Los políticos no somos tan importantes como os hemos hecho creer siempre —se burla escuetamente la presidenta—. Estoy segura de que podréis avanzar sin presidencia.

Giulia teme su imprevisibilidad. Las historias que ha escuchado de los infectados por Decem asaltan su cabeza y amenazan con quebrar su aparente calma. No dice nada, pues parece que Mar quiere añadir alguna cosa más. Termina asintiendo despacio.

—¿Qué tengo que hacer?

—Estirar el brazo y no moverte —se apresura a decir Giulia, obviando las partes del discurso que no le son favorables. Al ver que obedece, continúa—. Cierra los ojos y mis compañeros te pondrán tres viales. Es muy importante que no te muevas, porque podrías matarnos si nos tocas. Y no queremos eso.

—No, no queremos.

Giulia hace un gesto a sus aliados en la misión tan pronto como los ojos de Mar se cierran. Nerviosa, respira pesadamente mientras la mujer clava la aguja y mete las tres jeringas en un lapso de tiempo ínfimo. Deja una gasa sobre la herida y se retira rápidamente.

—Ponte la gasa y aprieta —instruye Giulia, a lo que Mar obedece otra vez sin cuestionar, respirando pesadamente—. Gracias.

—De nada —hace un chasquido con la lengua, todavía con los ojos cerrados—. Diles a tus amigos que les he dejado hacerme esto porque estás tú con ellos. De ti me fío.

Giulia siente como la sangre se le hiela ante su tono. La presidenta abre los ojos y adquiere una expresión sombría que le revuelve las tripas. La señala con el dedo, amenazante:

—No me engañes. Último aviso.

Giulia traga saliva e instintivamente da un paso atrás. Quiere preguntar a qué se refiere, pero decide que su curiosidad no vale lo suficiente como para arriesgar su vida.

—No te preocupes. Hasta pronto.

Se marcha tan deprisa como puede. La expresión en el rostro de la presidenta la perseguirá hasta el final de sus días. Tanta frialdad, una amenaza tan sencilla y a la vez tan directa, no provocada... Siente escalofríos por todo el cuerpo. Desde luego, aunque su apariencia no fuera la de una persona poderosa, su capacidad de intimidación está intacta.

—¡Qué bien ha salido! —exclama Jaime—. ¿Cuándo tendremos resultados?

—No lo sé, hay que vigilarla. Si hay alguna novedad, avísame, estaré abajo.

Se marcha con la cabeza funcionando a mil por hora, vistiendo todavía el traje aislante y sintiendo un nubarrón negro cerniéndose sobre sus cabezas. La mirada de Mar ha calado en su interior y recordarla le trae escalofríos. Le ha dejado mal cuerpo. Jaime se queda charlando con los otros dos, sin dejar de mirar a Mar. Él fue su mentor, la metió en política cuando era adolescente. Un cosquilleo le recorre la espalda pensando en Mikel, lo que inmediatamente lo deriva a Miranda. Siente que se le reblandece el corazón. La echa de menos.

«Ojalá termine pronto todo esto y pueda hablar bien con ella de nuestra situación», se dice, con la boca seca. Aunque si sus deseos por ella no son correspondidos, se conformará con ser su amigo. Tiene claro que la quiere cuanto más cerca, mejor.

La presidenta comienza a correr por la sala, cada vez más rápido. Jaime pregunta si es motivo de avisar a Giulia, y con ayuda de los otros dos compañeros encargados de vigilarla, deciden que no. Pasa un buen rato hasta que se detiene, agotada.

Abre la ventana todo lo que puede y asoma la cabeza, lo máximo que cabe en la pequeña abertura. La observan con interés. Estira su mano izquierda por encima de su cabeza, y saluda.

«¿Pero qué está...?».

Se escucha un estruendo proveniente de la calle. Parece una explosión cercana. A continuación, suenan disparos, inconfundibles hasta para Jaime.

Para cuando se vuelve hacia la presidenta, ve como de su nuca sale un proyectil, que agujerea de forma irregular la ventana. El suelo llena de sangre y restos de materia gris. El cristal se ha agujereado, y se resquebraja, pero no cede. La presidenta deja de moverse al instante. Sus piernas quedan flácidas, pero su cuerpo está enganchado a la ventana. Jaime siente una arcada, y a la segunda, vomita a los pies de la mujer que ha introducido los tratamientos.

«La presidenta ha sido asesinada —piensa Jaime, aterrado—. Sin ella, no hay conclusiones con la cura. Y lo peor de todo: nos están disparando.

»A matar».

32

Paula y Mikel han conseguido dormir unas horas. A pesar de que él quería dormir con Macarena, la enfermera se ha negado en rotundo y se ha aislado en su habitación. Paula también ha preferido que cada uno durmiera en su habitación. Aunque tuvieran contacto hasta el día anterior, aislarse cuanto antes ha sido la consigna.

Paula se despierta, aturdida por las pocas horas que ha dormido. Intenta enviar un mensaje, pero se da cuenta de que no tiene conexión. Reinicia el teléfono, pero sigue sin señal. Tampoco el wifi le permite enviar mensajes.

Paula se cambia de ropa rápidamente. Sale de la habitación con una mascarilla FFP2 puesta, muy consciente de que tendrá que ir a sacar a Mikel de la cama. «A lo mejor tendría que coger alguna cosa para defenderme, por si acaso», piensa, para, de inmediato, sentirse culpable. Desecha la opción de coger un cuchillo o cualquier otro utensilio. «Por mucho que lo tenga, no seré capaz de atacar a Macarena o a Mikel. Espero que fuera una falsa alarma y no esté infectada». Se enfunda también unos guantes desechables.

Gira la llave de la puerta de Macarena —que dejaron por fuera con su consentimiento y por seguridad— y abre levemente. Conteniendo la respiración, se asoma. Macarena está incorporada en su cama, en silencio. Está asustada. Sus miradas se encuentran. Paula siente los nervios superarla.

—¿Qué tal te encuentras? —pregunta, con la boca seca y los latidos del corazón ofuscando su visión.

Macarena se queda mirándola, sin decir nada, durante unos eternos segundos en los que Paula piensa que se le va a salir el corazón por la boca. Hace una mueca extraña.

—Bueno. Cansada. He dormido más bien poco esta noche.

—¿Necesitas algo?

Macarena agacha la cabeza y niega.

—No, nada —parece querer decir algo más. O estar a punto de colapsar.

—¿Estás bien?

La puerta de la ventana se abre hacia dentro y Paula da un brinco hacia atrás al ver entrar desde el balconcito a la habitación dos figuras masculinas enmascaradas. Van vestidos de negro, y portan armas. El más alto de los dos encañona a la enfermera. Llevan sendos revólveres grises, idénticos.

Uno de los dos encapuchados lleva la cara cubierta por una máscara de plástico duro inspirada en Dalí, y dirige su arma a Macarena. Su compañero —escondido tras una grotesca careta de espuma verde de monstruo de Halloween— apunta a Paula.

—No queremos hacer daño a nadie —dice la máscara de Dalí, en voz masculina madura—. Solo buscamos ayuda sanitaria.

«Pues cualquiera lo diría —piensa Paula, acongojada, sin saber responder—. Si corro, puedo escapar. Pero abandonaría a Macarena». Vuelve su mirada hacia ella. Está en *shock*. Sus ojos no parecen ni ver. Tanto Dalí como Halloween tienen ganchos y una cuerda gruesa atada a la cintura. Se han descolgado por el patio interior y han accedido al piso por la ventana de su compañera. Dalí se encoge de hombros.

—A ti no te conozco. Pero ella es enfermera. Mi mujer está muy enferma y necesitamos medicinas. Necesitamos que la vean.

—Esta no es la manera —se opone Paula, firme, pero temblando interiormente. La mascarilla la ayuda a ocultar su rostro de temor.

Macarena se pone en pie, con las manos en alto. No dice nada, pero Dalí percibe el movimiento y gira el torso hacia ella.

—¡No te muevas!

El revólver alterna de Paula a Macarena. Y de Macarena a Paula. Hasta tres veces. Se queda fijo en Paula. Halloween apunta a Macarena.

—No tenía ninguna intención —responde Macarena, que tose, aclarándose la voz.

—Os equivocáis en las formas —insiste Paula.

—¡Eh! ¡Silencio! —exclama Halloween, con voz amenazante pero trémula, mientras Dalí hace indicaciones para que Macarena se dé la vuelta. Obedece.

Dalí pone el cañón en su espalda y la lleva hacia Paula, que retrocede hacia el salón. Halloween sale de la habitación entre las dos mujeres, y toma sitio junto al sofá, aunque se mantiene en pie. Macarena percibe que no están cómodos. Quizá motivada por el poco juicio ante el peligro de los infectados por Decem, da un paso más del que esperaba su captor y media vuelta, quedando cara a cara con él. Su valentía no gusta en absoluto a los atacantes.

—¡Quieta he dicho! —grita Dalí, que había perdido el contacto visual un momento para reprimir a su compañero con un gesto. Lo incomoda la proximidad de la joven.

—Quieres mi ayuda —se limita a decir Macarena, dando un paso más, colocándose muy cerca de él y obviando al otro captor. Su boca está a pocos centímetros de la máscara—. No me vas a disparar. Serías muy tonto si lo hicieras. Y no creo que lo seas.

Dalí se siente más nervioso, hasta el punto de que le tiembla la mano y es incapaz de mantener el arma firme. Su compañero da un salto hasta Macarena, la agarra del cabello y tira de ella con excesiva violencia.

Poco le falta a Paula para advertir al agresor de que quizá esté infectada. Macarena sigue su cabello hacia atrás con el tirón y sopla, bajo la máscara de Halloween. El asaltante gruñe, a lo que Macarena sonríe macabramente. La expresión aumenta su rabia, que lo lleva a poner el cañón de su pistola en la sien de la chica. Dalí ha bajado el arma y presencia la escena sin saber qué hacer. Paula grita. La situación se escapa de su control.

—¿Te hace gracia, imbécil? —espeta Halloween, más molesto por las carcajadas de Macarena que por el soplido.

—No le hagas daño —suplica Paula, con la voz rota—. Os ayudaré. Pero, por favor, no le hagáis nada. ¡Soy doctora!

Dalí mira a su compañero y después a ella:

—No queremos haceros daño. Somos… somos personas normales. Pero estamos desesperados, necesitamos ayuda. Vosotras sois sanitarias... Mi mujer está muriendo... No podemos sobrevivir sin ella. Os necesitamos.

La situación parece destensarse un poco, pero Paula se fija en que Halloween sigue sin despegar su arma de la cabeza de Macarena, y que ella sigue ampliando su sonrisa. Es una sonrisa grotesca, propia de alguien que no está en pleno uso de sus facultades. Propia de alguien infectada por Decem.

—Si tiene Decem, nosotras tampoco podemos hacer nada.

—No sé si tiene Decem o qué demonios tiene —espeta Halloween—. No soy médico.

Mikel está escuchando la conversación, oculto en el pasillo, sin saber si es mejor permanecer escondido o intervenir. Antes de percatarse de lo que está pasando, se ha vestido. Se ha armado con dos cuchillos, que no sabe cómo debería utilizar. Ver a Macarena en peligro le supera y siente la necesidad de ayudar, pero el respeto a las armas y el miedo pesan más que su afán de heroísmo. Se ha impuesto su sentido común. Se queda en silencio, deseando que la situación se resuelva sola, aunque la tensión parece que no hace más que aumentar. Teme por la vida de Macarena.

—¿Por qué no preguntar sin más? ¡No hace falta ser tan agresivos! —salta Paula, de nuevo arrepintiéndose al instante.

La joven vuelve a reprocharse a sí misma, temiendo las consecuencias que pueda tener su irreverencia. Pero Dalí suelta una risa nerviosa. No parece ofenderse. Se encoge de hombros, y lleva la mano a la parte inferior de la careta para quitársela. En ese instante de tensión, suena una explosión no muy lejos de allí. Dalí y Halloween se buscan con preocupación. Desatienden a sus rehenes un instante, y Macarena lo interpreta como su oportunidad.

Estira el cuello hacia abajo rápidamente, y antes de que nadie pueda advertir lo que hace, muerde con violencia el dedo de la otra mano de su captor. No es capaz de amputarlo. Halloween grita de dolor y contrae los músculos, entre ellos los del antebrazo. Y su índice aprieta levemente el gatillo. Es suficiente.

El gatillo acciona el tambor y la minúscula explosión empuja la bala a través del cañón primero, y luego a través de la piel de Macarena. Hay un instante de confusión en el que la incertidumbre se mezcla con los gritos de Mikel y Paula. La sangre mancha la ropa del asaltante. La boca de Macarena se llena de sangre ajena y la bala desaparece dejando un boquete en el parqué.

El hombre grita, con dos dedos sangrando. Macarena consigue cruzar una mirada tierna con Mikel, que ha abandonado su escondite y corre hacia ella. La enfermera vuelve sus ojos hacia Dalí. Su sonrisa se ensancha todavía más al escuchar los alaridos de dolor de Halloween.

Pero, cuando pasan los segundos iniciales de confusión, Macarena se tambalea. Su cuello palpita un chorro de sangre. Mikel quiere tapar el agujero de bala, pero Paula tira de su camiseta para frenarlo. Macarena ya no los mira, porque sus ojos no ven. La sangre sigue bombeando fuera de su cuerpo a una velocidad espantosa. La joven palidece primero, y se vuelve azul en cuestión de segundos. Mikel llora desconsolado y grita de rabia, con un cuchillo en cada mano, mientras el cuerpo de Macarena pierde el equilibrio y se desploma.

La bala ha entrado por un lado del cuello de Macarena, lo ha cruzado y ha atravesado su pecho, dañando fatalmente la arteria carótida, la vena yugular y el pulmón. Desde el momento en el que su cabeza toca el suelo, ya no vuelve a moverse más. En su cara queda esculpida su tenebrosa sonrisa de triunfo. Como una grotesca metáfora.

Mikel se abalanza contra Halloween tras zafarse de Paula. El hombre no se lo espera, pero vuelve a disparar. La bala se estrella contra la pared y Halloween cae al suelo con un cuchillo hundido bajo la clavícula, gimiendo de dolor. Mikel está encima. Se repone rápidamente y coge el arma que Halloween ha dejado caer. De nuevo en pie, apunta a Dalí con los ojos anegados. Macarena yace junto a sus pies. Sus lágrimas caen sobre ella. El llanto del joven se hace más ruidoso. Dalí también lo está apuntando. Mikel se arrodilla, obviando la situación a su alrededor. Toma el cuerpo inerte de Macarena en sus brazos, y pega su rostro al de ella, manchándose de sangre.

—Siento no haber hecho nada…

Halloween aprovecha el momento para recuperar su arma de un violento tirón. Mikel no opone resistencia, está completamente derrotado, con los ojos inyectados en sangre. La situación parece estabilizarse, por lo que Dalí le grita a Halloween:

—¡Imbécil! ¿¡Por qué disparas!? ¡Era nuestra mejor opción!

—¡Me ha mordido! —gruñe, con el cuchillo todavía clavado bajo la clavícula.

Mikel llora desconsolado. Paula reacciona y da un paso atrás. Con los agresores discutiendo, sabe que es el momento de escapar. Pero no puede dejar a Mikel. Ya ha perdido a Macarena. Justo en ese instante, él levanta la cabeza, con las mejillas empapadas. Paula le hace gestos para que corra.

Mikel reacciona. Los dos hombres siguen discutiendo, recriminándose acciones, sin prestarles atención. Con el corazón roto en mil pedazos y dejando una parte enorme de él con el cuerpo de Macarena, corre tras Paula en dirección a la salida de la vivienda. Escuchan los gritos de Halloween y Dalí, que afortunadamente no reaccionan a tiempo.

Cierra la puerta con fuerza y Paula gira la llave para encerrarlos. No se puede abrir desde dentro, pero aun así bajan las escaleras de dos en dos, temiendo que los persigan. Paula lleva una mochila, que preparó la noche anterior. Estaba junto a la puerta y la ha cogido instintivamente. No llevan anorak.

—¿Dónde vamos? —jadea Mikel cuando pasan de largo la planta baja.

Se retira la mascarilla de la boca para respirar mejor. En la calle se ve humo negro y denso, y la cristalera ya estaba destrozada, por lo que hay metralla impactada hasta la escalera. La explosión provenía de un coche de la calle.

—Al garaje —resopla Paula, sacudiendo las llaves del coche del joven.

Siguen bajando las escaleras y cruzan una pesada puerta de metal. La luz no se enciende cuando la accionan. La oscuridad es casi absoluta.

—Quédate aquí, acercaré el coche —dice Mikel, que parece haberse recuperado del *shock* lo suficiente como para funcionar.

Toma las llaves de la mano de Paula y ella identifica un destello rojo en sus ojos. Paralizada, lo ve avanzar despacio con la luz de la linterna. Se le encoge el corazón, y comienza a dudar si lo que acaba de ver es real o una mala pasada de su cerebro. Un aguijoneo le recorre la espalda. Sin darle más vueltas a la posible infección de Mikel, solloza en silencio, desconsolada. Macarena ha muerto.

Macarena, que hace solo unos minutos estaba tan tranquila, sentada en su cama. Nunca más volverá a hablarles. Un súbito arrebato de ira la invade, dispuesta a competir con la tristeza. La fragilidad de la vida hace que se le ponga la piel de gallina. Las lágrimas corren por sus mejillas.

La linterna se apaga y Paula se imagina lo peor. La probabilidad de que Mikel esté infectado es alta, y por extensión, también la de que lo esté ella. Se encienden las luces del viejo pero fiable Seat de Mikel y ella suspira. «Que Mikel tenga los ojos rojos puede ser por llorar —sopesa, quieta a pesar de que Mikel le hace largas para que se acerque—. Pero que se haya abalanzado sobre Halloween y lo haya apuñalado…». Comienza a sentir la infección de Mikel como una certeza más que como una posibilidad. «Aunque puede que haya sido por ver morir a Macarena. Dios mío. Macarena está muerta».

Todavía sin una decisión clara sobre si subir al coche o no, Paula escucha disparos escaleras arriba. El miedo la espolea a correr hasta el vehículo. Se sube, aunque se ajusta bien la mascarilla. En la penumbra, es complicado ver bien la esclera de los ojos, por lo que no puede confirmar sus sospechas.

Mikel conduce por el aparcamiento despacio, sintiendo que en cualquier momento algo puede cruzarse en su camino. La vorágine de vacío e impotencia vuelve a apoderarse de él. Macarena no está. Ha muerto. Ha sido asesinada. La ha perdido para siempre.

La furia amenaza con volver, pero está demasiado triste. No lo termina de procesar del todo. El coche se detiene en lo alto de la rampa de salida sin incidencias. La puerta se abre frente a ellos despacio, permitiendo que el humo de la calle se cuele en el garaje.

Paula se retira la mascarilla para sonarse la nariz y secarse las lágrimas, convirtiendo todos sus sentimientos en enfado y odio contra Halloween y Dalí, pero, sobre todo, contra el Decem. Porque tiene pocas dudas de que esas personas están infectadas a pesar de que no tiene ninguna prueba. El sol alumbra los ojos de Mikel, que efectivamente están rojos. Aunque no tan rojos como deberían si estuviera infectado. El llanto también justifica ese color.

Frente a ellos, la humareda, negra y densa, bloquea por completo la visión. Mikel prueba con las luces antiniebla, pero el origen del fuego son dos coches aparcados justo frente a ellos. Están demasiado cerca. La visibilidad es nula. De memoria, Mikel sale de la calle y salva el cruce sin chocar, y muy poco después salen de la nube de humo. Cuando se dispone a respirar tranquilo, una mujer en pijama corre hacia ellos blandiendo un bate de béisbol.

Por suerte, entre la mujer y el coche hay una calle por la que escapar y evitarla. Es dirección prohibida, pero Mikel ni se plantea no meterse en ella. El coche gira y se aleja mucho más rápido de lo que la mujer puede perseguirlos. No hay ningún coche en marcha, y más allá de la mujer del bate, tampoco hay peatones. Mikel detiene el coche, pues hay un cuerpo humano inmóvil frente a ellos, en mitad de la calzada. Paula verifica que siguen sin conexión en el móvil. A su izquierda, hay un accidente, con dos coches estrellados contra la misma pared y restos de contenedores quemados. No hay más personas a la vista.

—¿Deberíamos bajar a…?

—No —sentencia Paula, que le parece que los ojos de Mikel se van aclarando un poco—. No nos vamos a arriesgar.

Mikel da marcha atrás, buscando en los retrovisores la mujer que los atacaba. No hay rastro de ella, pero decide no despegar la mirada de los espejos. El cuerpo frente a ellos sigue sin dar señales de vida.

—Tenemos que ir a Trillo —dice Paula, sorbiéndose la nariz con desesperación—. Darko está allí.

—¿No crees que es mejor pasar por la comisaría a denunciar que han matado a Macarena?

Sus palabras hacen que Paula se sobresalte. El dolor que siente el joven se proyecta en su voz. Siente que se le encoge el corazón. No es comparable, pero si Darko muriera… Niega con la cabeza, apartando esas ideas macabras. Una lágrima recorre la mejilla de Mikel.

—¿Policía? ¡Tenemos un muerto delante, en mitad de la calle! ¡No hay policía! —exclama Paula, señalando el cuerpo sin vida.

Mikel asiente, aceptando su premisa.

—Tenemos que ir al LCE —resuelve Mikel, con un hilo de voz—. Jaime está ahí. Él podrá darnos información. Si hay una cura o avances, él lo sabrá.

Sorprendida por el cambio de discurso de su compañero, Paula vuelve a comprobar sus ojos. Están más rojos que nunca.

—Mikel, tus ojos —susurra ella, asustada.

—Lo sé —dice él—. Me los he visto esta mañana. Tenemos que ir al LCE. Si hay alguna cura, es allí. También para ti. Ayer estuviste todo el día conmigo, creo que es difícil que tú sigas sana si yo estoy contagiado.

Paula asiente, congelada. Sabe que tiene razón. Pero ella se siente bien. No ha desarrollado ningún síntoma. «De momento», se recuerda. Y entonces piensa en su bebé. El mundo se le cae encima. Su expresión se desencaja.

—No te preocupes. Seguro que en el LCE tienen algo ya. Son las mejores mentes del país. Jaime nos lo dará. Todo saldrá bien.

«No para Macarena», piensa Paula, que asiente, catatónica. La imagen del cuerpo de Macarena tirado en mitad del salón con su cuello convertido en un aspersor de sangre bloquea su mente. «Macarena está muerta. La han asesinado. No va a volver, para ella nada puede salir bien ni mal. Sencillamente ya no está.

»Y yo tengo Decem.

»Dios mío, voy a morir».

33

La última grapa sale de la pistola con un breve clic sordo, para unirse a las otras tres que han sido necesarias para cerrar la ceja de Andrés.

—Hemos tenido suerte de que hubiera este cacharro —dice Marc, agitando el instrumento.

Se encuentran en la segunda planta del edificio, donde se ubican los despachos médicos. Está desierta desde que se reubicara a todo el personal sanitario disponible en hospitales con servicio de urgencias. El personal que queda es mayormente científicos, que trabajan en los laboratorios del sótano y planta baja.

Marc se pone delante de Elena, que ha estado sujetando la mano de Andrés hasta el momento. La suelta aparentemente avergonzada. Él le tiende un collarín a su amigo.

—Creo que deberías ponértelo. Por precaución. Aquí no tenemos máquina de rayos para comprobar tu columna.

Andrés asiente levemente, manteniéndole el pulso visual. Elena le acaricia la frente con suavidad. Marc siente que le arden las entrañas. Sabe que no tiene motivos, pero no lo puede evitar.

—¿Crees que puedes tener Decem? —pregunta, muy serio.

Elena retira instintivamente la mano y él hace una mueca.

—¿Yo? —La sorpresa de Andrés es mayúscula—. ¿Por qué…?

Pero se calla. Ha atacado a Marc con una violencia extrema, golpeándolo repetidamente. Si Jaime no hubiera intervenido, quizá no se hubiera detenido. Y la agresividad y pérdida de control es lo más habitual en los infectados por el virus. «Sería una buena excusa», piensa, mientras las miradas hacia él se endurecen ante su silencio. Por desgracia, no es la primera ni la segunda vez que le ocurre algo similar en los últimos años. «Pero eso ellos no lo saben. Y es mejor que sigan sin saberlo».

—Espero que no —concluye, todo lo ambiguo que puede—. ¿Debería aislarme?

En los ojos de Elena aparece una preocupación intensa. «Le sigue importando mucho. Demasiado», concluye Marc, inseguro. Se siente como si sobrara, pero se esfuerza por eludir esos pensamientos. Se niega a que así sea. «El que sobra es Andrés».

Elena se aparta definitivamente del lado del neurocirujano, con una críptica expresión en el rostro. A Marc le parece identificar lástima condescendiente. Y si eso no es lo que siente, se acerca mucho.

—Yo me voy, a ver si descubro qué está pasando con las comunicaciones —anuncia Elena, incómoda. Le cuesta compartir espacio con los dos a la vez. Acaricia suavemente el cabello de Andrés, y a continuación, le da un beso en la mejilla a Marc, que se sonroja, pero sirve para aplacar sus pensamientos autodestructivos—. Quedaos aquí. Volveré a por vosotros.

Ambos asienten. La observan salir de la sala y alejarse por el pasillo hasta que la puerta se cierra con una parsimonia exagerada. Marc resopla y siente un pinchazo en el costado, donde tiene marcadas las botas de Andrés. Se miran a los ojos y ninguno de los dos dice nada. La tensión es tan elevada que cuesta respirar, aunque en el caso de Marc, los cardenales también tienen que ver. Se sienta en una silla, a cinco metros de la camilla.

Andrés siente que su amigo está incómodo y tenso a partes iguales. Y eso lo hace estarlo a él, lo que lo obliga a decir algo. Sigue furioso con él por su traición. No merece sus palabras. Pero sabe que, si no dice nada, solo se sentirá peor.

—Lo siento.

Marc no entiende a qué se refiere, fundamentalmente porque el tono de Andrés es casi retador. No es su intención inicial, pero así le sale. «Demasiado que me disculpo», se dice, sin matizar sus palabras.

—Exactamente, ¿qué es lo que sientes? —la voz de Marc denota su escepticismo ante la aparente disculpa. Lo conoce demasiado como para cantar victoria.

—Haberte dado una paliza.

Marc siente herido su orgullo y no piensa tolerarlo. Suelta un bufido burlón.

—¿Paliza? Las grapas de tu ceja no piensan lo mismo.

Trata de añadir la máxima sorna posible, pero los pinchazos que siente al respirar hacen que la intensidad de sus palabras baje. No es una conversación entre amigos, ni de reconciliación. Ambos se dan cuenta de que difícilmente podrán recuperar su amistad.

—Un golpe de suerte. Has recibido bastante.

—Tú lo que eres es un puto flipado.

Aunque es una de las frases preferidas de Marc hacia Andrés, esta vez es diferente. No es desde el cariño y el afecto, como lo ha hecho cientos de veces, sino desde el resentimiento más agresivo y rabioso. Buscando hacer daño. Andrés lo mira de forma sombría y parece a punto de saltar sobre él. Por un instante, Marc se achanta, pues sabe que es más débil mental y físicamente que su rival.

—Y tú un envidioso.

—¿De ti? Ja.

La carcajada que suelta Marc, de nuevo furioso, irrita todavía más a Andrés, aumentando su hostilidad.

—Sí, de mí. De lo que tengo con Elena. Sabes que no tienes nada que hacer contra eso. No eres más que un insecto en nuestro parabrisas.

El puñal verbal se hunde como si entrara en mantequilla, en lo más hondo de los sentimientos de Marc. Es su mayor inseguridad en su relación con Elena: Andrés. Pero no está dispuesto a apartarse. Con Elena es feliz, se ha enamorado por primera vez. Y lo más importante: ella le ha dicho que quiere estar con él. Quiere creérselo. Quiere confiar en ella.

—Y, sin embargo, está conmigo —devuelve Marc, preparándose para una discusión amarga.

—Porque yo lo permito.

Marc siente unas ganas imparables de descargar su puño contra su nariz. El tono serio de Andrés es tan intenso que Marc tiene que tomar aire varias veces antes de replicar:

—Eres un puto imbécil. Elena es una persona libre, y tú no tienes nada que decir a sus decisiones. Te dejó porque no supiste estar cuando te necesitaba. Y no has cambiado una mierda, Andrés. Puede que te quiera, pero no quiere estar contigo porque le haces daño. A tu lado, la hacías sentir pequeña. Siempre era sobre ti, siempre tú tenías que ser mejor. Eres como una rosa: atractivo, pero lleno de púas afiladas.

Andrés asiente, genuinamente impresionado por la comparación, y halagado, aunque las intenciones de Marc no pueden distar más de hacerlo.

—En cambio contigo se siente superior. No me extraña. Eres como... —lo piensa unos segundos, en los que la paciencia de Marc se extingue poco a poco— una piña. Pareces duro, pero...

Marc no lo soporta más, y descarga su puño contra él. Andrés encaja el impacto de nuevo sobre la misma ceja, desconcertado. Las grapas se marcan en los nudillos de Marc, y hacen sangre, pero también se clavan en el cráneo de Andrés. Se queda aturdido, con la cara girada y sintiendo la sangre correr de nuevo sobre el párpado. El dolor es intenso, lancinante. Tiene ganas de gritar, pero lo reprime. Abre la boca y cruje la mandíbula con un gesto perturbador.

Marc siente una mezcla de sentimientos muy intensa y tiene dificultades para identificarlos todos. Por un lado, dolor, mucho dolor, tanto en las costillas como en los nudillos. Pero, por otro lado, alivio. Ha liberado toda la tensión de golpe. Es el segundo puñetazo que da en su vida, pero el primero, solo unos minutos antes, era defensivo. Saborea las lenguas de sangre que ruedan por la mejilla de Andrés con cierta satisfacción, acallando la parte de sí mismo aterrorizada por sus acciones. La posibilidad de estar contagiado sobrevuela sus ideas sin calar. «No es momento de preocuparse por eso. Ya no».

—Eres un hijo de puta —espeta el neurocirujano, volviendo sus ojos hacia él, claramente aturdido y con un intenso dolor en el cuello a pesar del collarín—. En cuanto pueda...

Marc da una palmada, interrumpiendo la amenaza con energías renovadas:

—En cuanto puedas, ya no estaré ni cerca. Ni Elena. Te quedarás solo, para siempre.

Marc se sorprende a sí mismo de ser capaz de atacar con tanta vehemencia. Andrés busca un contraataque cuando escuchan una explosión amortiguada. El sonido sordo hace que se olviden por un momento de sus rencillas. Marc abre la puerta de la sala y escuchan atentamente. Identifican disparos.

—¿Qué es eso? —musita Marc, al que le comienzan a temblar las piernas.

Por el pasillo aparece Giulia, a la carrera. Corre hasta su posición. Marc y Andrés, desde la camilla, la observan. Tiene una expresión extraña. Está roja del esfuerzo y las cejas fruncidas en evidente preocupación, pero una sonrisa de oreja a oreja.

—¿Qué pasa? —pregunta Marc.

—¿Dónde está Elena? ¿Jaime?

—No lo sé. Elena se ha ido a ver qué pasaba. ¿Qué ocurre? ¿Qué son los tiros?

Giulia niega con la cabeza, aparentemente, sin darle demasiada importancia.

—No lo tengo claro. Pero tenemos una cura que funciona.

La cara de Marc cambia al instante, y los disparos parecen pasar también a segundo plano para él. Una cura es una excelente noticia.

—¿Cura? —pregunta Andrés, incorporándose despacio, tratando de desplazar a Marc, que se mantiene firme entre Giulia y la camilla.

Giulia cambia la cara al ver su rostro ensangrentado, pero decide no hacer comentarios al respecto. «Ahora mismo poco me importa lo que les pase a estos dos», piensa, con extrema frialdad. Le ha bastado con la penosa demostración de masculinidad frágil en mitad del pasillo del LCE. Y tiene demasiadas cosas de las que informar a Elena y Jaime.

—Más bien un bloqueador, pero por ahora las ratas ya deberían haber muerto y siguen sin dar síntomas de ningún tipo. Tengo que encontrarlos. —Los mira, evaluando las sonrisas emocionadas de los dos—. ¿Queréis acompañarme?

—Elena ha dicho...

—Sí —interrumpe Marc a Andrés—. Yo sí. Tú haz lo que quieras.

Es difícil no captar la tensión entre ambos. Tampoco cuesta adivinar el motivo. Giulia se plantea si realmente ha sido una buena idea proponer a dos personas tan enfrentadas entre ellas que la acompañen, pero sabe que puede darse alguna situación en la que le sean de utilidad. Y si están juntos a solas, será porque Elena cree que pueden estarlo. Aunque la ceja de Andrés parezca indicar lo contrario.

Giulia arranca y Marc la sigue de cerca, a pesar de que, al aumentar las respiraciones, le arde el costado. Andrés duda un instante, pero los sigue también. Los disparos son incesantes y parecen provenir de la plaza que hay frente al LCE. Suben escaleras hasta el despacho de Elena, abierto y vacío. Se van cruzando con algún que otro trabajador, pero nadie sabe lo que ocurre. Tampoco dónde está Elena o Jaime. El pánico por los disparos es evidente, y la confusión, máxima. Se habla de golpe de Estado e invasión extranjera indistintamente.

Llegan a la sala en la que está la presidenta, con la cura en sus venas. Giulia se queda petrificada al ver el cuerpo inmóvil parcialmente colgando de la ventana. De no haber habido las salpicaduras en la ventana, crujida, hubiera entrado a decirle que dejara de hacer estupideces. «La presidenta ha muerto», piensa, reprimiendo sus sentimientos y tratando de centrarse.

—Dios mío —sisea Marc, a su lado.

—Le habíamos puesto la cura... Hay que enterarse de lo que pasa... Cuanto antes.

—Propongo bajar a la planta cero.

—Cállate, Andrés —espeta Marc—. Si están disparando desde la plaza, es meternos en la boca del lobo. Tenemos que asomarnos a una ventana y ver qué pasa.

—¿Como ella? —señala Andrés al cuerpo de Mar, con crudeza. No pretende poner tono burlón, pero le sale sin que se esfuerce en exceso por evitarlo.

Giulia siente un escalofrío ante la frialdad con la que tratan la muerte. Ella no está acostumbrada, y aunque la presidenta y ella no podían considerarse más que conocidas, le parecía agradable y muy buena en su trabajo. Una persona válida, con la que ya no podrá volver a hablar nunca más.

La dureza de sus propios pensamientos lanza su mente muy lejos de allí. Hacia su pareja y su hijo. A sus padres. Al resto de su familia, a sus amigos y conocidos. «*¿Cuántos se habrán visto ya expuestos al Decem? ¿Cuántos habrán muerto?*». Se marea solo de pensarlo. Nota el peso de las jeringuillas cargadas en el bolsillo, y eso la estimula a seguir.

—Hay que asomarse —sentencia, zanjando la discusión—. Es menos peligroso que bajar. Pero no en esta oficina. La presidenta tenía Decem y está todo contaminado.

Marc toma la iniciativa y entra con decisión en la sala contigua. Es un amplio laboratorio rudimentario en el que se podría preparar una cura, pero no manipular Decem. Se asoma a la ventana rápidamente, de forma muy breve. Se aparta y repite el proceso hasta tres veces. No hay nadie intentando hacer blanco en él. Giulia y Andrés no pueden evitar esbozar una sonrisa. Incluso con todo lo que está ocurriendo, resulta cómico.

Ve la calle y la amplia plaza frente al LCE. Está llena de vehículos militares y tanto soldados (nacionales, por lo que invasión extranjera parece improbable) como civiles, que corretean sin aparente rumbo fijo. Hay hasta cinco pilas humeantes distribuidas de forma irregular, cuyas columnas de humo son completamente negras. Trata de dejar de mirar la imagen en conjunto y fijarse en los detalles que el humo le dificulta ver.

Muchos de los soldados están disparando, pero no de forma uniforme. Cada uno dispara en una dirección diferente: contra los civiles, a las pilas ardientes e incluso contra otros soldados. No entiende nada, y tiene que frotarse los ojos. Los cuerpos inmóviles en el suelo son más de los que puede contar.

Una de las pilas ardientes explota con una intensa luz blanca. Marc se pone a cubierto, pero demasiado tarde. La explosión es cegadora. Giulia se arrodilla frente a él. Andrés ocupa su lugar.

—¿Marc? ¿Estás bien?

—No. No te veo —toca su cara con las manos, respirando pesadamente y completamente ciego.

—¿Qué has visto? ¿Qué pasa ahí abajo?

Marc traga saliva y cuenta lo que ha visto. Andrés asiente para verificar con gravedad ante todo lo que dice. Giulia siente la tensión en la mandíbula.

—¿Disparan sin sentido?

Él asiente con gravedad, comenzando a distinguir sombras.

—¿Puede que hayan comenzado con alteraciones comportamentales todos a la vez? —pregunta Andrés, tratado de hacer más una afirmación que una interrogación, sin éxito.

—No lo sé —reconoce Giulia—. Sería mucha casualidad. Es... improbable.

Giulia calla. El mensaje de Goa justo antes de que las comunicaciones cayeran vuelve a sus pensamientos y le entran escalofríos. Ojalá lo hubiera escuchado antes de hablar con Elena... «Es demasiada casualidad..., justo cuando alcanzamos una cura... ¿Es posible que estén viniendo a por nosotros? ¿A por la cura?».

—Bastan unos pocos —aventura Marc, que comienza a distinguir los contornos de rostro de Giulia—. El pánico y la desinformación son los peores enemigos que tenemos.

El rostro de Andrés evidencia problemas. Giulia se da cuenta.

—¿Qué pasa?

—Creo que es mejor que lo veas tú misma.

Aterrada por la situación e inquieta por su propia interpretación, se asoma. Ve aparecer en la plaza dos tanques, a los que algunos soldados disparan de forma fútil. Los ignoran por completo, arrollando a los que no se apartan a tiempo. Se detienen en mitad de la plaza, impasibles ante los disparos incapaces de hacer mella en sus cascos blindados. Andrés reconoce el modelo, son dos M109A5 autopropulsados, del Ejército español. Por un instante, cree que vienen a poner orden en la plaza.

Nada más lejos. Observan con pánico ambos tanques orientar su cañón hacia ellos. El silencio se apodera de la plaza unos segundos. Hasta que uno de los dos dispara. El obús atraviesa el edificio, que se estremece hasta los cimientos varios segundos.

La explosión hace añicos las ventanas, y eso que están tres pisos por encima del lugar del impacto, que destroza la planta baja. El suelo tiembla bajo sus pies y cede en diversos puntos. Giulia cae al suelo y Andrés grita de puro terror. El techo, tras un momento de incertidumbre en el que aparece una gran grieta sobre sus cabezas, resiste. Giulia respira con el corazón desbocado.

Marc no ve lo que ocurre, y siente que le falta el aire. Solo escucha, y su mente empeora la imagen de la situación. Se hace una bola, protegiéndose la cabeza con los brazos. Escuchan gritos de socorro que provienen de la calle, mucho más claros ahora que los cristales se han destrozado, pero también hay gente suplicando auxilio en el interior del edificio.

Giulia se asoma de nuevo, con cuidado de no cortarse con los restos de la ventana. Ve que los soldados disparan contra los civiles que huyen del laboratorio. Están plantados frente a las puertas y los ejecutan sin preguntar ni hacer distinción de ningún tipo: persona que sale, persona que muere. Cuando el flujo de gente se detiene, entran en el edificio por el boquete que ha causado el obús. Los disparos resuenan en el interior del LCE. Los soldados han entrado. El edificio ha dejado de ser un lugar seguro, si es que en algún momento lo fue.

«No vienen a por la cura», se dice Giulia, sabiendo que no se equivoca, recordando la nota de voz de Goa:

He encontrado el cuaderno de Lejeune. Los pájaros llevan meses infectados, y al parecer diseñó un dispositivo para conseguir el cambio conformacional del virus con un simple pulso radioactivo. También creó torres de radio para dirigir, según su voluntad, a palomas, gorriones, cuervos y gaviotas. No sé de dónde sacó la inspiración o la información técnica para hacer algo así, pero esta pandemia es su culpa, Giulia. Volveré a interrogarlo, con su cuaderno, a ver si saco alguna cosa más en claro, y me enfrentaré también a los supervivientes de su equipo, porque él solo dudo que haya podido hacer todo esto. De todas formas, ese Lejeune ya no existe. Andrés se lo llevó junto al Decem. Te informaré de cualquier cosa que descubra al momento. Ten muchísimo cuidado. Este virus está planificado al milímetro, alguien ha diseñado un plan para expandirlo por todo el mundo, y no se va a detener ante nada. Y tú, amiga, creando una cura para derrotarlo, eres su principal enemiga. NECESITO que tengas muchísimo cuidado, Giulia. No te fíes de nadie. Cualquiera podría ser aliado del enemigo. Protégete. Te quiero.

«No, no vienen a por la cura —se repite Giulia, desesperada—. Vienen a por mí, a por nosotras.

»Vienen a destruirnos».

34

Los ojos de Claudia Isabel se terminan por acostumbrar a la oscuridad, aunque a costa de perder una gran cantidad de información. Sigue avanzando, consciente de lo importante que es la misión en la que se ha enrolado. La acompaña Valero. Tiene una decena de años más que ella, pero eso no evita que esté en muy buena forma física.

—Deberíamos ir más despacio —se queja el militar—. No vemos suficiente.

—Eres tú el que no quiere encender las linternas —insiste ella, con ímpetu, encantada con la adrenalina que corre por sus venas.

Es la primera vez desde que le dijeron que su enfermedad estaba en estado terminal que se siente tan viva. Han rescatado a dos militares, que estaban verdaderamente aterrados —y heridos— debido a un ataque de perros infectados. Manteniendo una distancia prudencial, los han escoltado al exterior. Por suerte, ambos podían caminar.

—Porque es peligroso hacerlo. Nos podrían ver.

Apenas susurran. De vez en cuando escuchan pasos rápidos que se extinguen enseguida sobre sus cabezas, en la planta superior. Valero tiene la piel de gallina. Cuando bajan al tercer sótano, una luz azulada alumbra el pasillo. Proviene de una sala cuya puerta está reforzada.

—Es aquí. Tenemos que entrar ahí dentro.

—Esa luz...

—Puede que haya una fuga —sugiere, asintiendo con pesadez Valero—. ¿Deberíamos llevar protección?

Claudia Isabel se encoge de hombros.

—Tú sí.

El militar no la entiende, pero no pregunta. Es un hombre de pocas palabras que nunca se ha preocupado en exceso por intentar saber más de lo que le cuentan. Si lo tiene que saber, ya se enterará, y si no, no era de su incumbencia. Claudia Isabel le sonríe. Se detienen a pocos metros de la puerta de la que proviene la luz. Él pone su brazo para mantenerla detrás.

—Eres una civil.

Claudia Isabel lo agarra de la mano y tira de él, impidiendo que se asome a la sala. Lo mira a los ojos desde un palmo más abajo.

—Tengo una enfermedad que me está matando. Tú estás sano. Yo lo haré.

Valero se queda atónito, pero, al ver su gesto decidido, decide no contradecirla, no tiene sentido hacerlo. Ella asiente, agradecida por no tener que discutir más, y se asoma. La puerta da a una pasarela superior, bajo la que hay piscinas de fondo azul llenas de líquido, cubiertas por una rejilla de metal. Están a unos diez metros por debajo de ellos, pero se hunden hasta mucha más profundidad. La pared es de hormigón y de más de un metro de ancho.

Claudia Isabel no tiene ninguna duda:

—Es la sala del combustible gastado.

—Hemos llegado entonces. Debemos esperar a la teniente. ¿Crees que podemos conseguir trajes para entrar?

—No sé. Creo que no hacen falta, si no voy equivocada, los operarios van sin ninguna protección especial, porque...

Un alarido hace que se giren. Proviene del mismo pasillo. Se miran alarmados y Valero le da indicaciones. Dan varios pasos hacia el lado opuesto, alejándose de la luz. Parcialmente ocultos por las sombras contra la pared, escuchan otro grito y un ladrido. Valero quita el seguro de su fusil y Claudia Isabel lo imita, aunque no ha disparado jamás fuera de sus prácticas en la academia de Policía, donde no logró pasar el segundo curso.

La tensión crece a medida que los pasos se hacen más pesados y cercanos. Un hombre emerge de las sombras y se detiene en la puerta iluminada. Jadea ostensiblemente y suda sobremanera. Está histérico. No repara en ellos.

Es un hombre obeso, vestido con un traje de aislamiento rasgado —y salpicado de sangre— en varios puntos. Le tiemblan las manos, pero es capaz de hacer girar la llave y abrir la puerta. Mira frenéticamente hacia el lado del que viene, lleno de pánico.

Entra en la sala del combustible en cuanto una silueta negra de cuatro patas se hace visible. El animal hace un giro lleno de gracilidad y se abalanza sobre los hombros de su presa antes de que el hombre sea capaz de cerrar la puerta.

El hombre cae al suelo. Intenta huir reptando, pero el dóberman le agarra la pantorrilla con fiereza. Con una fuerza sobrenatural, desplaza los más de cien kilos del hombre y lo arrastra por la pasarela. Él aúlla, aterrado. La sangre brota de su pierna derecha. Con la izquierda trata de golpear el hocico del perro, pero no acierta. La ansiedad hace que hiperventile y luego le falte el aire. Se siente indefenso y grita desesperado.

—Hay que ayudarlo —dice Claudia Isabel, saliendo de su escondite.

—Castro ha dicho que los perros están infectados. Y todo lo que esté infectado contagia.

Valero no dice nada más, pero ella sabe que se está refiriendo también a sus compañeros heridos de pelotón. La misma Castro.

Se adelanta a Claudia Isabel, cruza la puerta y se pone a nivel de la pasarela, con el fusil por delante. Apunta al hombre y al animal indistintamente, pero se despista un instante admirando la inmensidad del lugar. La luz azul lo abstrae, causa una sensación de belleza que lo embauca. Es colosal: el techo tiene una decena de metros de altura, mientras que se prolonga hacia ambos lados hasta más allá de donde le alcanza la vista.

Los gritos del operario lo devuelven a la realidad. En la pasarela hay un panel de control, al que se agarra desesperadamente para contrarrestar la fuerza del perro. Valero dispara junto al animal, sin darle adrede. El dóberman no afloja ni un pelo la fuerza de su mordisco, ni siquiera se espanta con el ruido o el impacto junto a él. Sencillamente sigue tratando de arrastrar al operario. Su pelaje negro manchado de rojo oscuro crea un reflejo de la luz azul hipnotizante.

El operario sí reacciona al disparo y se encarama a la barandilla. Sigue jadeando y sudando a mares bajo el traje rasgado. Estira el brazo y aprieta un botón saltón de color rojo. La luz parpadea y se fija de nuevo. La pasarela se separa bajo la tripa del hombre y la mitad interior desciende lentamente. Se queda colgando precariamente de la barandilla, con el dóberman mordiendo la pierna y con las patas en la pasarela. Sigue descendiendo, de forma que el animal se pone sobre las dos patas traseras. Finalmente, se queda colgando de la carne de su víctima. El operario grita de dolor cuando la pasarela se hunde completamente en las piscinas con un siniestro siseo.

El animal se agarra con las uñas de las patas al traje. Trata de trepar, pero el traje se rasga y se rompe. El perro cae al agua. Se revuelve rápidamente y comienza a nadar y ladrar con desespero. Valero lo mira con el corazón encogido. Se fija en que no hay más que una pequeña plataforma a la que pueda subir.

—¡Ayúdame! —aúlla el operario.

Valero lo mira. Tiene los ojos muy rojos. En lugar de acercarse, da un paso atrás. Claudia Isabel se pone a su lado.

—Está infectado —dice ella, poniendo voz a los pensamientos del militar—. No podemos tocarlo.

—¡Ayuda! ¡Por favor! ¡Me caigo! ¡Salvadme!

El hombre grita desesperado, sintiendo como las manos no pueden aguantar su peso. La pierna derecha no le responde, y la izquierda no es capaz de subirla más allá de su voluminosa barriga. Sus ojos inyectados en sangre imploran a Claudia Isabel. La joven tiene sentimientos encontrados, pero no deja que se le note. No puede permitirse tocar a un infectado. No hay nada que pueda hacer para salvarle la vida. Por lo que ella sabe, una infección por Decem es sinónimo de muerte inevitable. Se plantea disparar para aliviar su sufrimiento, pero sus dedos no responden.

La tristeza de la mirada ablanda a Valero, que hace el amago de acercarse a ayudar, pensando más en sus compañeros de pelotón que en el operario. Esta vez, Claudia Isabel lo detiene tirando de su brazo. Niega con la cabeza y el militar reprime sus impulsos. Los ladridos del perro y la luz azul lo aturden. Mantiene los nervios bajo control y entierra en lo más profundo de su ser la voz que le grita que debe intervenir.

—¡Maldita bruja! —exclama el operario, al ver que no lo ayudarán—. ¡Yo os maldigo! ¡Vais a morir todos! ¡Todos!

El hombre se convierte en un volcán de insultos, furioso. Aguanta unos segundos más, y después, sus brazos ceden. Claudia Isabel siente un profundo alivio cuando su cuerpo salpica. El dóberman lo alcanza y le muerde el cuello.

Durante unos segundos más, el chapoteo es desesperado e intenso. Valero se asoma, necesita verlo. Claudia Isabel, por su parte, necesita no verlo. Y prefiere también no escucharlo, por lo que abandona la sala de las piscinas. La sangre ensucia el agua. Cuando el hombre deja de moverse, el perro lo arrastra hasta la pequeña plataforma. El traje está medio deshecho, y el pelaje del perro se ha quedado parcialmente en el agua, por lo que tiene partes calvas, dando un aspecto penoso pero escalofriante, salido del mismísimo inframundo.

El militar pulsa el botón rojo de nuevo tras unos segundos de duda en los que evalúa el panel de control. La reacción es la esperada: la parte de la pasarela sumergida vuelve a emerger hasta recuperar su posición original, dejando al animal sin ninguna posibilidad de alcanzarlos. Sale de la sala en silencio.

Miranda y Darko han llegado y están charlando con Claudia Isabel, con expresión de preocupación.

—A Pina y Pezzolano los hemos encontrado muertos. A Suárez… lo han abatido los perros —revela Miranda, con su habitual tono pragmático.

Valero se encoge de hombros, sintiendo mucho más dolor del que demuestra.

—Martínez y Castro estaban heridos, pero por suerte...

—Lo sabemos —lo corta la teniente—. Claudia Isabel nos ha puesto al corriente.

—Bien. ¿Qué tenemos que hacer?

Miranda los mira con gravedad.

—Tenemos que cruzar las piscinas de residuos y clausurarlas. Luego activar el mecanismo de cierre de la central.

—No parece difícil —dice Claudia Isabel, que se da cuenta de que ha hablado demasiado pronto—. Pero no has terminado.

—No os he dicho las pegas —aclara ella—. El sistema eléctrico de emergencia no funciona, y a la que cerremos la central habrá que correr para salir.

—Siempre he sido rápido —ríe Valero, muy consciente de lo que significan las palabras de Miranda, aunque intente descafeinarlas—. ¿Qué hacemos primero?

Miranda lo mira con orgullo y responde sin contestar a la pregunta:

—Eres el mejor recluta que he tenido nunca a mi cargo.

Claudia Isabel y Darko se miran extrañados. Se sienten ajenos a la conversación, como si ni siquiera estuvieran presentes. Miranda pone su frente contra la de Valero. Él es más alto, pero se encoge para quedar al mismo nivel. Sin duda, las pérdidas de su equipo les afectan. No son de piedra, aunque intenten aparentarlo.

La tensión resuena por todo el pasillo. Un potente ladrido anuncia la llegada de otro perro.

—A por ellos —musita Miranda, liviana, pero con vehemencia.

La teniente toma la delantera. Darko y Claudia Isabel la siguen por la pasarela colgante sobre las piscinas, y Valero cierra sin llave la puerta a su espalda. Él camina de espaldas, manteniendo la calma, pero evitando mirar hacia el dóberman. Es suficientemente perturbador escucharlo despedazar el cuerpo.

Claudia Isabel y Darko son incapaces de no mirarlo, pero no hacen comentarios al respecto. Pasan hasta tres piscinas iguales antes de bajar unas escaleras oscuras que llevan a una puerta de metal que Miranda abre de un disparo sobre la cerradura.

La sala es amplia, llena de ordenadores y pantallas a los lados. Está totalmente vacía y no da la impresión de que la haya pisado nadie en mucho tiempo. Hay otra puerta al otro lado del que han entrado. Miranda mira a sus compañeros y acciona la radio.

—Hens, aquí Alaoui —dice, y lo repite hasta tres veces, sin respuesta.

El estático entre las intervenciones de Miranda desquicia a Darko. No lo soporta, y se le nota en el rostro. Valero está nervioso.

—¿No lo coge?

—Lo necesitamos —obvia la pregunta Miranda—. El técnico le ha dado a él las instrucciones.

El estático se quiebra, pero la voz de Hens suena desesperada:

—¡Nos han atacado! ¡Son militares también!

Numerosos disparos siguen las palabras del joven recluta. El estático vuelve a convertirse en la nota dominante. Darko traga saliva. Nota un cosquilleo nada agradable en el estómago.

—¿Qué está pasando? —pregunta Miranda, preocupada. Muchas preguntas pasan por su mente a la vez, y filtra las que le parecen más relevantes—: ¿Militares? ¿Dónde estás?

—Estoy bajo los asientos de la furgoneta. Castro y Martínez… Les han disparado. Han dejado un destacamento aquí fuera y el resto han entrado a la central. No he podido avisar antes. Lo siento, teniente.

Unos disparos suenan tras las palabras de Hens y agudizan todavía más la tensión. No entienden nada. En la sala de control de la central se miran sin comprender. Miranda aprieta los dientes y arruga la frente. Otros dos miembros más de su equipo muertos. Cinco de ocho. Solo se le ocurre una explicación: el Decem.

—Están persiguiendo a un animal. O eso creo. Llevan el mismo uniforme que nosotros. Me parece que van puestos de alguna droga.

Hay un pequeño silencio en el que Miranda no permite que suene el estático. Nadie tiene que verbalizar lo que piensan. Mira de reojo a Valero. No es capaz de procesar la terrible catástrofe que ha supuesto la visita de la unidad a la central nuclear. Y todavía no ha terminado.

—¿Tienes las indicaciones para cerrar la central? —pregunta la teniente, intentando centrarse en lo que puede hacer en lugar de en el sombrío panorama que se les presenta.

Miranda siente más ansiedad que nunca. Sin indicaciones, no habrá posibilidad de cumplir la misión. Los demás se dan cuenta de la situación solo con mirarla. El silencio se hace denso y les pesa sobre los hombros.

—Sí.

El alivio es instantáneo en la teniente: la mandíbula y los músculos del torso se relajan y una sonrisa decidida aparece en sus labios.

—No perdamos más tiempo.

Héctor asiente y se asoma. El destacamento sigue ahí, así como los cadáveres de sus compañeros. Sin más dilación, comienza a leer sus notas. Está tenso, pero a la vez se siente afortunado de no haber terminado como los otros. Si ha salvado la vida es porque estaba rebuscando en el maletero de uno de los furgones y ha decidido mantenerse oculto, con buen criterio.

En la sala de control, se accionan botones específicos siguiendo sus instrucciones. Miranda mantiene la radio en su mano izquierda, mientras que con la derecha sostiene el fusil, preparada para defenderse. No es un escenario ni mucho menos descabellado, dado que parece que alguien intenta impedir que clausuren la central.

35

El obús del tanque interrumpe las excelentes noticias que la científica Inés Díaz está transmitiendo a Jaime y Elena. A pesar de que ha comenzado confesando que se había infectado y no lo había comunicado a nadie, lo que realmente la ha llevado a buscarlos es que se inyectó la cura y en cuestión de horas no queda rastro del virus en su cuerpo: ha funcionado. Elena sonríe llena de emoción justo cuando el proyectil destruye la pared de la sala colindante, y eso que Jaime le acaba de decir que la presidenta había sido asesinada y parecía que los atacaban. La onda expansiva los lanza por los aires. La metralla y restos de techo llueven sobre ellos.

Elena es la primera en recuperar el sentido. El polvo de yeso y el humo lo cubre todo a su alrededor. Los rayos de sol se filtran penosamente por la nube de partículas. El techo ha colapsado sobre sus cabezas. No solo el de una planta superior, sino también el de dos más. Las orejas le pitan y los pulmones le arden.

Respira yeso y aire a partes iguales. Tose descontrolada, tomando grandes bocanadas que la hacen toser más, entrando en un círculo vicioso que la hace boquear. El polvo comienza a posarse y parece que se recupera un poco. Sus sentidos siguen aturdidos cuando una mano emerge entre los escombros. Tras ella, un brazo. Y a continuación, el torso y la cabeza de Jaime, cubierto de polvo blanco. Su cabello, habitualmente gris, está completamente blanco. Al verla, con voz ahogada, le dice:

—¿Estás bien?

Enseguida comienza a toser. Elena lo mira sonriendo a pesar de todo, en su propio ataque de tos, tratando de responder.

—Sí —logra articular.

Jaime mira a su alrededor, con una mueca evidente de dolor. Elena lo tiene claro: busca a Inés. Y ella misma otea la superficie llena de escombros en busca de indicios del lugar en el que yace la científica, sin suerte.

Pero Jaime sí parece haberla encontrado: se dirige a un punto concreto y levanta un montón de escombros casi tan grande como él. Al apartarlos, aparece el cuerpo de Inés. Inmóvil. Jaime le da la vuelta y la sacude. Sigue teniendo las jeringuillas en la mano.

—Inés —susurra—. Inés, despierta.

La sostiene en sus brazos. Al no obtener respuesta, comienza a temblar. Nunca ha visto un muerto. Nunca ha sido capaz. Ni siquiera en funerales es capaz de mirar al cuerpo sin vida. Solo de pensarlo se suele marear. Ahora la situación es bien diferente. Vuelve a sacudir a la científica.

Elena está a punto de decirle que lo deje estar cuando Inés abre los ojos de par en par y suelta los viales. Todo su cuerpo hace un espasmo que sobresalta a Jaime hasta el punto de dejarla caer. Aturdida, se incorpora.

—¿Qué ha pasado?

Se lleva las manos a la cabeza, magullada, como el resto de su cuerpo. Ve centellas por todas partes y está mareada. El boquete en la pared del edificio es revelador.

—Salgamos de aquí.

Jaime ayuda a Inés a levantarse. Ella no escucha nada, pero se queda en silencio, leyendo los labios. Se le da bien. Elena recoge las seis jeringuillas y, los tres juntos, salen al pasillo central. La escena es desoladora: el obús ha entrado por el lado contrario del edificio, destruyendo todo a su paso.

Hay un cuerpo enterrado entre los escombros. Un hombre de mediana edad de casi dos metros de altura y una mujer mucho más baja están retirándolos como pueden. Hay muebles y restos humeantes, causantes de una nube densa que atrapa la luz e impide ver a más de veinte metros. El silencio presagia problemas.

En ese instante irrumpen cuatro militares por el boquete causado por el obús. Jaime da un paso al frente para presentarse, pero Elena tira de él al ver que van con los fusiles por delante. En su lugar, es el hombre de dos metros quien deja su tarea y se dirige a ellos en busca de auxilio:

—Soy...

Pero no lo dejan continuar. Cada uno responde con dos balas contra él. Elena ve la escena a cámara lenta. El plomo entrando en el pecho del hombre, la sangre saltando y el espasmo de dolor en un cuerpo que se desploma de inmediato, sin haber procesado su propia muerte. No se dan por satisfechos y repiten con la mujer y el cuerpo bajo los escombros.

Para cuando se vuelven hacia ellos, Elena ya ha apartado a Jaime e Inés de su campo de visión. Corren por el pasillo como pueden, cegados por el pánico. El lugar por el que han de girar está a solo treinta metros. El polvo nubla su visión. Los militares alcanzan el pasillo y pasan a estar en su punto de mira. Elena no se da la vuelta a comprobarlo. Lo único que ve es la puerta de metal tras la que están las escaleras. A quince metros.

Las balas vuelan ciegas hacia ellos de forma dispar, atravesando la nube cegadora. Elena nota una rozar su hombro, y una segunda pasar entre su brazo y las costillas. Pero no le dan y no se detiene. Le faltan cinco metros. Diez pasos. Escucha un grito junto a ella, que su cerebro ahoga y no permite procesar. «Sigue corriendo, ya casi estás —piensa, bloqueando todos los demás pensamientos—. No se te ocurra pararte. Sigue corriendo». Cubre la distancia hasta la puerta y la empuja para abrirla. Hace el amago de no ceder, provocando un pico de pánico. Pero tras crujir y desplazar unos escombros acumulados tras ella, se abre. Elena se siente al borde del colapso.

Cruza el umbral y se gira para ver como Jaime la sigue con una mueca de dolor. Inés está junto a él, con el rostro inexpresivo y el pecho empapado de sangre. No le da tiempo siquiera a mirarla con cualquier otra expresión en su rostro que no sea miedo. Una nueva ráfaga los alcanza. Dos de las balas pasan sin hacer blanco, pero una perfora el antebrazo de Jaime, salpicando sangre en la blusa de Elena. Otra de las balas hace que el cuello de Inés se doble hacia la pared tras atravesar su cráneo.

Jaime grita de dolor y se pone a cubierto. Elena cruza su mirada con la de Inés. La científica tiene una expresión final interrogante, como si no entendiera lo que acaba de suceder. «Como si no entendiera que tiene un agujero en la cabeza, como si no entendiera que la acaban de asesinar».

Las manos de Elena comienzan a temblar sin remedio, mientras que el cuerpo de Inés, en sus instantes de vida finales, pierde el equilibrio. Para cuando su cuerpo toca los escombros del suelo, Jaime ya ha cerrado la puerta, separándolos así de los militares.

Elena vuelve a la realidad con el sonido del cuerpo golpeando el suelo a peso muerto. Vuelve su mirada hacia Jaime, que tiene una mano en el costado izquierdo, por debajo de las costillas, y el brazo derecho colgando. Sangra abundantemente por ambas heridas.

—Tenemos que huir. Aquí no estamos a salvo —dice ella, obviando el hecho de que él está herido. Encuentra una mirada lastimosa pero decidida—. La habitación del pánico. Está solo un piso más arriba.

«Si hay algún lugar capaz de resistir un ataque como este dentro del edificio, es ese», piensa Jaime, sorprendido por la velocidad a la que Elena ha recordado su existencia. A él jamás se le hubiera ocurrido.

—Hay que darse prisa —acepta Jaime, muy consciente de que es posible que no llegue. Se siente débil. Le laten las heridas.

Suben las escaleras mucho más despacio de lo que han corrido por el pasillo. Jaime no puede ir más deprisa, pero la adrenalina, estimulada por las esporádicas —aunque frecuentes— ráfagas de cuatro disparos, hace que no se detenga y sus heridas parezcan doler menos. O, como mínimo, no les da tanta importancia.

Elena va a tirar de la puerta de metal para salir a la primera planta, pero se abre ante ella, provocando que salte hacia atrás y levante instintivamente las manos, susurrando un grito ahogado. El rostro que aparece al otro lado tiene una expresión muy parecida a la suya. Los rizos negros y las pecas se mezclan ante sus ojos, pero no tarda en ponerlo todo en su sitio e identificarla.

—¿Giulia?

—¿Elena?

Andrés y Marc están a ambos lados de ella. Se miran entre ellos, incrédulos. Elena y Jaime están cubiertos de yeso, mientras que Andrés tiene la cara llena de sangre y Marc sigue con la venda alrededor de su cabeza. Giulia tiene relativamente buen aspecto.

—¡Estáis bien!

—¡Tenemos cura! —exclama Giulia.

—¡Lo sabemos!

Elena muestra los viales, en su mano derecha. Esboza una sonrisa que enseguida se apaga al reproducirse en su mente la bala atravesar el cráneo de Inés. Antes de que Giulia pueda preguntar, escuchan abrirse la puerta de metal con un crujido. Los militares ya están en las escaleras. Los escombros que han puesto de obstáculo no han durado mucho.

—La habitación —susurra Jaime, empujando a Elena fuera de la zona de peligro y, por extensión, al resto.

Mientras Elena toma la delantera y guía a los otros hacia la habitación del pánico del LCE, Jaime cierra cuidadosamente la puerta, para evitar que haga ruido. El antebrazo le duele mucho, pero la bala ha salido y es una herida limpia a pesar de que no puede mover la mano. Sin embargo, en el costado siente el plomo arañándole las entrañas a cada paso que da, en forma de un hormigueo lancinante que le llega hasta el pie. Le parece que la bala esté alojada en contacto con la columna vertebral. «Aunque no tengo ni idea de medicina», se recuerda, levemente desrealizado por la mezcla de adrenalina y dolor.

Alcanzan la antesala de su destino antes de que los soldados hayan llegado a la planta. Es una habitación sencilla: una cama individual sin sábanas y una cómoda también vacía. Elena ya ha abierto la pared escaneándose la córnea. Jaime entra el último, con ayuda de Giulia y Marc, y la consejera aprieta un botón que coloca los ladrillos de la pared de nuevo en su sitio. Una plancha de acero la cubre y los aísla. Dentro de las paredes de medio metro de hormigón, dejan de escuchar los disparos. Recorren un corto pasillo y entran en otra estancia, que se bloquea también con otra capa de hormigón y acero.

Es una sala relativamente amplia, en la que hay unas pantallas de ordenador que conectan con cámaras en todos los pisos, así como dos teléfonos y dos sillas muy cómodas que Giulia y Andrés ya han ocupado. Hay un armario negro, amplio. Elena pone el ojo delante de lo que parece una cerradura y una luz verde escanea su córnea. Igual que unos segundos antes lo ha hecho un ladrillo del baño.

—Me flipa lo del ojo —apunta Andrés, muy relajado a pesar de la situación en la que están.

Elena se fija en que ya no lleva el collarín.

—Cállate —espeta Marc, ganándose una mirada reprobatoria de Elena. Debido al punto ciego que le ha dejado la explosión, no la ve.

El armario se abre para ellos. Está lleno de armas de todo tipo: cuchillos, fusiles, granadas... Pero también hay chalecos antibalas, cascos y dos cajas con el símbolo sanitario encima. Elena coge las cajas y se pone junto a Jaime, que se ha sentado en el suelo, con el gesto desencajado de dolor. Comienza a estar más pálido de lo que debería.

—Marc, Andrés, ayudadme. Le han dado. Dos veces.

Los dos hombres se arrodillan junto a él. Le levantan el jersey y la camisa. Tiene un agujero en el flanco izquierdo, un poco más abajo de las costillas. No hay orificio de salida. Marc hace movimientos extraños con la cabeza, que no son otra cosa que cambios de ángulo para evitar el punto ciego. Andrés toca la zona con cuidado, haciendo que el vicepresidente bote de dolor. Por primera vez, su tez parece corresponder a su edad.

—Habría que sacar la bala, pero aquí... —dice Andrés, inseguro.

Marc le da la razón:

—Es difícil. Muy sucio.

—Si no la sacáis, ¿morirá? —pregunta Elena.

Jaime la mira muy sorprendido. «Habla de la muerte como una realidad, incluso cercana. Algo que me puede pasar a mí». Siente un escalofrío y su cabeza vuela hacia Mikel y su último encuentro. «No, no estoy preparado para morir. Necesito verlo una vez más». También piensa en Miranda. Dirige su atención a Andrés y Marc, adquiriendo un tono de súplica.

—Salvadme, por favor. No puedo morir.

Marc asiente despacio, pensando cómo proceder. Le repugnan las heridas.

—Hay que parar el sangrado.

Andrés se quita la chaqueta y se la tiende a Marc, que le hace un torniquete en el brazo. Jaime aprieta los dientes.

—Lo sé, lo sé —dice Marc, tratando de acallar la parte de su cuerpo que le pide gritar—. Duele.

—Vamos a sacar esa puta bala —dice Andrés, señalando a Jaime con fiereza, a fin de insuflarle ánimos—. Elena, vamos a necesitar muchas cosas.

La joven abre las cajas, ordenadas de forma intuitiva. Andrés y Marc lo miran atónitos. Hay hasta sueros, antibióticos y sangre del grupo cero negativo para hacer una transfusión a personas con cualquier tipo de sangre.

—¿Bastará?

—Debería —sonríe Marc.

—Puede que esto te salve la vida —le dice Andrés a Jaime, que responde sonriendo débilmente, aunque es todo lo fuerte que puede.

Elena se sienta junto a Giulia mientras los dos médicos comienzan con un procedimiento de lo más complicado en unas circunstancias precarias, de guerra. Los observa con atención, sintiendo el corazón encogido, pero conmovida. «Es admirable cómo los dos son capaces de apartar sus problemas personales y colaborar para salvarle la vida», piensa, mientras Marc le explica a Jaime cómo funcionará su anestesia, y prepara el respirador manual. La consejera vuelve sus ojos hacia Giulia, concentrada en las pantallas, apagadas.

—¿Se pueden encender? —pregunta la científica.

—Deberían estarlo. Seguramente sea problema del sistema eléctrico.

Elena rebusca un poco y pulsa varios botones, pero no hay ninguna reacción. Se supone que, al escanear su retina, deberían encenderse y ofrecerles información del edificio. Se encoge de hombros y deja los viales con la cura sobre la pequeña mesa desde la que se elevan las pantallas.

Giulia entiende lo que significa. Niega con la cabeza. Siente una presión exagerada sobre el pecho y comienza a haber centellas en la periferia de sus ojos. Tiene que concentrarse para no caer en un ataque de ansiedad. Con Inés fallecida y Goa desconectada, solo queda ella. Se saca dos de las seis jeringas cargadas que lleva en el bolsillo y las pone junto a las de Elena.

—Esto es la cura que tenemos —miente Giulia—. ¿Qué se supone que tenemos que hacer? No hay comunicaciones, los militares que deberían protegernos nos atacan y estamos escondidas en un búnker. Tenemos una cura que no podemos replicar ni distribuir. Y el mundo se cae a pedazos a nuestro alrededor…

Giulia ha comenzado con un tono de desesperación, pero ha terminado tornándose en ira, hasta el punto de que aprieta los puños y la mandíbula. «Si sigues apretando los dientes así, te los vas a romper —resuena en su cabeza la voz de Adriana. Otro pinchazo le aguijonea el pecho—. Tenemos la cura preparada, estamos tan cerca… Y a la vez tan lejos…».

—Podemos ponérnosla a nosotras —apunta Elena—. Inés ha dicho que estaba infectada y se había curado.

Giulia le regala una mueca de duda, pues que funcionara en Inés no implica que funcione en todo el mundo. Pero en el fondo siente un brote de esperanza. «Si estaba infectada y se curó..., no veo por qué no debería funcionar también en nosotras, aunque no estemos infectadas, que está por ver. Significa que estamos todavía más cerca. Y nuestra situación es aún más frustrante».

—Solo tenemos ocho.

—Y somos cinco aquí dentro. ¿Podemos hacer más?

Giulia asiente, pero muy despacio, pensando lentamente lo que necesita:

—Quizá.

Andrés ya hurga en el interior de la espalda de Jaime. Marc lo mantiene vivo, haciendo de anestesista. Otro proyectil hace blanco contra el edificio. El temblor es tal que Andrés tiene que sacar la mano para evitar que la intervención se complique. Las miradas se cruzan y todos son conscientes de que por mucho que el refugio pueda servir temporalmente, más pronto que tarde tendrán que marcharse si quieren sobrevivir.

Andrés y Marc asienten y tratan de agilizar la intervención, mientras Giulia y Elena se estrujan los sesos para reestablecer las conexiones. Ni las líneas telefónicas fijas ni la radio parecen funcionar.

Giulia mete la mano en el bolsillo y siente el peso de los cuatro viales que piensa guardar para ella y su familia. Los agarra con fuerza, como si eso fuera a hacerla transportarse lejos del epicentro de la pesadilla en la que está metida.

Completamente sedado, Jaime no se da cuenta de nada de lo que ocurre, y sus sueños versan en torno a Mikel. No siente que lo tocan en lugares en los que jamás debería haber dedos. De tanto en tanto, cuando Andrés acerca su mano a la columna vertebral, aparece una corriente que le llega hasta el pie. Pero él sigue en sus sueños, hablando con Mikel, deseando remendar la situación. Las situaciones imaginarias dan paso a los recuerdos, reales, vívidos y dolorosos.

—Ya llevas dos años con esto, Mikel —le dijo, seis meses antes, después de que le diera largas por enésima vez respecto a la posible publicación definitiva de su obra—. Tienes que empezar a valerte por ti mismo. Llevas tiempo aprovechándote de mí y mi trabajo, malgastando una beca que podría corresponder a otra persona. ¡Ya está bien!

Estaba furioso como nunca en su vida. Le habían dado varias reprimendas por su trato de favor hacia Mikel, que seguía sin publicar nada a pesar del abundante caudal económico que recibía. En cierta manera, tenían razón. Jamás hubiera mantenido las becas que Mikel recibía durante tanto tiempo a nadie con un desempeño tan pobre.

—Ya estoy a punto de sacar algo. Estoy muy cerca.

Pero la decisión de Jaime estaba tomada con anterioridad, y era inamovible. El día anterior se había encargado de realizar las pertinentes gestiones para evitar que Mikel lograra reblandecerlo por tercera vez.

—Ahora ya es tarde. Tu beca ha sido retirada.

—¿¡QUÉ!? No me puedes hacer eso.

La cara de Mikel, hasta entonces confiada y segura, cambió por completo. Sabía que la situación cambiaba de forma radical. Pero rápidamente su cerebro encontró la forma de aferrarse al *statu quo*, con una chulería impropia de su situación:

—Va a ser peor para ti porque vas a tener que mantenerme y gastar ese dinero de la beca tú. Tú sabrás.

Los puños de Jaime se apretaron con fuerza, y su mandíbula también. Esa actitud era la prevista, y ante la que había decidido actuar con fiereza. Le dio la oportunidad, y la desperdició. «Se acabó», se dijo, en ese preciso instante.

—No, Mikel. No te voy a mantener más. De hecho, quiero que busques un trabajo y empieces a darte cuenta de lo que cuestan las cosas. Te quiero fuera de casa la semana que viene. Sin peros y sin excusas.

Soltadas esas palabras, se dio media vuelta y se dispuso a marcharse, todavía furioso.

—Si mamá estuviera aquí, no tendrías los cojones de hacerme esto —respondió Mikel, completamente desquiciado y buscando dañarlo—. No me extraña que decidiera largarse al otro puto lado del mundo en cuanto tuvo ocasión…

Jaime se sintió roto. Pero apretó los dientes otra vez. Se acabó. No iba a seguir tolerando actitudes así.

—Te quiero fuera la semana que viene. Sin peros y sin excusas.

Al mantener la dureza, Mikel se dio cuenta de que no estaba llegando a ningún lado y tenía que cambiar de estrategia. Decidió pasar a la súplica:

—Papá, por favor. No me hagas esto.

Pero Jaime no podía dar marcha atrás. La decisión estaba ya tramitada. Le había costado tomarla, pero era inamovible. Por mucho que fuera el niño de sus ojos, había sobrepasado el límite. Y la decisión era firme.

—Si tu madre supiera todo esto, estaría muy decepcionada. No te lo volveré a repetir, Mikel. Tienes que aprender lo que cuestan las cosas.

Esa fue la última vez que Mikel lo llamó papá, y probablemente no podrá volver a escucharlo nunca. Fue excesivamente duro, y la reacción de Mikel fue tal que hizo que Jaime pasara de ser su persona de referencia a sencillamente su padre biológico. El joven cortó desde ese mismo día toda relación con su padre, pidió ayuda a unos amigos para conseguir un lugar en el que vivir y encontró empleo en la fábrica, en la que contribuyó a la construcción de las torres de radio que posteriormente sirvieron para guiar a las aves y esparcir el Decem alrededor del mundo. Aunque de eso, por supuesto, Mikel no tenía ni tiene ni idea.

Aunque Jaime intentó acercarse a él posteriormente, fue imposible. Consiguió lo que quería: convertirlo en un adulto funcional de pleno derecho, con obligaciones y responsabilidades, pero a la postre le ha costado mucho más de lo que jamás hubiera querido ofrecer.

La relación con su único hijo.

36

Héctor Hens mantiene las indicaciones casi diez minutos. Hay algunos momentos de duda, pero ninguno flaquea. Se dan toda la prisa que pueden.

—Vale, botón verde apagado —resuelve Darko, que, a continuación, se peina el tupé, reforzando la sonrisa de sus labios.

—Ya está —dice Héctor Hens—. Pulsad el botón rojo y comenzará el cierre total. No tenéis que hacer nada más.

—¿Cuánto tiempo tenemos para salir? —pregunta Claudia Isabel, visiblemente nerviosa.

—Tres minutos hasta que se cierren magnéticamente las puertas. Y más os vale estar fuera, porque después se rellenan los pasillos con plomo.

Miranda niega con la cabeza, pensando la horrible muerte que debe ser ahogarse en plomo. El sistema de seguridad fue impuesto en todas las centrales nucleares europeas tras un ataque terrorista a una central alemana y un accidente en Estados Unidos.

—¿Da tiempo? —pregunta Valero, imaginando mentalmente todo lo que tienen que recorrer.

—Sí —responde Miranda, confiada—. Si queréis, comenzad a salir. Y yo os alcanzo.

Los tres la miran con desconfianza.

—No te vamos a dejar aquí sola —dice Claudia Isabel—. Yo iré contigo.

Miranda niega con la cabeza.

—No me estoy haciendo la heroína ni nada de eso. Lo que pasa es que soy la que está en mejor condición física. Puedo correr más rápido que ninguno de vosotros.

Darko pone mala cara, en desacuerdo. Se mira el vientre plano y los bíceps. Marca una pequeña sonrisa, pero no objeta nada. Él es el que está en mejor forma, pero esta vez luchar por el reconocimiento le podría ocasionar inconvenientes, así que se queda en silencio.

—Teniente Alaoui, si me lo permite...

—Cállate, Valero. Tú tienes que guiarlos fuera de aquí. Defiéndelos y sácalos de aquí. Es una orden.

Valero aprieta los dientes y le hace el saludo militar. Ella lo devuelve, con los ojos llorosos. Consigue reprimirse y que los demás no se den cuenta. Darko y Claudia Isabel lo entienden como una despedida respetuosa, a pesar de que Miranda lo ha negado. Claudia Isabel recela.

—Me estoy muriendo —todos los ojos se clavan en ella, que traga saliva—. Me quedan unos pocos meses como máximo. No sé si alguien tiene que sacrificarse, pero en todo caso debería ser yo.

—Lo siento mucho —reconoce Miranda, sorprendida—. Pero de verdad que no hay que sacrificarse. No tiene ningún sentido que así sea. ¿Para qué iban a hacer un mecanismo que obligara a morir a alguien?

La explicación los convence, y no es necesario que añada nada más. Valero los hace pasar otra vez por la pasarela, hacia el exterior. Las piscinas están cubiertas por una compuerta metálica. Claudia Isabel asiente, satisfecha con las primeras muestras de que lo que han hecho tiene utilidad. Van con sumo cuidado, conscientes de que en cualquier momento pueden encontrarse con hostiles. Valero lleva su fusil por delante.

Miranda coge la radio entre sus manos y vuelve a hablar:

—Ya se han marchado. Guíame.

Héctor indica a Miranda el código de la puerta del otro lado. Espera unos minutos antes de atravesarla. Entra a una sala en la que el calor es muy superior al del resto de la central. Sabe el motivo: bajo sus pies está fundiéndose el uranio. Solo hay un pulsador. Activa la cuenta atrás en su reloj de muñeca y lo aprieta con fuerza. La alarma de la central se activa. Las gotas de sudor ruedan por su frente. Cierra la puerta, de plomo, como el que está a punto de cubrir los pasillos de la central. Pulsa el botón de la segunda sala resoplando.

Las sirenas rugen. Tiene menos de tres minutos para salir. Comienza a correr. Cruza la pasarela entre luces rojas, que han sustituido las azules, enterradas bajo el metal que cubre las piscinas. El escándalo de sus zancadas es amortiguado por el sonido de los altavoces. Tampoco se oyen ladridos. No se siente cómoda, pero, por lo menos, ve sin necesidad de encender una linterna, pues todos los focos que antes estaban apagados ahora emiten una luz roja alarmante.

Sigue con el fusil en la mano, y la radio en la otra. Teme encontrarse con algún animal, o peor, algún soldado dispuesto a eliminarla. De ser así, tendría dificultades en apuntar por la velocidad a la que corre… «Y tendría problemas para escapar», se dice, sin aflojar la marcha a pesar de que comienza a faltarle el aliento. Sube las escaleras de dos en dos. Ve un casco militar en un rellano de las escaleras, pero tampoco se detiene. Le parece que está salpicado de sangre, aunque puede que sea por el efecto de las luces.

El aire comienza a faltarle cuando alcanza la planta baja. Cree que va bien de tiempo, pero no se atreve a comprobarlo. Ya ve la luz natural. Sigue sin parar a pesar de que le parece escuchar ladridos y gritos por encima de las sirenas, por detrás, dentro de la central. Unas figuras humanas armadas, a contraluz, cierran la salida. Están de espaldas a ella. «Los puedo eliminar», piensa, mientras aminora la marcha.

Se detiene, con la sensación de que está perdiendo unos segundos preciosos. Cuando sus ojos se acostumbran a la luz y está lo suficientemente cerca, ve que hay cinco soldados apuntando a sus compañeros, desarmados. Se dispone a disparar cuando uno de los captores se gira, y su instinto militar la lleva a ocultarse tras una columna. Eso la salva de ser vista. Coge un trozo de cristal roto que hay junto a ella para utilizarlo como espejo y poder ver la situación sin salir de su escondite. Las alarmas siguen sonando, pero cambian. Su reloj le dice que tiene poco más de un minuto para salir antes de quedar atrapada bajo el plomo.

El soldado se ha quedado orientado hacia ella, complicando la situación. Valero, Claudia Isabel y Darko están con las manos en alto y se arrodillan ante los enemigos. Miranda cambia el cargador de su arma, dispuesta a presentar batalla. Tiene veinte disparos. Pero no es eso lo que le preocupa, sino la reacción de los rivales. «Puedo eliminar a los cinco antes de que me disparen, no sería la primera vez, pero lo que no puedo asegurar es que no disparen a Valero. Todavía no me puedo arriesgar —decide, comprobando que le queda un minuto—. Necesito una distracción». Acciona la radio, esperando que la alarma le dé protección acústica.

—Héctor —susurra—. Héctor, ¿estás ahí?

—Sí —musita el joven—. Hay soldados en la puerta. Han capturado a los médicos y a Valero.

—Lo sé. Estoy justo detrás.

—Tienes que darte prisa.

—No me da tiempo a ir a la otra salida —se apresura a decir Miranda—. Necesito tu ayuda.

—Sí.

—Sal de tu escondite con el arma en alto. Así llamarás su atención y podré abatirlos.

Héctor siente pánico solo de pensarlo. La imagen de sí mismo siendo abatido sin posibilidad de decir nada hace que un escalofrío recorra su espalda.

—Yo no...

—No te pasará nada. Los distraerás y yo los mataré. Confía en mí.

Héctor sabe que la pelota está en su tejado y es necesario que intervenga. Le causa pavor la frialdad con la que Miranda habla de matar. Le tiemblan las manos y una gota de sudor recorre su frente a pesar del frío de enero. El corazón le palpita. No se alistó en el Ejército para esto, no. Él solo quería un salario con el que garantizarle el futuro a su hija. A duras penas responde:

—Vale, vale. ¿Salgo? ¿Ya?

—Sí. Grita para que te vean. Esa será la señal.

Miranda se guarda la radio y aguarda a escuchar el grito. Se concentra para oírlo por encima de las sirenas. Espera que sea instantáneo, pero se demora. Le quedan veinte segundos. Su ansiedad crece, consciente de que los últimos instantes de los que dispone para escapar se están consumiendo. Piensa que la alarma lo ha silenciado y ha expuesto a Héctor para nada. Los veinte metros que la separan de la puerta parecen crecer conforme el tiempo se agota. Cuando está a punto de olvidarse de la ayuda y lanzarse sola al ataque, a diez segundos del cierre de la central, escucha el grito:

—¡No disparéis!

Y todos los músculos de su cuerpo se activan a la vez.

Gira sobre sus talones y abre fuego de forma precisa. Todos sus enemigos están orientados hacia el lado opuesto. Miranda se centra exclusivamente en eliminar a los cinco soldados mientras corre, sin fijarse en todo lo que ocurre simultáneamente. Apenas queda tiempo.

Antes de que alcance las puertas de cristal automáticas, destrozadas previamente por los soldados, dos de ellos ya tienen sendos agujeros de bala en la nuca, justo por debajo del casco. Un tercer disparo limpio entra por la frente de otro de sus enemigos, que se ha girado al darse cuenta de que el peligro estaba detrás. Para cuando quieren darse cuenta de lo que ocurre, ya solo quedan dos enemigos en pie y Miranda cruza el umbral que separa el interior del exterior de la central.

Sale del edificio y a su espalda cae una puerta de denso metal que clausura para siempre la central. El ruido del plomo fluir es sordo, pero en lo alto de la bóveda comienza a salir aire a presión con un escalofriante silbido agudo, dejando su espacio al plomo.

Los dos soldados restantes, conscientes ya de la amenaza, tratan de reaccionar. Miranda ve sangre y más cuerpos en el asfalto de los que ella ha matado. Pero su cerebro no está dispuesto a distraerse. Todavía no. Apunta y vacía el cargador contra los dos reclutas, que devuelven el fuego con menor precisión, sin hacer blanco en ella.

Caen abatidos, heridos de muerte. Miranda cambia de cargador y se acerca a ellos con cuidado, dispuesta a darles su final. Uno de los dos no se mueve en absoluto, con el cuello lleno de sangre todavía palpitante. El otro respira a duras penas, tratando de quitarse el chaleco antibalas agónicamente. Miranda se acerca al segundo y da una patada a su arma, alejándola. Van vestidos igual que ella, con el mismo uniforme de camuflaje del Ejército de Tierra español. Solo cambia uno de los parches de la chaqueta. Le pone la bota sobre el pecho, aumentando la presión sobre su tórax.

—¿Quién sois y por qué nos atacáis?

El hombre sigue con dificultades para respirar bajo su bota. Miranda escucha sollozos tras ella. Da dos pasos atrás para ponerse lejos del alcance del herido, que no parece que vaya a suponer un problema, y busca el origen del llanto. Es entonces cuando se da cuenta de que su intervención no ha sido tan exitosa como pensaba.

La reacción a la salida de Héctor ha sido instantánea a pesar de su petición de no disparar. Tres balas han ido a parar al parachoques del coche, pero Héctor tiene las dos manos sobre el vientre, y de ellas se filtra sangre. Cae sobre las rodillas, sollozando, con una mirada llena de miedo e incredulidad, herido de muerte. Miranda lo sabe, igual de que es consciente de que le ha fallado. Lo ha utilizado de distracción para poder tener una ventaja clave. Se decepciona un poco consigo misma por no haber podido mantenerlo a salvo y cumplir con su palabra, pero también sabe que, aun sabiendo el resultado final, no cambiaría sus acciones. Ha derribado a los cinco soldados enemigos.

Pero entonces vuelve la vista hacia sus compañeros y se da cuenta de que la situación es todavía peor. Darko sigue en la misma posición, con las manos entrelazadas en la nuca y temblando, pero es el único que sigue en pie. Valero yace muerto y Claudia Isabel está con las manos apoyadas en el suelo, tosiendo, con la boca llena de sangre y los ojos muy abiertos. No está claro si han recibido balas perdidas en el fuego cruzado o si les han disparado adrede.

Además, los restos mortales de Castro y Martínez están en el suelo, no muy lejos de su posición. «Todo mi equipo», suspira Miranda, conmocionada. De poder volver atrás, desobedecería la orden directa del general Carreño, que los ha enviado a morir a la central nuclear.

La rabia espolea a Miranda, que se vuelve hacia el soldado herido, furiosa. El hombre parece respirar mejor ahora que se ha librado de la parte superior del traje militar y ha desabrochado el chaleco, pero tiene el costado ensangrentado y un enorme moratón sobre el pecho.

—¿Quiénes sois? —repite Miranda, sacudiéndolo, agarrado del chaleco.

—Pelotón diez del Ejército de Tierra de Madrid —escupe él, moviendo sus manos para intentar zafarse, sin éxito.

—Pelotón uno —dice Miranda, señalándose a sí misma—. Igual que todos esos a los que habéis matado hoy.

Lo deja caer contra el asfalto con fuerza, pero el herido ríe y de inmediato tose. La boca se le llena de sangre. Puede que el chaleco antibalas no haya funcionado correctamente, o que el disparo fuera demasiado cercano, pero es evidente que el soldado tiene daños irreparables en el interior de su tórax.

—Hoy hemos matado mucho más que al pelotón uno.

Miranda lo mira con incomprensión.

—¿Estáis infectados?

—Tenemos la cura, no nos podemos infectar, aunque queramos —sonríe el hombre, cuya boca está rebosante de sangre. No tiene los ojos rojos ni nada que indique que está enfermo salvo sus crípticas palabras y acciones.

—¿De qué hablas?

Miranda no entiende nada. El Decem era su más firme —y única— posibilidad. Pero las palabras del hombre lo cambian todo. Tose otra vez, y escupe sangre como puede. Está tumbado, por lo que se mancha la mejilla y la cinta del casco. Su expresión es implacable, por lo que Miranda decide hacer las preguntas con más fiereza.

Pone su bota otra vez sobre el pecho morado del hombre y deja su peso sobre el pie. El hombre se retuerce y trata de apartarla, pero no tiene fuerza. No puede respirar. La sangre desborda por la boca.

—¿Piensas contármelo ahora? ¡Habla!

El soldado tose sangre de nuevo y le cuesta tomar aire, cada vez más. Hace un gesto con la mano que indica que pare. Miranda levanta la pierna y lo mira, muy seria. Escupe otra vez, más débil.

—Tenemos órdenes de sembrar el pánico. Todo está planeado —Miranda lo mira con incomprensión. El soldado continúa, expectorando más sangre—: El virus —hace un esfuerzo por respirar—. Es parte del plan.

—¿Qué plan?

Él calla, alarmado. Se muestra reticente a responder, por lo que la teniente aumenta una vez más el peso sobre la bota que oprime su pecho.

—Para reducir la población mundial —susurra, con un hilo de voz.

—Mientes —gruñe Miranda, pero permite que respire aliviando la presión sobre él.

En el fondo sabe que no le está mintiendo. Lo ve en sus ojos. Está al borde de la muerte y no le vale la pena sufrir innecesariamente por la información. No lo entiende. Su mente da vueltas y vueltas a la revelación, incapaz de cuadrarlo en sus esquemas.

—¿Para qué iba yo a mentir? —balbucea el soldado, asfixiándose con su propia sangre.

Miranda sopesa el cargador del fusil, tensa y sin entender nada, pero queriéndolo saber todo. Lo mira con furia, y lo incorpora, intentando que no se ahogue. «Necesito saberlo».

—Cuéntame lo que sepas. Tenemos que pararlo.

—No puedes. Ni tú ni nadie. No se puede hacer nada.

Miranda niega con la cabeza y el cuerpo. Hasta su alma se revuelve incómoda e incrédula. No quiere creer lo que escucha. Aunque en el fondo de su ser sabe que es cierto.

—Ninguna guerra está perdida de antemano.

—Esta sí. Al Decem lo han creado las mejores mentes científicas del mundo. Y luego las mejores mentes militares han decidido dónde y cómo expandirlo para que sea eficaz y reduzca la población para establecer un nuevo orden mundial. No hay otra opción. Solo sobrevivirán los elegidos.

La tos se hace más densa y húmeda. El moratón del pecho también está aumentando, y el soldado palidece. Miranda sabe que se le acaba el tiempo.

—¿Por qué? ¿Qué nuevo orden?

Él niega.

—Yo no soy más que el sargento López. Cumplo órdenes. Carreño me dio directrices y...

—¿Carreño? —Miranda siente que se le hiela la sangre al escuchar el nombre del jefe de Estado Mayor del Ejército de Tierra—. ¿Qué tiene que ver Carreño en todo esto?

López estira los labios, sin llegar a sonreír del todo. El dolor se lo impide. Comienza a sentirse mareado. Miranda ata cabos sin necesidad de que se lo explique. El general Carreño, la máxima autoridad militar, quien la ha enviado a Trillo, con una orden directa. El mismo Carreño, que no conocía personalmente antes del inicio de la crisis, el que la nombró enlace directo con el LCE y posteriormente la mandó a coordinar el control de carreteras cuando comenzaba a acercarse a la verdad, alejándola de Madrid. Niega con la cabeza. Desde que empezara como jefa del brazo militar en el Gobierno durante la crisis, las reuniones en la que lo informaban eran secretas. Miranda pensaba que eran solo confidenciales, pero ahora, que se ocultaran de la presidenta…, toma cierto sentido. Se queda fría al encajar las piezas.

«No puede ser. No puedo ser tan pardilla. Oh, Dios mío. ¡Jaime!».

—¿Qué hacéis aquí, en Trillo, exactamente?

—Acabar con todo ser vivo. Órdenes directas.

Miranda traga saliva. Carreño la ha enviado a la central nuclear para matarla porque es una amenaza para la expansión del virus. No le quedan dudas, y adivina también que los perros infectados han sido liberados adrede por el propio Ejército al que ha servido durante más de la mitad de su vida con fidelidad ciega.

—La doctora Guix estaba al frente de la investigación del Decem. Ella jamás hubiera colaborado con los militares para acabar con el mundo —dice, a modo de última bala a la que aferrarse. Pero es consciente de que podría haber sido engañada para trabajar para Carreño. «Igual que yo».

—¿Guix? —ríe López, que comienza a no saber muy bien lo que dice—. Un tal Lejeune era el contacto. Pero dudo que supiera quién y para qué le financiaron el proyecto, no era más que un científico con demasiado ego —hace una pausa, con los ojos en blanco—. Cuando entregó las muestras...

No termina la frase, sino que mira a Miranda con expresión interrogante.

—¿Qué? ¿Cuándo entregó las muestras qué? —pregunta, desesperada. Sabe que el reloj de arena que contiene la vida del sargento está casi exhausto.

La mira sonriendo como un bobo, extremadamente pálido. De la comisura de los labios le cae un hilo de sangre constante. Tiene la boca encharcada. El moratón del pecho se ha hinchado y expandido.

—Eres guapísima. ¿Lo sabías?

Miranda está a punto de partirle la cara. De hecho, si no lo hace es porque su torso cae hacia atrás con los ojos en blanco. Lo coge y lo sacude, con fuerza, como si por agitarlo más fuera a obtener información. Pero está muerto.

Lo deja en el suelo y se acerca a Héctor, que hiperventila agonizante, tumbado sobre el asfalto. La sensación de culpabilidad inunda sus pensamientos y le grita que se aleje, pero tiene que enfrentarse a sus culpas. Y no la hay más grande que la inminente muerte del joven.

Darko sigue en la misma posición, de rodillas con las manos en la nuca. Tiembla, y tiene los ojos cerrados. Desde lejos, a Miranda le parece que mueve los labios. Si no le hubiera dicho hace unas horas que él era su propio Dios, pensaría que está rezando. Aunque puede que las últimas experiencias lo hayan hecho cambiar de idea. Un latigazo le recorre la espalda cuando identifica el cuerpo de Valero junto a él, boca abajo. Se niega a procesarlo por el momento. Al otro lado, Claudia Isabel está escupiendo sangre, pero viva.

Se arrodilla junto a Héctor, que llora desconsolado. Una bala le ha atravesado el pecho y otra el abdomen. Ninguna de las dos ha salido. «Heridas mortales», se repite Miranda, mirándolo con tristeza. La rabia la tienta a vaciar otra vez el cargador, aunque se contiene. Respira hondo, buscando una calma por la que nunca se ha caracterizado.

Ha perdido a todo su equipo. Les ha tendido una trampa su propio superior, para matarlos a todos. Porque podrían haber sido un estorbo para causar el caos, «porque estábamos haciendo nuestro trabajo demasiado bien —reflexiona, sin poder desquitarse de la pésima sensación que la envuelve—. Porque el Decem en realidad no es un enemigo natural que ha aparecido en el camino de la raza humana, sino que es un arma más en la eterna e interminable batalla por el poder entre los humanos.

»No tenemos especies rivales que puedan disputarnos nuestro dominio del mundo, así que nos enfrentamos entre nosotros. Nos matamos los unos a los otros».

La central nuclear completa su proceso de cierre, y el aire deja de silbar. Es difícil saber cuántas personas han perdido la vida en su interior en las últimas horas. A su alrededor, ocho cadáveres y dos personas agonizantes refuerzan lo que siempre ha pensado:

«El ser humano es el peor y más peligroso enemigo del ser humano».

—Siento haberte fallado, Héctor.

Desliza su arma sobre la sien del malogrado recluta y termina con su agonía.

37

Las calles de Madrid son un absoluto caos. Los controles policiales, solo unas horas antes contundentes y numerosos, parecen haberse esfumado. Hay coches de policía detenidos en mitad de algunas calles, donde no hace mucho estaban los controles. Pero no hay agentes que los realicen. Ya no.

Mikel conduce despacio, tratando de concentrarse en no perder el control pese a su contagio. Emocionalmente está destrozado, pero físicamente aguanta bien. Tienen que esquivar varios individuos claramente infectados para seguir avanzando. En mitad de una de las calles más transitadas de Madrid, hay tres coches estrellados y humeantes, y un coche de policía destrozado a su lado. Además, hay una decena de cadáveres ensangrentados en la escena. Unos metros más allá, hay una ambulancia volcada. Sin rastro de personas vivas.

Unos minutos después, asisten involuntariamente a una batalla campal a la salida de un supermercado. La mayoría de gente solo corre con productos en sus manos, pero los hay que se encaran y enfrentan. El guardia de seguridad yace sentado junto a la puerta, con la mirada impotente. El supermercado está siendo saqueado.

Los asaltantes son de lo más variados, pero la mayoría se tapan lo máximo que pueden. Mascarillas, bragas, bufandas, sudaderas cedidas... A ninguno se le ve el rostro. Un escalofrío asalta a Mikel al entender que no necesariamente están infectados. Son gente que probablemente no se había ni imaginado ser capaz de hacer algo así. «Como los asesinos de Macarena». Un sudor denso y frío conquista su espalda. La histeria se ha apoderado de la población.

Pasan de largo, aunque no pueden dejar de mirar el esperpento. La sensación es de descontrol, y que en cualquier momento puede empeorar. Súbitamente, sus pensamientos vuelven a Macarena. El dolor por su pérdida lo ayuda a bloquear la conciencia sobre su contagio. Llora en silencio. Paula lo mira con lástima, pero no dice nada. Está librando sus propias batallas. A varias manzanas de su posición, ven una imponente humareda.

—Eso de ahí es la plaza del LCE —dice Paula, con apenas un hilo de voz.

—No puede ser —musita Mikel—. ¿Está en llamas?

—No parece el edificio. Parece la plaza, ¿no?

Ambos se quedan en silencio. Es Paula quien vuelve a hablar:

—Es meterse en la boca del lobo.

Mikel no responde. Sabe que tiene razón, que es peligroso. Detiene el coche, no sin mirar previamente a su alrededor y cerciorarse de que no hay ningún peatón cerca. Siente pavor, pero es su oportunidad de acceder a una posible cura. Y la necesita. Un cosquilleo extraño le recorre la tripa. Además, allí está Jaime. Lo sigue queriendo mucho más de lo que quiere reconocer.

Al fin y al cabo, es su padre.

—No tenemos opción. La cura… Es nuestra única opción.

Paula se encoge de hombros. Si no estuvieran infectados, propondría ir a Trillo a por Darko. Pero llevando el Decem con ellos… Lo último que quiere es contagiarlo. «Mikel tiene razón. Esta es nuestra única opción».

—Tenemos que intentarlo —acepta Paula, con un cosquilleo recorriendo su espalda.

—Ya verás. Lo conseguiremos. Seguro que tienen ya una cura y luego podemos ir a Trillo con seguridad.

Lo dice con un tono mucho más convencido de lo que realmente está. Acerca el coche despacio. Escuchan disparos, e incluso ven un obús cruzar la plaza. Sus sentidos se agudizan, su cuerpo se prepara para enfrentarse a un enemigo indeterminado.

—Se están disparando en la plaza frente al LCE —grita Paula, poniendo voz a lo que los dos ven entre la humareda—. ¡Para el coche!

—Tenemos que intentarlo.

—¡Para el coche! —repite gritando Paula, muy asustada.

Lo hace de tal manera que lo intimida. Él obedece. Mira hacia la plaza, respirando cada vez más deprisa. Está dispuesto a seguir avanzando, sea como sea. Es muy consciente de que probablemente no haya cura, y por tanto que su padre esté ahí es un motivo casi igual de importante para él. Lo quiere. Se siente culpable. «Es posible que me columpiara con los fondos que me dio. No di lo mejor de mí. Y llevo seis meses tratándolo como mi enemigo cuando lo único que quiere es lo mejor para mí». Sus propios pensamientos lo traicionan. Sabe que para sobrellevar la culpa necesita disculparse. Hacer las paces.

En realidad, ni siquiera sabe si está ahí, pero necesita creer que sí. Paula chasquea la lengua, sin fuerzas para disuadirlo. La oportunidad de acceder a una cura es demasiado tentadora.

—Si no he vuelto en veinte minutos, vete —le dice él.

No sabe de dónde ha sacado la determinación que lo impulsa a decir esas palabras o incluso a estar decidido a entrar al LCE a pesar de la escena de guerra que debe atravesar. Nunca ha sido excesivamente valiente, y siempre ha valorado mucho su vida. Sin embargo, siempre ha sido impulsivo y muy influenciado por sus sentimientos. Y el impulso actual no puede estar más ligado a los sentimientos. «A no ser que sean síntomas del Decem», se obliga a recordar, con cierto fastidio.

Justo cuando Mikel baja del coche, escuchan —y ven cruzar la plaza— otro obús, que hace temblar el suelo. Tiene que tragar saliva para comenzar a caminar. Paula observa su paso indeciso con tensión. Recorre las dos manzanas que lo separan de la plaza y gira la esquina, desapareciendo de su vista. Los disparos son esporádicos, pero no terminan de extinguirse en ningún momento.

Ella pasa el mal trago en silencio, combatiendo con sus propios fantasmas. Piensa mucho en el pasado lejano, pero lo que realmente le hace temer es el futuro, a corto y medio plazo. Su hijo, Darko, el mundo que les queda. Su probable infección. Si llegarán a verlo. La ansiedad comienza a hacer mella en su respiración. Se pone ambas manos sobre el vientre, resoplando. «Tengo que calmarme. Todo saldrá bien. Mikel traerá la cura».

Absorta como está, no ve acercarse los trajes de camuflaje. Hay una docena, y todos fuertemente armados. Llevan desde que ha comenzado la batalla campal patrullando por las calles adyacentes, impidiendo que nadie se acerque a la plaza.

El líder de los soldados golpea con los nudillos la ventanilla del conductor. Paula se sobresalta, y, del susto, bloquea las puertas del coche.

El soldado se baja la braga que le cubría media cara y hace un gesto para que abra la ventanilla. A pesar del arma, no parece dispuesto a atacar. Paula responde con una mueca. Hace que el cristal descienda unos centímetros.

—Buenas tardes, señora. Soy el sargento Corrales. ¿Se puede saber qué hace aquí?

Su voz es amable, pero lleva el arma en la mano. Es bajo y de cabello negro, con abundantes canas por toda la cabeza. Su piel es oscura y su expresión de verdadera duda.

—Tengo un amigo en el laboratorio. Lo estoy esperando.

Corrales hace un gesto como si no entendiera sus palabras, o lo incomodaran. Los comportamientos que se salen del patrón habitual lo ponen nervioso.

—Eso no puede ser. Hay una rebelión y no puede haber civiles en la zona. Debe marcharse.

—Está a punto de llegar.

Corrales busca el apoyo de su escuadrón, que lo flanquea para arropar sus palabras. Son de alturas muy distintas, pero van vestidos igual. Tienen la cara cubierta con bragas militares de camuflaje. Un aire de misterio los envuelve, pero sus armas intimidan.

—Tiene que retroceder, como mínimo, dos manzanas. Si no, nos veremos obligados a utilizar la fuerza.

No lo dice en tono de amenaza violenta, pero Paula lo entiende como tal. Como para no hacerlo con semejante escuadrón flanqueándolo. «No puedo irme sin Mikel —piensa Paula—. Pero, si me coloco a dos manzanas de aquí y estoy atenta, podría ser suficiente».

—¿Podría alejarme dos manzanas y esperarlo allí, entonces?

—Es una gran idea —dice el sargento, contento de no tener que seguir discutiendo—. Por favor, retroceda.

Finalmente, Paula toma el mando del vehículo. Súbitamente, pregunta:

—¿Tiene conexión con los compañeros de Trillo?

El sargento la mira con incomprensión.

—¿Disculpe?

—Mi pareja está allí, en la central nuclear, como doctor, con los suyos. No puedo contactar con él de ninguna manera.

El soldado tiene un momento de duda, pero asiente.

—Las comunicaciones civiles han caído. No puedo dejarla comunicarse con ellos. Pero si está con el pelotón de la central de Trillo, está a cargo de la teniente Alaoui. La conozco personalmente, puedo hablar yo mismo con ella. ¿Qué quiere que le diga?

—Que vaya a la residencia Hutton. Él lo entenderá.

El militar asiente, y ella sube la ventanilla emocionada. «Ahora solo necesito una cura para no contagiarlo», se dice, mientras se aleja del grupo militar sonriendo. Ya no tiene que ir a Trillo. Darko vendrá a ella.

Se queda quieta en el coche, en silencio. Está tentada a marcharse hacia la mansión en la que se reencontrará, por fin, con Darko, pero sabe que no debe. Necesita la cura. «Aunque podría hacer cuarentena, en realidad, no tengo ningún síntoma… Le quedan diez minutos», se dice, aunque en el fondo sabe que no será capaz de abandonar a su amigo. Que se lo esté planteando, sin embargo, hace que dude sobre si es un síntoma. En pleno uso de sus facultades, jamás lo abandonaría. «*¿O sí? Al fin y al cabo, Mikel está infectado…*».

Su tensión aumenta, solo paliada por el deseo de encontrarse de nuevo con su pareja. La tentación de marcharse sigue creciendo hasta ser casi insoportable.

«Por favor, Mikel, date prisa».

38

Las horas pasan en un silencio interrumpido solo por Elena de tanto en tanto. Jaime se ha recuperado de la anestesia, pero está todavía aturdido. Se siente exhausto. No es para menos.

Elena se ha sentado junto a Marc, que le coge la mano. Andrés está en el otro extremo de la sala, mirando todas las armas del armario con interés, aunque no sabría manejarlas. Giulia y Jaime se sientan en las sillas, y hay momentos —breves— en los que duermen, sobre todo el vicepresidente.

Giulia se despierta de golpe ante una nueva sacudida seguida de una lluvia de escombros sobre el techo de la sala. Las paredes tiemblan. Decide que ya ha tenido suficiente:

—Vamos a probar la cura.

—Y luego salimos de aquí —musita Jaime.

Nadie lo contradice. Saben que está muy débil como para soportar una huida a la carrera, pero también que quedarse allí escondidos es una muerte segura. Aunque la sala del pánico pueda resistir un impacto directo —que está por ver—, si se hace blanco en el piso inferior, puede colapsar. Y saben que es cuestión de tiempo, pues los obuses no cesan, aunque se han espaciado a uno cada media hora, aproximadamente.

Giulia se levanta, resoplando.

—Bien, vamos allá.

Coge las jeringas cargadas con las sustancias que ha sintetizado junto a Inés y decide comenzar por sí misma. Ata una cuerda en la parte superior del brazo y se encuentra la vena sin problema.

Sacude la jeringuilla, mezclando su contenido grumoso. Pone la aguja en el extremo del vial y la clava en la vena. Aunque los demás no se den cuenta, siente que está a punto de desmayarse. Jamás le han gustado las agujas.

Hace una mueca de dolor y empuja el émbolo. El líquido, previamente blanquecino y ahora marrón al mezclarse, entra en su cuerpo. Sonríe levemente al vencer las posibilidades de desmayo.

—Nosotros podemos hacerlo también —dice Andrés, que sí se ha percatado de la expresión desagradable en el rostro de Giulia.

Ella asiente aliviada, y permite que Andrés y Marc continúen inyectando la cura. El neurocirujano se la aplica a Jaime, mientras Marc hace lo propio con Elena. Cada uno se la inyecta a sí mismo. Hay un choque de miradas entre ellos, pues Marc le dedica una media sonrisa. No necesita palabras: «Está conmigo. No contigo». Andrés no deja de mirar a la pareja.

—Los vas a gastar —le susurra Giulia, tratando de aliviar la tensión, en un tono lo suficientemente bajo para que ellos no la escuchen.

Él resopla, claramente contrariado.

—No lo entiendo. Ella y yo... Somos el uno para el otro. Él...

—Se les ve muy a gusto —corta bruscamente Giulia, encogiéndose de hombros, pero con voz lo más empática posible.

Se aleja de él con una sensación extraña en el cuerpo. Aprieta con fuerza el punto de sangre del brazo por el que ha entrado la cura. La teórica cura.

—¿Ahora ya está? ¿No nos pasará nada si cogemos Decem? —pregunta Elena.

—No —Giulia capta la atención de todos, causando una sensación de desasosiego—. No somos inmunes. Inés estaba infectada y se curó, en los hongos y ratones contenía y eliminaba el virus. Pero no sabemos si funcionará en todo el mundo o lo de Inés fue una excepción. Las embarazadas y recién nacidos, que tienen esto en su cuerpo de forma natural, no se contagian.

«Por lo que, si estamos en lo cierto, por lógica debería funcionar», piensa, tensa. Si no funciona, será imposible probar nuevas hipótesis. «Aunque lo que se supone lógico en ciencia, a veces no lo es como pensamos. Pero hay una evidencia que indica que funciona. Las probabilidades están de nuestra parte».

—¿Se supone que es para siempre? —pregunta Marc.

—No, dura entre cinco y siete días. Cuando la eliminemos del organismo, no tengo ni idea de lo que pasará. Aunque es de prever que volvamos a ser susceptibles.

Giulia busca otra vez los viales que le quedan ocultos en el bolsillo. Los sopesa en su mano. Notar su tacto la tranquiliza. Como si fuera un enlace con su familia.

—¿Cómo podemos hacer más? —interviene Jaime, al que la marca de la aguja le sigue sangrando porque ha decidido no apretar con la mano contraria, vendada e inmovilizada por el disparo en el antebrazo.

—En el laboratorio tenemos como mínimo cien muestras más. Con una veintena, tendría suficiente si dispongo de mis hongos.

—Si es que todavía existe el laboratorio —protesta Elena.

—Yo lo comprobaré —salta Marc, deseoso de abandonar la sala—. Y si lo hay, cogeré lo que me digas.

Giulia asiente.

—Tú estás ciego —espeta Andrés—. Necesitas que alguien te acompañe.

Por su tono, se está ofreciendo, aunque la hostilidad con la que ha comenzado la frase vaya en la dirección contraria. A decir verdad, el aspecto de Marc, con la cabeza y el brazo derechos envueltos en vendas, no invitan a pensar que sea el más apropiado para la misión.

—No estoy ciego. Tengo un pequeño punto ciego.

La tensión es evidente. Pero nadie más se atreve a intervenir. Giulia lo que quiere es salir de allí, y necesita sus hongos y muestras para seguir sintetizando la cura.

—No hagamos tonterías —sentencia, buscando evitar que otra absurda exhibición de masculinidad termine desembocando en una nueva pelea—. Bajáis los dos. Uno solo no puede cargar con todo.

Giulia se pone a escribir lo que necesita, y unos minutos después, con toda la atención centrada en ella, le tiende a Marc un folio garabateado. Pone las cantidades de cada cosa que necesita junto a un dibujo de lo que es, para que no haya confusiones.

—¿Esto es todo? —pregunta Marc, irónico.

—Deja de quejarte —gruñe Andrés—. Lo cogeremos todo.

—Lo más importante es una de las placas con hongos. El resto no es prioritario. Nos encontraremos frente a la tienda de juguetes que está a dos manzanas saliendo por la entrada norte. Si no nos encontramos allí, id a la dirección del papel.

Ambos asienten, comprobando que Giulia ha incluido una dirección junto a sus peticiones. Elena les entrega armas que ninguno de los dos sabe utilizar. Marc fue una vez a una clase de tiro con Darko, pero fue hace años. Tenerlo a él les vendría bien. «Espero que esté a salvo en Trillo», se dice, con una súbita sensación de culpabilidad. Tiene su móvil, igual que el de Claudia Isabel. «Ojalá no se hubieran marchado».

—¿Qué vamos a hacer con esto? —pregunta Marc, visiblemente molesto con los fusiles—. Como máximo, nos dispararemos entre nosotros.

Elena lo fulmina con la mirada, pero él la aguanta con su expresión irónica.

—Ni que sea para intimidar. Por favor.

—Trae —sorprende Andrés, que coge el fusil—. También chaleco. Y casco. Toda protección es poca.

Marc acepta el chaleco antibalas y un casco, que sobre el vendaje parece casi cómico. Los demás también se ponen protecciones. Jaime y Giulia tardan un poco más en vestirse, por lo que Elena guía a los dos médicos para que tomen la delantera, ya que tienen que pasar por el sótano.

Abre la pared y, tras comprobar que no hay nadie esperando tras ella, Marc y Andrés salen. La joven tira del brazo del primero, que se detiene.

—Llévate un arma. Por favor.

Marc trata de lanzarle una mirada llena de odio, pero no es capaz. Los ojos implorantes de la joven lo ablandan. Hace que le sonría débilmente.

—Elena...

—No es el momento, lo sé —le dice ella, tomando fuerzas—. Pero te quiero. Quiero pasar el resto de mi vida a tu lado.

Marc se sobresalta, pero no puede evitar esbozar una sonrisa. No parece haber nada más a su alrededor aparte de Elena. Todo puede esperar, incluido el fin del mundo.

—Te quiero —dice él, sintiendo que todo se le remueve por dentro—. ¡Te quiero!

Elena lo hace callar, pero con gestos y risas. Lo coge del jersey, sobre el chaleco, y tira de él con delicadeza. Lo besa suavemente, girando la cabeza para que los cascos no choquen. Él no tarda en aportar pasión. Andrés dispara contra el suelo, haciendo un boquete en la moqueta. Está visiblemente molesto.

—¿Nos vamos?

—Ten cuidado —susurra ella, lanzando una mirada de desconfianza a Andrés.

Marc le sonríe y se cuelga el fusil de forma que no invita a pensar en absoluto que vaya a utilizarlo. Asiente a la joven y se une a Andrés, enfadado y con el arma lista para disparar de nuevo.

Los estragos causados por los ataques del tanque son evidentes: el edificio está tiritando, cerca del derrumbe completo. Hay lugares en los que incluso se ve la calle, cada vez con menos vida. Bajan las escaleras todo lo deprisa que pueden, manteniendo silencio absoluto. Andrés no hace ningún comentario, pero sus entrañas se están envenenando. No puede quitarse de la cabeza la conversación que acaban de tener Elena y Marc. No siente solo celos. Es peor, mucho más intenso: es su orgullo gravemente herido.

Mira de reojo a Marc, que sigue aparentemente concentrado. Aunque en realidad, su cerebro está también en esa conversación. Solo que de forma agradable y emocionada. No es capaz de borrar la sonrisa de los labios. Es feliz. Por fin, a sus treinta y dos años, ha logrado establecer una relación sexoafectiva a la que le ve futuro a largo plazo. Justo cuando llega el fin del mundo.

El laboratorio de máxima seguridad ha resistido. El techo, reforzado a prueba de terremotos, ha aguantado bien. Ambos se plantean ponerse traje para cruzar las puertas de seguridad, pero desechan la opción sin verbalizarla. Cuanto más breves sean, mejor.

Al entrar en la zona de seguridad, se dan cuenta de que no son los primeros en pasar por ahí. Hay tres científicos ejecutados en el suelo, y todos los papeles que Giulia había pegado en el cristal han sido arrancados y quemados en un contenedor ennegrecido.

—Llegamos tarde —dice Marc, sintiendo de nuevo la tensión en sus hombros—. Déjame ver la lista.

Andrés entrega el folio a Marc. Durante un momento, le da la espalda, y Andrés eleva el fusil contra él. El índice le tiembla sobre el gatillo. Aprieta los dientes e intenta disparar. «Siempre puedo decir que nos hemos encontrado hostiles», piensa, justificándose. Pero el dedo no le responde. Baja el fusil. Lo lleva colgado del cuello con una cinta, por lo que lo suelta. Se pasa la mano por el cabello, tan aliviado como impotente. La mezcla de sensaciones es intensa y curiosa. Se agradece no haber disparado a uno de sus mejores amigos, pero se odia por no disparar a quien está con la persona que ama. Niega con la cabeza, crítico consigo mismo. «No puedo matarlo sin más. Nadie lo sabría, pero no es la manera adecuada de lidiar con mis problemas. No. Encontraré otra forma». Siente un escalofrío ante el hecho de haber siquiera planteado asesinar a uno de sus mejores amigos. «¿Estaré infectado? Teóricamente me he puesto la cura, así que esto no es Decem. Esto soy yo».

—¿Qué haces ahí parado? —espeta Marc, angustiado, cogiendo un matraz—. ¡Espabila! Inútil…

Lo último lo susurra, pero procurando que lo oiga.

«Si supiera lo cerca de la muerte que ha estado, no me insultaría tan alegremente —piensa Andrés, que frunce el ceño—. Me respetaría».

—No creo que debas tratarme así...

Marc se frena y se encara con él. Lo mira seriamente a los ojos.

—Puedes estar lo triste y frustrado que quieras, me la suda. Pero espabila. Nos estamos jugando la vida y no es el momento de lloriquear. Ya tendremos tiempo de hablar las cosas cuando salgamos de aquí.

La sangre de Andrés hierve. Marc sigue buscando las muestras de cura, pero han desaparecido, y su frustración se vuelca hacia Andrés. «No ha sido una buena idea venir con él», se dice, incómodo. Le entrega la bolsa con pesadez.

—No hay cura. Tenemos todo lo demás, pero la cura ha desaparecido. Quien haya hecho esto se la ha llevado.

Marc acompaña sus palabras con un gesto hacia los tres científicos ejecutados. Sale del laboratorio con sensación de derrota, y se asoma al pasillo. No sabe si servirá todo lo que llevan, pero se niega a que su incursión haya sido en balde. Andrés va de nuevo detrás, con la bolsa en la mano. Se la cuelga del antebrazo y pone su fusil apuntando a la espalda de su compañero otra vez. La ira y el odio lo carcomen lentamente. Y esta vez, parece que poco a poco va ganando terreno a su propia moral.

Un nuevo obús impacta contra el edificio, causando una sacudida que los tumba. La pared que cierra la escalera colapsa sobre ellos, junto a partes del techo. Andrés, dos pasos más atrás, cae de culo, pero fuera de los escombros. Marc queda completamente sepultado. La viga central se mantiene en su lugar, aunque combada y severamente dañada.

Andrés corre hasta la pila de escombros. Cuando va a comenzar a escarbar, se queda parado, considerando si realmente quiere hacerlo, si es tan grave no rescatar a Marc o si, por el contrario, es una oportunidad del destino. «Ha sido mi amigo muchos años, pero me ha traicionado. Yo jamás le hubiera hecho algo así». Despacio, se incorpora, resuelto a no ayudar.

Cuando ha recuperado completamente la verticalidad, Marc asoma la cabeza entre restos de ladrillos, resoplando. El techo restante cruje y cede unos milímetros. Andrés lo mira con calma y da un paso atrás. Marc, aturdido y escupiendo restos de yeso y ladrillo, identifica la expresión ambivalente de Andrés, y sigue sus ojos hasta el techo, justo sobre él. La barra de metal íntegra pero doblada va raspando poco a poco el yeso, haciendo que un polvillo blanco llueva sobre él. El joven se revuelve bajo la montaña de escombros, desesperado.

—¡Ayúdame! ¡Andrés!

Se da toda la prisa que puede en apartar los ladrillos rotos. Siente ansiedad y miedo, además de un intenso dolor bajo la venda que le recubre la cabeza. Su amigo no lo ayudará. Lo primero que hará al liberarse es estrellar su puño contra su rostro, otra vez. Saborea la imagen del recuerdo del impacto, y luego el momento que ha tenido con Elena. Termina de apartar los escombros, con una determinación sobrenatural. Se pone en pie y le enseña los dientes a Andrés, libre. Pero el neurocirujano levanta su fusil contra él.

—Quieto. Aquí termina tu historia, Marc Martí. Y vas a morir solo. Nadie se acordará de ti.

—Como si fueras a disparar —Marc hace el amago de dar un paso al frente.

Pero Andrés sí dispara. Delante de los pies de Marc, que da un brinco hacia atrás. Lo mira extrañado, sin comprender.

—¿Pero qué estás haciendo? ¡Baja el arma, idiota!

Andrés parece dispuesto a todo menos a bajar el arma: el ceño fruncido, los dientes apretados, el rostro contraído y el cuerpo muy recto, envarado. No reconoce esa expresión en su amigo, jamás lo ha visto tan desquiciado y fuera de sí. Ni siquiera unas horas antes. Y entonces comienza a entender que puede que no esté fingiendo. Que, tal vez, no debería haberlo despreciado tanto en el laboratorio. Lo está amenazando de muerte uno de sus mejores amigos. La sensación es horrible.

—Ni un paso.

El techo cede un poco más y Marc nota los restos de pintura y yeso caer sobre sus cabellos. No tiene dudas de que Andrés disparará a matar.

—Andrés, deja de hacer tonterías. Baja el arma. Sea lo que sea, podemos arreglarlo —su voz no es decidida, sino temerosa.

No tiene recursos para defenderse más que las palabras, y no parecen bastar ante la locura que asalta a Andrés. Se plantea intentar disparar, pero no es ni lo suficientemente rápido ni capaz de hacerlo. El arma cuelga por la correa de su hombro. El techo vuelve a crujir y amenaza seriamente con caer. Marc sabe que se tiene que apartar ya. Tras él la pared está destrozada y podría saltar a un piso inferior. La caída es de varios metros, pero situaciones desesperadas requieren medidas desesperadas.

Andrés mantiene la mirada firme y dura, sin un ápice de la persona que Marc conoce. Su rostro es perturbador. El techo vuelve a avisar y Marc sabe que es el preludio del colapso, por lo que da un paso hacia Andrés, con las dos manos haciendo gestos para calmarlo, aterrado. Andrés corre el índice otra vez sobre el gatillo. Y esta vez, dispara a matar.

Marc retrocede el paso que ha dado, con las manos abiertas y una sensación lacerante en el lateral del vientre y una intensa opresión en el pecho allí donde ha impactado una de las balas de Andrés. Una lágrima de sangre mancha su ropa a unos centímetros a la derecha del ombligo. Incrédulo y con los pulmones oprimidos por la fuerza de otras dos balas, pone sus ojos sobre Andrés, que mantiene la expresión invariable. No se termina de creer que el que en algún momento de su vida fue su mejor amigo le haya disparado para acabar con su vida.

Lo mira suplicante mientras lucha desesperadamente por meter aire en sus pulmones. Su mente, consciente de que la batalla está perdida, ni siquiera intenta utilizar el fusil, sino que se va inmediatamente a Elena. Cuánto daría por poder seguir a su lado. Aprieta los dientes y hace un esfuerzo titánico por seguir en pie.

—Pagarás por esto —susurra, incapaz de levantar la voz. La sangre empapa ya su camiseta bajo el chaleco antibalas.

Andrés le responde con una sonrisa triunfal. Baja el fusil, ensombreciendo aún más el rostro, logrando que su sonrisa adquiera tintes diabólicos. Marc no lo mira, sino que dirige sus ojos hacia el techo. «Voy a morir —piensa, aterrado, con la viga casi cedida—. No estoy preparado. No puede ser. ¿Qué ha pasado? ¿Cómo he llegado a esta situación? No puedo morir. Todavía no».

Andrés lo ve todo como si fuera ficción. No siente que esté matando a Marc, no lo procesa. Se mueve por instintos primitivos. Cambia la orientación del arma y le da al techo el empujón que necesitaba para hundirse definitivamente. Marc, con las pocas fuerzas que le quedan, intenta saltar al vacío del piso inferior por el hueco tras él.

La viga de hierro cae sobre el médico, que, aunque no recibe el impacto directo, siente como el frío metal le golpea en las piernas. Su cuerpo se pierde entre una nube de infinitos escombros finos que parecen tragárselo.

Andrés da un leve respingo, pero sonríe satisfecho. Los escombros se estremecen, para a continuación quedarse completamente quietos y en calma. Un último ladrillo corona el montículo, de forma casi metafórica. Andrés se vuelve sobre los talones dispuesto a subir el último tramo de escaleras, con total naturalidad y ningún remordimiento.

Pero a solo unos metros de él se encuentra con Giulia, cuyo rostro evidencia que está escandalizada. Un pico de adrenalina bombea en ambos. Se miran con indecisión. Él cambia su sonrisa malévola a tristeza artificial, con el corazón al límite de su capacidad y la espalda empapada de sudor frío. «Si ha visto lo que acabo de hacer, tendré que tomar una decisión complicada muy rápido», piensa, con una frialdad inusitada. Su cerebro busca opciones, pero solo se le ocurre una, y es drástica. «Siempre he sido un héroe que salva vidas, no un villano que las quita. No soy un asesino, no. Y no puedo quedar como tal a ojos de los demás. No a ojos de Elena. Jamás me perdonaría».

Giulia estira los labios incómoda, como si supiera lo que está pensando él.

—¿Dónde está Marc? —pregunta, con expresión ambigua. Andrés suspira internamente y hace un gesto con el cuello, señalando los escombros. Se esfuerza en poner su expresión más triste. Ella siente escalofríos, pero acalla sus sentimientos. No es momento de detenerse. Ya habrá tiempo de hacer preguntas pertinentes cuando estén a salvo—: ¿Tienes todo lo necesario?

—No había cura. Estaba todo arrasado. Tengo el resto.

Giulia chasquea la lengua y sus ojos evidencian que ya está explorando alternativas. Pero se queda mirando el montículo de escombros, como si esperara que se moviera.

—¿Deberíamos intentar… sacarlo?

Unos pasos rápidos acompañados de gritos suben las escaleras. Hacen demasiado escándalo para ser soldados, que son sigilosos. Pero ninguno de los dos tiene intención de descubrir a quién pertenecen.

—La viga le ha dado en la cabeza —miente Andrés, fingiendo abatimiento y negando con la cabeza—. Aunque quitáramos los escombros…, no hay nada que hacer. Salgamos de aquí.

Andrés no puede evitar sonreír cuando Giulia comienza a correr, convencida, pues se ha salido con la suya. Su reputación sobrevivirá a Marc. La sigue sin problemas, y no se encuentran con Jaime y Elena hasta que están en la planta baja. Al no ver a Marc, la consejera se agita y lo mira en busca de una explicación. Pero todo lo que obtiene es el rostro negando de Giulia. La sensación de vacío que siente es tan inmensa que se queda congelada, quieta en mitad del pasillo. Expuesta. No lo asimila del todo, pero sabe que es uno de esos eventos en su vida que la van a perseguir hasta el final de sus días.

Andrés vuelve atrás sin dudar, y la toma en sus brazos. Ella llora y golpea su espalda con frustración. Él la ignora y acomoda sus casi cincuenta kilos sobre un hombro, como un saco de patatas. Siente un latigazo en el cuello, pero lo ignora y comienza a correr.

—¡Suéltame! —grita, furiosa, mientras forcejea.

Andrés la termina dejando en el suelo cuando siente que le va a hacer perder el equilibrio, unos cincuenta metros después.

El instinto de supervivencia la espolea en cuanto toca suelo. Andrés quiere justificarse, pero ella comienza a correr tras Giulia.

El neurocirujano sonríe y no le cuesta adelantarla. No tardan en alcanzar y sobrepasar a Jaime, muy mermado. La herida del costado sangra. Cuando todos lo han rebasado, se detiene y mira la mancha bajo el chaleco, que sigue creciendo. Levanta la camisa, completamente empapada. Ahí está el corte por el que Andrés ha introducido su mano, con los puntos completamente cedidos y sangrando como si lo acabaran de cortar. Escuchan fusiles, y en lo alto de una escalera por la que pasa aparecen soldados. Da dos pasos más, evitando que hagan blanco en él, cubriéndose con la pared por poco.

Se detiene, completamente consciente de las implicaciones que ello supone. Toma la decisión en una fracción de segundo. No puede más y ya tiene los soldados encima. No le queda otra, es imposible que logre alcanzar la salida. De todas formas, sus heridas, sin un hospital en funcionamiento cerca, son una condena de muerte. Y no parece que queden hospitales en pie.

Elena es la única que se detiene para volver la vista atrás. Está quieta, junto a la salida, a unos treinta de metros de su posición.

Tiene que mirar dos veces y frotarse los ojos: a su lado hay un joven con el mismo cabello rizado y voluminoso de su hijo Mikel. Teme que sea una alucinación de su cerebro falto de riego, pero cuando escucha su voz gritar: «*¡Papá!*», no tiene ninguna duda: es él, en el momento perfecto para despedirse para siempre. Frenar a los soldados pasa de ser importante a fundamental. Todo lo que sea no hacerlo sería un error imperdonable para él. «Me ha vuelto a llamar papá», piensa, sintiendo una calidez largamente olvidada.

Se limita a hacer un gesto con la cabeza, cargado de significado y emotividad. No tiene fuerzas para más. Con los ojos llenos de lágrimas, gira sobre sus talones obviando los gritos de Mikel y Elena, dispuesto a ganar tiempo para que puedan escapar. Toma una granada del cinturón y se la mete dentro del chaleco. Coge otras dos y tira de las tres anillas a la vez. Sabe que tardan diez segundos en explotar. Los cuenta mentalmente.

Diez. Al quitar las anillas siente un pinchazo en el antebrazo herido por la rapidez y la complejidad del gesto. «Con una explosión a quemarropa, moriré al momento, sin sentir nada de dolor. Antes de que mis nervios reaccionen, estaré muerto».

Nueve. «Quién me mandaba aceptar el ascenso a vicepresidente. Con lo tranquilo que estaría ahora mismo en el despacho del Gobierno central o en casa confinado, en vez de metido en una puta guerra contra a saber quién».

Ocho. «La cura funciona. No tengo pruebas, pero tampoco dudas. Si Giulia logra escapar, y con estas explosiones así será, existe la posibilidad de que llegue a derrotar al Decem. Es una fuera de serie, única. Si alguien puede ganar esta guerra, es ella».

Siete. Escucha los pasos de los soldados, apresurados. Saben que está ahí, vienen a por él. «No me he infectado de Decem, y, si lo he hecho, he llegado a la cura, por lo que el virus no me ha matado, pero toda esta situación es su culpa. Es mi verdugo».

Seis. La herida del vientre sangra abundantemente, pero le duele menos de lo que cabría esperar. El antebrazo le arde. La vida lo abandona poco a poco. Puede sentirlo. Necesita aguantar unos segundos más. Aprieta los dientes con decisión. Tener un propósito a la hora de morir le permite tener la mente clara.

Cinco. Aunque el pasillo es largo, Elena y Mikel han dejado de gritar, y sabe lo que significa: han salido del edificio tras ver que activaba las granadas de fragmentación. «Solo espero que Mikel pueda perdonarme mis pecados y encuentre la felicidad».

Cuatro. «Me ha odiado seis meses por dejar de pagarle los caprichos y obligarlo a trabajar. He hecho todo lo posible por arreglarlo, pero manteniéndome firme en no darle más dinero. Tal vez he sido demasiado duro, tal vez podría haberlo mantenido en mi casa. Pero soy su padre, y considero que era importante para su educación. No puedo volver atrás en el tiempo, aunque si pudiera, tampoco actuaría diferente. Lo que sí haría es llamar a Goa y decirle que atara en corto a su equipo. Que evitara el nacimiento del Decem».

Tres. Los soldados llegan al final de las escaleras y se asoman. La mera presencia de Jaime hace que den un paso atrás, que se cobijen tras una pared. Por precaución. No quieren arriesgarse a recibir un disparo, que les llegará en forma de explosión.

—Vais a morir igual, cabrones —susurra, más para sí mismo que para ellos.

Dos. Carga los dos brazos a la vez. Siente un pinchazo en el derecho, pero no se detiene. «Me hubiera gustado volver a ver salir el sol, hablar con Mikel como padre e hijo una última vez. Pero Mikel me ha venido a buscar y me ha llamado papá otra vez. Es suficiente. Tendrá que serlo. Estará enfadado, pero me quiere. Y Miranda, el amor de mi vida. Desplazada de mi lado en los momentos claves. ¡Cómo me gustaría haberla besado por última vez!».

Uno. Tira las dos granadas de forma que impactan un poco antes de llegar a la abertura de las escaleras. Ruedan unos centímetros y acaban frente a los soldados, en una posición óptima para detonar.

«He cometido errores y aciertos, pero en eso consiste la vida. Y yo he vivido la mía con coherencia y toda la felicidad de la que he sido capaz, manteniendo la razón como timón. Ojalá hubiera tenido más tiempo». Cierra los ojos con fuerza y una lágrima recorre su mejilla. «Pero estoy satisfecho, mi vida ha sido plena».

—Mikel, eres el niño de mis ojos. Miranda, siempre serás tú. Os echaré de menos.

Nadie que vaya a sobrevivir las detonaciones escucha sus últimas palabras. Pero no son para que nadie las escuche, sino para sí mismo. Para llenar el abrumador silencio de sus instantes finales.

«Estoy en paz».

La triple explosión es prácticamente simultánea.

39

Miranda le cierra los ojos lentamente a Héctor. Siente que su entereza y fortaleza mental se resquebrajan. El peso de la culpa cae sobre sus hombros, pero decide obligarse a avanzar mentalmente. Ha perdido a su equipo entero, y si comienza a darle vueltas, se bloqueará. Evita mirar a sus compañeros y decide acercarse a los supervivientes.

Darko siente un calambre desde la nuca hasta los talones, con lo que reacciona. Abre los ojos por primera vez desde que los soldados del pelotón diez han comenzado a disparar. Respira pesadamente, pero está decidido a no quedarse paralizado en momentos clave nunca más. Ya ha dado suficiente lástima. Se vuelve hacia Claudia Isabel con ímpetu y trata de ayudarla. Desprende energía y determinación de forma exagerada.

Pero Claudia Isabel se está ahogando en su propia sangre. Una bala la ha atravesado a la altura de la clavícula, y otra ha entrado por encima del pecho, en vertical. No hay orificio de salida. Miranda niega levemente con la cabeza, consciente de que no hay nada que hacer.

—Son heridas limpias, podemos coserlas —dice Darko, desesperado, claramente fuera de sí.

Su reacción ha tardado en aparecer, pero ahora parece estar tratando de compensarlo. Aprieta las heridas sangrantes de su amiga.

La mirada de Claudia Isabel a Miranda le disipa cualquier duda: no es posible hacer nada por ella. La teniente vuelve a notar el cosquilleo por su espalda. Claudia Isabel sonríe, pero con evidentes gestos de dolor.

—¡No! ¡No! —repite Darko—. ¡Tú no puedes morir! ¡Todavía no! ¡Sigue luchando!

La mano de Claudia Isabel pierde fuerza por momentos, aumentando la ansiedad y desesperación de su amigo, que mira a ambos lados en busca de ayuda. Miranda sigue con la expresión sombría, pero sin decir nada.

—Estoy cansada —dice, con dificultad, tosiendo—. Estoy cansada de luchar. Como mínimo, no me ha vencido la enfermedad. Prefiero morir así que en una cama consumida.

—No, por favor.

Darko parece roto. Miranda sacude la cabeza lentamente. Tiene que tragar saliva y toda la responsabilidad que siente por las muertes para poder sonar convincente:

—Cógele la mano —su tono es calmado, tratando de poner pausa y serenidad en un momento en el que es imposible. Ella ya lo ha vivido, pero uno nunca se acostumbra a la muerte—. Acompáñala.

Darko se desmorona y se deshace en lágrimas. Agarra la mano de Claudia Isabel suavemente y pone su frente sobre su hombro. La negación se rompe en mil pedazos y deja paso al miedo.

—Paula... —musita Claudia Isabel, con el rostro empapado y cada vez más débil—. Encuéntrala... Cuídala. —Darko solloza, escuchando muy a duras penas a su amiga. Sus manos tiemblan. Las respiraciones de la joven son cada vez más lentas. Sus ojos se desvían hacia la teniente—. La tienes que salvar… Es mi mejor amiga. Por favor…

Darko cree que se dirige a él, y por eso asiente, convencido. Pero Miranda se da cuenta de que no es así. Claudia Isabel se está dirigiendo a ella. Tan extrañada como abrumada, esconde sus sentimientos y se limita a asentir. Un dolor agudo le oprime el pecho. Adivina que se refiere a la pareja de Darko, y su interior se remueve. Vuelve a asentir, con el fin de confortarla.

Ve la muerte reflejada en el rostro de Claudia Isabel y tiene que desviar la mirada. «No, uno nunca se acostumbra a perder seres queridos», piensa. Se aparta para dejar privacidad en los últimos momentos y mantener sus propios pensamientos en silencio. Se acerca brevemente a Valero, que tiene un disparo en la cabeza y la cara contra el asfalto. Se arrodilla y le pone una mano sobre la espalda, con suavidad.

—Siento mucho haberte fallado, querido. Te prometo que lo he hecho lo mejor que sabía.

Se incorpora conteniendo las lágrimas. Resopla pesadamente. Necesita despejarse, y decide hacerlo explorando el resto de los cuerpos sin vida, recabando todo aquello que pueda serle de utilidad. Así, utilizando la parte analítica de su mente, aplaca la sentimental.

Se acerca primero al último soldado fallecido. Se cuelga el fusil del muerto del hombro y toma su cinturón, equipado con varias granadas de lo más diversas, una pistola de mano y cinco inyecciones, dos de ellas de adrenalina y tres de una substancia transparente con grumos marrones que no identifica, pero se imagina lo que puede ser.

Le echa una última mirada al rostro desencajado y hace un gesto de agradecimiento, por las inyecciones. Se da la vuelta y el gélido aire invernal azota su rostro descubierto. Se hace con idéntico botín a costa de otro cadáver. La táctica le funciona más o menos bien hasta que llega a los cuerpos de Martínez y Castro, que no examina. No se ve capaz de hacerlo. El último soldado al que saquea lleva lo mismo que los demás, aunque encuentra también una carta. Puede que haya información relevante, por lo que rompe el pequeño sobre que lo protege y despliega el papel. El mensaje es breve y escrito con una caligrafía pulida y cuidada, a pluma, con fecha del mismo día:

> Querida Ana:
>
> Sabes que me encanta escribir a mano. Parece que la era digital se acaba y volveremos al papel. El mundo está cambiando para siempre, tal y como te dije la última vez que nos vimos.

Me gustaría que vinieras con nosotros al Santuario. Podemos incluir cada uno a dos personas, y como ya sabes, eres lo más importante para mí. Tu marido, aunque nunca me haya caído bien, puede tener la otra plaza si tú quieres.

Os dejo dos curas. Duran unos cinco días.

Cuídate mucho, hermanita.

Borja

Le queda un sabor agridulce. Siempre le ha gustado ver al enemigo como guerreros desalmados sin sentimientos ni vidas. Malvados. «Pero Borja no era un desalmado sicario», piensa, consciente de que su técnica es infantil y no hace más que protegerla psicológicamente. De hecho, Borja no era más que un crío que acababa de cumplir la mayoría de edad y se había decidido alistar en el Ejército, parecido a su Héctor Hens. «La diferencia es que quedó encuadrado en el escuadrón equivocado. Yo sigo viva, aunque a qué precio —reflexiona, molesta por haber tenido que matar a compañeros del Ejército—. Quizá ambos bandos sean equivocados. Al fin y al cabo, Héctor también ha muerto —se encoge de hombros, con mal cuerpo—. Tampoco Valero está vivo ni Suárez ni el resto. Solo quedo yo».

Se frota los ojos con fuerza, eliminando los atisbos de llanto. «Concéntrate, Miranda —se dice, enfadada—. Hay algo que llaman el Santuario, por lo que hay un lugar seguro. Y tengo la cura en mis bolsillos, que es segura porque se la estaba ofreciendo a su hermana. Veinticinco curas». Aparta al joven Borja de su mente —y todo lo malo que ha vivido en las últimas horas— y sonríe. «¡Jaime se va a poner furioso! Tiene un equipo de supercientíficos a su cargo y voy y soy yo quien encuentra la cura». Pensar en Jaime la anima. Sin duda, es el amor de su vida.

«Tengo que avisarlo de lo que ha pasado aquí. Él sabrá qué hacer».

Trata de contactar con el LCE, pero no hay forma de conseguirlo. No la sorprende. Se plantea llamar por los canales internos del Ejército, pero no sabe de quién se puede fiar. Se vuelve hacia Claudia Isabel, que ya ha exhalado su último aliento. Darko llora desconsolado a su lado. Miranda le da unos segundos para que lo asimile, pero no deben vacilar. La información que posee es demasiado importante.

—Estás vivo. Levanta —espeta, en un tono ácido. Es el mejor que consigue. Darko sigue sin moverse del sitio, ni abrir los ojos siquiera. Sus brazos vibran—. Tienes una novia y un futuro bebé por los que seguir vivo. Y te tienes a ti mismo. Arriba.

Con sus últimas palabras, da en el clavo. Levanta el cuello, con el rostro descompuesto. Asiente, tragando saliva.

—¿Vamos a Madrid?

Miranda asiente, conforme.

—Vamos al Laboratorio Central. Allí encontraremos respuestas. Y después a tu novia. Estoy segura.

—Tenemos que enterrarla —dice él, con los ojos anegados, mirando a Claudia Isabel.

Miranda no se atreve a decirle que no, por lo que decide aprovechar una zanja que hay en el margen del aparcamiento para enterrar a todos los soldados caídos de su bando que están en la superficie: Martínez, Castro, Valero y Hens. Se le hace particularmente doloroso arrastrarlos y depositarlos en la zanja uno a uno. Despidiéndose de ellos para siempre. Darko se ocupa de colocar el cuerpo de Claudia Isabel lo más alejado posible de los demás.

Entierran rápidamente a los cuatro soldados empujando la tierra a ambos lados de la zanja con sus manos. A continuación, Darko se acerca al cadáver de Claudia Isabel, y repite el proceso, pero mucho más despacio, solemne. Se sorbe la nariz, visiblemente afectado.

—Déjame ayudarte —suspira Miranda.

Pero Darko la fulmina con la mirada.

—No vamos a hacerlo rápido y mal. No se lo merece.

—No. No se lo merece. Ni tampoco esos cuatro soldados. Ni los que se han quedado dentro de la central —hace una pausa, para retomar el aire. Se muerde el labio inferior con rabia—. Pero ya no están, ni sienten. No importa lo que merezcan o dejen de merecer, porque no están. La vida no es justa. Pero nosotros seguimos aquí, y lo único que estamos haciendo es perder un tiempo precioso.

Darko la mira interiorizando sus palabras. Asiente, aunque con una mueca críptica. Miranda comienza a empujar la tierra rápidamente para tirarla sobre el cuerpo de Claudia Isabel, envuelta en una manta. Él talla en una cruz de madera el nombre y fecha de nacimiento de su amiga. Duda si hacerlo, pero termina grabando también la fecha del día de su muerte. Llora tanto que la cabeza le duele. Miranda termina de enterrarla y le ofrece una sonrisa de compromiso, solemne.

—Gracias —susurra él.

Miranda se aleja, en dirección a la furgoneta. Darko clava con fuerza la cruz y se queda frente a la tumba, en silencio, reflexionando. Está cerca de dos minutos en silencio. Deja la tumba atrás, con sentimientos encontrados. Se aleja hacia el vehículo militar de la radio. Miranda, sentada en el todoterreno, esboza una sonrisa críptica.

—No te lo vas a creer.

—¿El qué? —pregunta, desconcertado.

—He hablado por radio con el sargento Corrales, que me ha llamado de parte de una tal doctora Paula Viera. ¿Te suena?

A Darko la sonrisa no le cabe en la boca. Sus sentimientos se desbocan por completo. «Por fin sé a dónde ir, por fin sé dónde está Paula».

Sin embargo, Miranda está devastada. Corrales le ha informado de que el LCE apenas se sostiene en pie, por lo que, si Jaime sigue ahí, su vida corre peligro. «Pero es escurridizo. Seguro que ha evacuado a tiempo. Reuniré a Darko con su pareja y luego encontraré a Jaime».

Miranda lo pone al corriente de todo lo que ha descubierto examinando los cuerpos de los soldados que ha abatido y hablando con el sargento Corrales.

«El mundo ha cambiado —piensa Darko, cuando el coche comienza a rodar—. Ya no hay nadie que compruebe las calles, que ponga orden. Han dejado los cadáveres de los enemigos en el asfalto, en el mismo lugar en el que han muerto. Puede que los cuerpos se pudran en el sitio, o que algún animal los despedace. Nadie los irá a buscar, nadie los enterrará.

»Tal vez los echen en falta, pero ¿por cuánto tiempo? ¿Cuánto hasta que los den por muertos y dejen de importar? Están condenados a caer en el olvido, como todos los que pierden la vida en estos días. La única forma de no desaparecer para siempre es seguir con vida».

Amartilla el fusil con determinación ante Miranda. Sonríe. El mundo ha colapsado definitivamente, y duda que en algún momento llegue a recuperarse, por lo que es momento de adaptarse al nuevo mundo y aprender a sobrevivir.

«Y eso es exactamente lo que vamos a hacer».

40

Mikel alcanza la puerta lateral del LCE sin aliento, sorteando cuerpos abatidos. La plaza es un auténtico caos: cadáveres, armas, árboles calcinados y pilas ardientes de lo que parecen ser restos de máquinas y fuentes. Los soldados supervivientes han evacuado mayormente el lado del laboratorio de la plaza para centrarse en el otro: los tanques están en disputa. Uno de ellos no parece funcionar, mientras que el otro tiene el cañón dando vueltas sobre sí mismo.

No entiende nada. Todos visten traje de camuflaje militar, y se supone que deberían estar en el mismo bando. Como están concentrados en el tanque, pasa desapercibido. El edificio del laboratorio ha sufrido daños graves. La fachada está prácticamente destruida, con agujeros del tamaño de oficinas enteras. Parece sacada de otro tiempo. Las plantas superiores todavía humean y la entrada principal está anegada por los escombros. «No sabía que estuviéramos en guerra», se dice, anonadado.

Cuando cruza las puertas de cristal para meterse en el edificio, Giulia y Andrés pasan por delante de él, esquivándolo exageradamente. No se detienen a decirle nada. Es como si no existiera para ellos nada más que escapar. Entra y ve a Elena quieta en mitad del pasillo. Y es entonces cuando identifica a unos treinta metros la figura iluminada por los agujeros de la fachada con una cabellera grisácea inconfundible:

—¡¡Papá!! —grita, desesperado, al ver que lo está mirando.

Elena se lo queda mirando, mientras que Jaime le asiente con la cabeza con tristeza y determinación, haciéndole una mueca fácilmente interpretable. Se da la vuelta. Mikel sabe que es su forma de despedirse, pero no le basta, no lo acepta. El corazón se le encoge y no se le ocurre nada mejor que correr hacia él, en contra de lo que le gritan sus sentidos más primitivos. Pero allí está Elena, que con su grito ha hecho la conexión necesaria y lo detiene.

—Nos persiguen.

—¿Y a él no?

El gesto impotente de ella hace que Mikel grite otra vez, pero ve que Jaime tiene granadas detonadas en las manos y no parece dispuesto a lanzarlas. Lo observa congelado los segundos más largos de su vida. Le late el corazón con fuerza y todos los momentos que ha compartido con él le cruzan la mente. Por alguna extraña razón, todos son buenos.

—¡¡¡PAPÁ!!! —vuelve a gritar, antes de dejarse arrastrar por Elena.

Lo saca del edificio mientras sigue gritando, de forma agónica y desesperada, pero sin oponer resistencia. Todavía no se han alejado más que unos metros cuando suenan tres fuertes explosiones simultáneas. La estructura del LCE se tambalea, herido de muerte en uno de sus pilares. Se reúnen con Andrés y Giulia sin mirar atrás.

Mikel nota un vacío imposible de llenar en su interior. Es desconcertante. El torbellino de emociones que ha sentido al ver a su padre se ha apagado y concentrado en ese vacío. La certeza de su muerte lo azota cada vez que intenta pensar. Se siente incapaz de funcionar.

—¿Jaime? —pregunta Giulia.

La negativa de Elena y el rostro desencajado de Mikel hacen que se le revuelvan por enésima vez las tripas. Desgraciadamente, ya comienza a ser costumbre.

—¡Sus ojos! —exclama Andrés, señalando a Mikel—. ¿Quién eres tú?

—Es el hijo de Jaime —se anticipa Elena, apartándose de él al entender que está infectado. Tanto Giulia como Andrés evidencian su sorpresa—. Tenemos que curarlo.

—¿Tenéis cura? —pregunta el joven, con el rostro iluminado.

—Apenas nos queda —dice Giulia, dando un paso atrás—. Si la gastamos, no podré sintetizar más.

—Por favor —Mikel agacha la mirada, consciente de que Giulia difícilmente cederá a sus súplicas—. Por favor, mi amiga Paula está embarazada. Si no podéis curarme a mí, como mínimo a ella.

Se sorprende a sí mismo con sus palabras. Jamás había antepuesto a ninguna persona a sí mismo. «No sé si será por el Decem —se dice, contrariado—, pero este Mikel altruista y valiente me gusta. Ojalá poder conservarlo». Y como todo pensamiento positivo en las últimas horas, su mente lo sigue por el cuerpo de Macarena, muerta en el suelo de su salón. Esta vez, además, se acompaña de la última visión de su padre con las granadas detonadas.

—¿Está embarazada? —pregunta Giulia, súbitamente muy seria.

Mikel se dispone a responder, sin entender la emoción en la voz de Giulia, pero entonces un obús se dispara. No vuela hacia el LCE, puesto que la torreta estaba dando vueltas de forma anárquica. Impacta contra un edificio en el lado opuesto de la plaza.

—Por aquí —urge Mikel, dejando la charla para después—. Yo he venido en coche.

El joven toma la delantera. El resto lo siguen. Giulia se pone junto a Elena y le susurra:

—Si está embarazada, podemos utilizarla para sintetizar la cura —Elena la mira con extrañeza, y sabe que debe matizar—: Es completamente inocuo para ella.

Elena resopla aliviada con la respuesta. Se percata de que la expresión de Giulia ha cambiado: sus ojos, unos segundos antes carentes de fuerza, ahora chispean con emoción. No se sienten muy cómodas siguiendo a un infectado, pero es su mejor opción.

Deshacen el camino todo lo rápido que pueden, apartados del centro de la plaza, avanzando junto a los comercios de las esquinas. El tanque cuyo cañón rueda dispara otra vez. Esta vez, sí alcanza el LCE, destrozando los restos de la planta baja, muy maltrechos tras las explosiones de las granadas. El edificio termina irremediablemente cediendo y colapsando sobre sí mismo lentamente, con un crujido estremecedor. Es la muerte del mejor laboratorio de la historia del Estado.

Mikel se asoma a la calle en la que debería estar su coche. Se le hiela la sangre. El vehículo no está. La ansiedad lo desborda y se frena en seco, aunque no están fuera del campo de visión de los soldados. Se apresura a avanzar por la calle.

A lo lejos, escuchan un pitido inconfundible para él. El claxon de su Seat. Una sonrisa de circunstancias se dibuja en su rostro y la tensión se libera de sus hombros, aunque el resto espera sus indicaciones sin percatarse de que la situación no está plenamente bajo control.

Llega al vehículo con una fatiga evidente. Paula los mira con incomprensión. No es para menos: los cascos y el chaleco antibalas bajo la ropa, unidos a las armas que cuelgan de sus hombros y a la suciedad que los cubre, les dan un aspecto entre tétrico y dramático. Parecen más soldados que civiles, pero reconoce a Elena y Andrés.

—¿Qué ha pasado?

—Vienen con nosotros —obvia la pregunta Mikel—. Tienen la cura. Nos largamos de aquí.

Posponiendo las explicaciones, no hay quejas. Mikel ocupa el lugar del copiloto. Andrés, Elena y Giulia se aprietan detrás.

—Vamos a coger la autopista —indica Paula, arrancando de nuevo el coche y dirigiéndose a Mikel—. Vamos a la residencia Hutton.

—¿Qué hay allí? —pregunta Giulia, sorprendida, pues, por lo que sabe, la mansión levantada por un multimillonario británico unos años atrás era poco más que una casa del terror para que los adolescentes midieran su miedo desde que su creador falleció al poco de terminarla.

—Darko irá allí —Giulia la mira con incomprensión, por lo que Paula decide aclararlo—: Mi novio.

La científica acepta la explicación. Le parece un motivo tibio, pero no desaprovechará ninguna oportunidad de alejarse del LCE cuanto más rápido mejor. Saca una de las curas y se la entrega a Mikel.

—Es la cura. Ella no la necesita, porque las embarazadas son inmunes.

—¿Cómo sabes que estoy…?

—Yo se lo he dicho —anticipa Mikel, atenuando la desconfianza de Paula.

Extiende el brazo y es Andrés quien se encarga de ponerle la cura.

El efecto es casi inmediato. A los cinco minutos, sus ojos han recuperado el blanco natural. «Funciona —se dice Giulia, sonriendo—. Lo hemos conseguido, Goa. La cura funciona».

Aprieta la bolsa con el material que necesita para sintetizar más cura contra su cuerpo, suspirando. Tras la explosión de júbilo al clarear los ojos del joven, nadie dice nada, pues la alternativa es contar fallecidos. Cada uno está peleando con sus propios demonios.

Elena, apoyada en una de las ventanillas, se dirige directamente a Andrés, en contacto con ella, susurrando:

—¿Qué ha pasado con Marc?

Giulia se remueve incómoda junto a él.

—Se le ha caído el techo encima. No he podido hacer nada.

Se asegura que su voz sea trémula, y mira de reojo a Giulia, que no parece prestarle siquiera atención. «Si no ha dicho nada antes, y no dice nada ahora… Es que no ha visto nada», piensa Andrés, convencido, sintiendo que ha conseguido otra victoria. ¿Qué motivo tendría para ocultarlo?

Elena rompe a llorar, y Andrés pone su brazo sobre ella. Sin pensarlo mucho, emocionalmente destrozada, la joven se pega a su pecho y se seca las lágrimas con su camiseta, sobre el chaleco antibalas.

Mikel se reserva lo ocurrido con su padre, y Paula no le pregunta, pues ya le ha bastado con enterarse de lo de Marc. Aunque parece entero, lo que le ocurre es que está en *shock*. De momento, mantiene su entereza porque no puede asimilarlo del todo. Es diferente a lo que le pasa con Macarena. A ella la ha visto morir ante sus ojos.

La salida de la ciudad es mucho más tranquila de lo que cualquiera esperaba. Se cruzan con dos controles, uno policial y otro militar, pero ambos están completamente desiertos. No muy lejos de allí encuentran un accidente. Hay un coche con el techo contra el asfalto, y otro tras él. Los cristales y restos de los parachoques están dispersos por toda la calzada. Paula reduce la velocidad. Hay restos de sangre seca, pero no ven cuerpos.

Se vuelve hacia los demás, en busca de una voz que le indique qué hacer. Todo lo que encuentra son rostros atemorizados y carentes de respuesta. Pasan muy lentamente por el lado libre de la calzada. Los cristales crujen bajo las ruedas, amenazando con pinchar los neumáticos. Los segundos se hacen pesados y largos, casi interminables.

Pero lo dejan atrás. El coche toma velocidad de nuevo sin problemas. Una decena de kilómetros más tarde, cambian la autopista por una carretera que sustituye el asfalto por gravilla, y más adelante, por tierra. Las plantas asalvajadas, que un día estuvieron cuidadas, estrechan el camino. Tras ellos se levanta una nube de polvo que les bloquea la visión trasera.

A lo lejos, oculta entre la abundante maleza que golpea ambos lados del coche, se levanta la imponente mansión Hutton. Tres pisos de más de cien metros cuadrados. Paula esboza una sonrisa. Es la única que ha estado antes. Su padre era amigo del señor Hutton, que los invitó unos cinco años atrás, poco antes de fallecer. Le parece una eternidad. A decir verdad, ve lejísimos incluso el momento en el que salió de Barcelona junto a Andrés. Y ha pasado una semana. Se pone una mano sobre el vientre, manteniendo la otra sobre el volante, y resopla, tensa y cansada, aunque la noticia de que es inmune la ha revitalizado.

La densa maleza crece en altura y cierra el camino sobre ellos, ocultando completamente su destino. Circulan por la sombra en silencio. Giulia se siente extraña. Por primera vez desde que saliera de Barcelona, su sentimiento principal es la esperanza. Aprieta la bolsa con más fuerza, y los elementos de cristal tintinean unos contra otros.

El tenue sol de enero los deslumbra cuando alcanzan la salida. Paula detiene el coche. Frente a ellos, la mansión Hutton se levanta silenciosa tras un colosal jardín en el que hay tres piscinas vacías a diferentes niveles, interconectadas por zanjas llenas de porquería y mugre en las que un día fluía el agua. La zona está cerrada por vallas de madera blancas y desgastadas, completamente innecesarias por los kilómetros de vegetación que coronan la parcela.

Ninguno logra mantener la boca completamente cerrada. El jardín, aunque descuidado, tiene árboles que claramente eran trabajados en formas y una fuente de mármol enmohecido frente a la entrada. Un porche de columnas griegas da paso a una lujosa puerta decorada con jeroglíficos egipcios. Hay incluso farolas. La casa, aparte de la majestuosa entrada, se eleva en tres hileras de ventanas y termina en un tejado con hasta cinco chimeneas.

Y frente a la entrada, asoma la figura de Darko. Paula sale del coche temerariamente y corre a su encuentro. Él también. Giulia contiene la respiración. No los conoce de nada, y, sin embargo, lo siente como propio, como si hubiera sido parte de su historia.

Pero tiene un mal presentimiento, como si tuviera que salir mal. Como si a cada paso que dan estuvieran más cerca del desastre, como si en el nuevo mundo no cupiera ya la posibilidad de un final feliz.

Cuando se funden en un abrazo que les conmueve el corazón, Giulia suelta todo el aire que ha acumulado. Y con él, toda la tensión. Libera una sonrisa. Mikel se restriega los ojos para secarlos y se sorbe la nariz. Andrés sonríe con ciertas reticencias, mentalmente muy lejos de allí. Elena sigue sollozando en el pecho de él, sin levantar la vista.

Se besan y abrazan numerosas veces, tocándose la cara mutuamente y riendo y llorando de alegría. Miranda los deja unos minutos y después sale de su escondite entre las plantas. Lleva el fusil en las manos, pero apunta al suelo. Se lleva las manos a la cabeza al reconocer a Mikel. Él abre mucho los ojos y también abandona el coche, con los ojos llenos de lágrimas.

—¡¡Mamá!!

Giulia mira al joven, sorprendida. Miranda y Mikel se funden en un abrazo desgarrador. Sus pensamientos se inundan con recuerdos de Adriana y su hijo, y siente que su interior se descompone. El reencuentro maternofilial ha sido demasiado para ella.

—Increíble —susurra Andrés, sonriendo exultante—. Jaime y Miranda tienen un hijo. Eso sí que no me lo esperaba.

Giulia trata de sonreírle a Miranda, todavía abrazada a su hijo. Sale del coche, sin dejar la bolsa. Aunque confía en la teniente, sus reticencias por el sublevado estamento militar la obligan a mantener las distancias. Elena todavía no es capaz de ponerse en pie y su esfuerzo está centrado en detener sus llantos. Andrés se queda con ella, consolándola sin decir nada.

—No sabes lo que me alegro de verte —dice Miranda, con evidente alivio, en dirección a Giulia—. No se me ocurre una persona mejor para tener a mi lado con lo que se nos viene encima. Y tampoco un mejor lugar.

—¿A qué te refieres? —pregunta la científica, visiblemente sorprendida, mientras la teniente se separa levemente de su hijo.

—Esta mansión es muy defendible, y tenemos terreno para plantar e incluso tener ganado. Es perfecto.

La mira con reticencia, con unas ideas muy lejanas a las que plantea. No se le ha ocurrido pararse a pensar en que el mundo tal y como lo conocen haya terminado, ni ha reflexionado sobre cómo sobrevivir en su nueva realidad. Pero en el fondo sabe que es lo más lógico. El silencio por parte del ejecutivo central y la rebelión de una facción del Ejército son solo la punta del iceberg de un sistema herido de muerte por el Decem. La presidenta y su vicepresidente han muerto, no hay nadie que mande. No hay nadie que produzca, no hay nadie que distribuya. La globalización ha muerto y el dinero se ha convertido en menos valioso que el papel.

«La gente está muriendo sin remedio. Los que no se contagian o se matan entre ellos o los atacan los infectados. Tenemos la cura, pero no podemos distribuirla. La fase de contención ha fallado. Es el fin del mundo tal y como lo conocemos», piensa con cierta agonía Giulia.

La situación es crítica y sabe que el razonamiento de Miranda es acertado. Pero su hijo y su pareja están lejos, muy lejos. Solo de pensarlo se le revuelven las entrañas. «No puedo quedarme aquí. Los necesito».

Andrés y Elena se acercan y escuchan a Miranda, que está contándole a Giulia todo lo que ha acontecido en la central nuclear:

—...y al Decem lo han creado para acabar con el *statu quo* a través de una parte del Ejército. Lo han conseguido. El Gobierno ha caído.

Giulia agacha la cabeza, pensando en Lejeune. Él lo creó. Inmediatamente su mente salta a Goa. No saber qué ha ocurrido con su amiga la exaspera. «Que el Ejército esté metido explicaría el ataque al LCE. Con la cura podríamos haber frenado la expansión».

—Sabían que teníamos la cura —dice Elena, ciertamente avergonzada, con el rostro completamente descompuesto al atar cabos—. Yo informé al general Carreño y, de inmediato, nos bloquearon las comunicaciones y nos atacaron.

—¿A Carreño? —Miranda salta, envarada—. Él está detrás de todo esto.

Elena se siente estúpida, pero no dice nada más. «Desde el principio, me engañó —piensa—. Estaba detrás de todo esto y solo montó el equipo para controlarnos. "Mantén a tus amigos cerca y a tus enemigos aún más cerca" —le dijo en alguna de sus reuniones el general—. ¡Y ocultando nuestros encuentros a la presidenta! ¡Cómo puedo ser tan estúpida!».

—Has dicho que tenéis una cura. ¿Se parece a esto? —pregunta Miranda, sacando una de las jeringas que todavía conserva. Giulia abre mucho los ojos. La sustancia parece la misma: líquido entre transparente y blanquecino con grumos marrones que se disuelven rápidamente al agitarlo. Miranda entiende su reacción como un sí—: ¿Puedes hacer más?

—Marc y Jaime han dado su vida por ello —dice Giulia, que asiente con el rostro compungido. Elena siente un pinchazo en el pecho y se le llenan los ojos de lágrimas. Andrés parece estar muy lejos de allí—. Si Paula nos ayuda, podemos.

Miranda siente que se le rompe el corazón. «Jaime ha dado su vida por la cura». Mira a su hijo destrozada y entiende el motivo de su llanto desconsolado. Sus ojos se lo confirman. «Mi Jaime ya no está», piensa, desolada. Todo lo que han vivido juntos vuelve de golpe. También todo lo que quería volver a compartir con él. Nada de eso será ya posible. Las fuerzas parecen abandonarla y solo quiere dejarse ir.

—Son héroes —interviene Andrés, llamando la atención del resto—. Gracias a ellos, podremos salvar nuestras vidas… Y puede que a la humanidad.

Miranda asiente, escondiendo su dolor. Elena vuelve a romper a llorar y Andrés la separa de la conversación. Aunque nadie se da cuenta, él recupera una enorme sonrisa triunfal. Ha sobrevivido a lo indecible y sus perspectivas de futuro son lo mejor que pueden ser. Y nadie tiene por qué saber nunca lo que ha ocurrido en el LCE. Le gusta que Marc quede como un héroe. Es lo mínimo. A pesar de todo, era uno de sus mejores amigos, y una vez muerto, ya no es un problema para él. Con el tiempo, sabe que puede reconquistar a Elena.

Miranda separa a Darko de Paula para llevárselo a explorar el interior de la mansión, mientras Giulia sigue sumida en sus pensamientos. Sus dedos siguen alrededor de las jeringuillas que ha reservado para su familia. Ahora ya no son tan valiosas, pero le recuerdan que necesita volver a su lado.

Sabe que quedarse en la mansión con ese grupo de gente es lo que debe hacer. Lo más seguro. Lo lógico. Pero siente que tiene que irse cuanto antes. «No puedo abandonar a mi familia. No debo conformarme con lo fácil».

No sabe cómo hacerlo, y sabe que marcharse sola a cruzar la península es un suicidio. Mira los rostros de los demás, buscando posibilidades, pero nada de lo que ve le indica que estén disconformes con la situación como ella. No como para cruzar la península. Paula anima a Mikel mientras Andrés hace lo propio con Elena.

«Consolando a Elena por haber asesinado él a Marc», piensa Giulia, aterrada. Su corazón le grita que lo acuse, pero el cerebro la hace callar. Es un asesino, peligroso. Siente asco, pero no solo contra él. También contra sí misma, por no tener suficiente determinación para revelar las verdaderas circunstancias que hicieron que el techo se derrumbara sobre Marc, y cómo Andrés le disparó en el pecho para intentar matarlo. «De todas maneras, ¿qué haríamos? ¿Lo juzgaríamos? ¿Acaso serviría de algo? Solo nos complicaría la existencia...».

Da varios pasos, con los sentidos embotados, hasta llegar a la valla de madera. Se apoya a duras penas para no caerse al suelo. Su corazón late desbocado, tiene la boca seca y los ojos amenazan con dejar de ver. La ansiedad está tomando el control. Respira agitada, sintiendo que en cualquier momento se va a desmayar. Está sufriendo un ataque de ansiedad. Esta vez no puede bloquearlo. «Es un asesino. ¿Qué evita que lo vuelva a hacer? Tengo que...».

Una mano sobre su hombro la sobresalta, pero frena el torrente de emociones que la hacían colapsar. Se vuelve intentando aparentar calma, pero no puede engañar a nadie. Y menos a Paula y su sonrisa, que intenta sin éxito esconder la enorme felicidad que siente.

—¿Qué te pasa? ¿Estás bien?

Giulia la evalúa en silencio, poniendo en orden sus sentimientos y percepciones. No sabe nada de ella, excepto que se ha reunido con su pareja y que está embarazada. Pero su expresión y formas le sugieren calidez, cercanía. Y necesita hablar con alguien. No sin reticencias, decide que lo mejor que puede hacer es confiar en ella:

—No puedo quedarme. Mi hijo…, mi pareja... Están en Barcelona. Solo tiene unos meses...

Paula asiente y le sigue sonriendo tímidamente, aumentando la confianza de su interlocutora. Giulia encierra definitivamente el tema de Andrés en lo más profundo y oscuro de su ser, aunque no tiene muy claro cuánto tiempo podrá mantenerlo oculto.

—Me lo puedo imaginar. Es una situación complicada.

—Sí.

—Quizá podrías quedarte unos días. Habla con la teniente. Si alguien puede conseguir traerlos, es ella. Y Darko pondrá de su parte, estoy segura.

Giulia asiente en silencio, volviendo la vista a la maleza que oculta la casa en la que pretenden quedarse. La carretera está a más de dos kilómetros de distancia, lo suficiente como para que la mansión no se vislumbre y no sea un objetivo apetecible para cualquiera que pase.

—Este es un buen sitio —acepta Giulia, sin resignarse—. Y hay espacio de sobra.

—Si no voy mal, detrás de la finca hay un helipuerto y un helicóptero. Al menos el viejo Hutton tenía uno. Solo necesitarías un piloto dispuesto a acompañarte.

Paula es consciente de que no es tan sencillo como lo hace sonar ni mucho menos, pero también que todo lo que ha dicho es cierto. Y prende una mecha de esperanza en Giulia, que era su objetivo. La chispa de ilusión se refleja en sus ojos decididos.

—Solo un piloto.

Saborea las palabras con calma. De repente, el mayor problema para recuperar a su hijo y su pareja tiene una solución potencial. Y los motivos para quedarse en la mansión, aunque sea temporalmente, aumentan. Se vuelve hacia Paula asintiendo despacio, convencida.

—Ya sabes que eres inmune, pero para hacer más cura necesitaría sacarte sangre.

Paula la mira extrañada, pero asiente con calma.

—Si no daña a mi bebé, puedes sacarme la sangre que quieras.

A continuación, sonríe. Giulia se lo agradece. Mira otra vez hacia las plantas que los aíslan. Respira profundamente y fija sus ojos más allá del horizonte, decidida a hacer lo imposible para volver a ver a su familia.

Se da la vuelta y se fija bien en la mansión. Es un buen lugar. Defendible, habitable, con espacio para gestionar recursos alimentarios e incluso hacer un laboratorio. En ese momento, Darko se asoma por una ventana de la última planta y las saluda gritando y agitando el fusil, con una sonrisa infantil en sus labios. El grupo le corresponde con gritos de júbilo. Giulia se une al coro de alegría, con parte de su corazón allí y otra a muchísimos kilómetros de distancia.

Epílogo

El horizonte es lo único que se mantiene mayormente invariable. Si bien es cierto que de tanto en tanto alguna humareda se levanta desde la ciudad y sus alrededores, no suele tardar en extinguirse y volver a su alternancia entre el sol y las nubes.

Giulia tiene los brazos apoyados en la barandilla del tercer piso. El sol de finales de abril le calienta el rostro. Hoy no hay humo ni nubes ni nada que pueda perturbar las espectaculares vistas libres de contaminación. La polución ha desaparecido. Como en una repetición de lo acontecido tres meses atrás, Paula pone su mano sobre su hombro. Pero a diferencia del día en el que llegaron a su nuevo hogar, esta vez no se sobresalta. Su mente está muy lejos de allí.

—¿Qué tal hoy? —pregunta Giulia, apuntando con los ojos al vientre cada día más prominente de Paula.

Ella resopla.

—Es terrible. Me duele todo, se me hinchan las piernas. Y lo que me queda.

—Poco más de tres meses.

Paula gira los ojos negando levemente, horrorizada solo de pensarlo.

—¿Tú cómo estás?

—Preocupada, pero sé que llegarán en cualquier momento.

No mueve su mirada de la ciudad. Se ve lejana, pero las torres y edificios más altos de Madrid son inconfundibles. Lleva tres meses viéndolos todos los días.

—¿Cómo puedes estar tan segura? Llevamos días sin saber nada de ellos.

Paula está visiblemente más tensa que Giulia, que suena más confiada de lo que realmente está:

—Porque nuestra radio está rota; en cuanto consigan arreglarla, sabremos cómo van. No tiene por qué haberles pasado nada.

—No sé cómo tienes tanta confianza. No puedo con la incertidumbre.

Giulia ríe en silencio. «Si tú supieras…».

—Sé que llegarán de un momento a otro, como tú sabes que tu bebé será un niño.

—Por una intuición entonces —silba Paula, inquieta.

Lleva los últimos dos meses con esa sensación, hasta el punto de que ha llegado a soñarlo varias veces.

—Una intuición fundamentada.

—Menos mal que somos científicas formadas que nos basamos solo en la mejor evidencia disponible.

Giulia ríe despacio. Los meses en la mansión han pasado volando y, si ha aguantado sin perder la cabeza, es en gran parte gracias a Paula.

Han sintetizado cura para todos para pasar años. Nadie ha ido a buscarlos, ni aliados ni enemigos. Ya no hay Gobierno ni ningún atisbo de que vaya a haberlo en algún momento próximo. Las calles han sido tomadas por el Decem. No saben con exactitud la magnitud del problema, porque la conectividad de sus móviles sigue siendo inexistente, al igual que Internet, que no es más que un recuerdo del pasado. Son plenamente conscientes de que el mundo ha cambiado para siempre. La red eléctrica también ha terminado cayendo, y la energía de la que disponen es generada por las placas solares del tejado de la mansión.

—Me siento culpable por haber discutido antes de que se fuera —dice Paula, al borde del llanto—. Pero es que desde que llegamos aquí… Han cambiado tantas cosas…

Giulia abraza a su amiga con fuerza y le toca el pelo mientras solloza en silencio. Observa el jardín, que han destinado a plantar alimentos, principalmente verduras y hortalizas, y tiene un aspecto muy diferente al día en que llegaron. También han puesto agua en una de las piscinas, con intención de llenarla de peces, aunque todavía no han tenido ocasión de acercarse al río a por ellos. Respira despacio, en una especie de trance matutino. Se ha convertido en una persona mucho más tranquila y reflexiva. Acaricia nuevamente el cabello de Paula, que se separa poco a poco de ella.

Suspiran juntas, perdiendo sus ojos en el horizonte. Tocan a la puerta al otro lado de la habitación. Se abre despacio, y aparece el rostro de Mikel, flanqueado por rizos que crecen sin control. Cuando lleva el cabello suelto, ya le sobrepasa los hombros, aunque ahora lo tiene recogido en una amplia coleta. Una sonrisa ilumina su rostro. Se queda chafado al ver los ojos llorosos de Paula, pero, aun así, una chispa de emoción tiñe sus palabras:

—He arreglado la radio y he contactado con mi madre. Los tienen. Llegarán esta noche.

El corazón de Giulia palpita de emoción. No puede evitar sentirse culpable del destino que corra la misión, creada por y para ella. Sonríe ampliamente, consciente de lo que implican las palabras de Mikel. Paula es más reticente, pero termina haciendo una mueca agradable.

El Decem no ha acabado con ellos. Ni con la humanidad. No ha conseguido causar el fin del mundo. Pero sí ha sido el fin del mundo de consumo y servicios.

Han logrado sobrevivirlo.

Y han presenciado el nacimiento de una nueva era.

Esta edición se terminó
de imprimir
en España
en abril de 2024

Made in the USA
Monee, IL
13 September 2026

62988803R00218